U0179116

国家出版基金项目
NATIONAL PUBLICATION FOUNDATION

关键基础零部件原创技术策源地系列图书

超大型多功能液压机

Super Large Multifunctional Hydraulic Press

王宝忠　等著

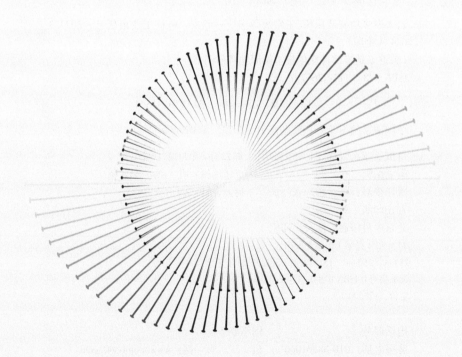

机械工业出版社
CHINA MACHINE PRESS

本书通过大量翔实的服务领域论证、设备结构模拟和理论分析，系统阐述了中国一重"重型高端复杂锻件制造技术变革性创新研究团队"为实现大型锻件增材制坯的界面愈合及 FGS 锻造，开展的超大型多功能液压机项目的可行性论证工作，详细介绍了超大型多功能液压机的功能参数，结构形式的选择，机械、流体、电气设计及优化，以及设备的各项应用预测等内容。本书是创新团队心血的结晶与智慧的总结。书中介绍的超大型多功能液压机可以确保超大异形锻件增材制坯和 FGS 锻造的实施，解决了我国在整体结构件、零部件一体化整体成形制造领域的难题，为我国超重型模锻液压机自主创新工程的实施奠定了坚实基础，对推动我国大型锻件原创技术策源地建设及装备制造业高质量发展具有重要的指引和参考价值。

本书可供超大型多功能液压机设计、制造及大型锻件制造行业的研发、技术、生产人员使用，也可供高等院校相关方向的研究生和教师参考。

图书在版编目（CIP）数据

超大型多功能液压机/王宝忠等著. —北京：机械工业出版社，2023.3
（2024.4 重印）
（关键基础零部件原创技术策源地系列图书）
ISBN 978-7-111-72647-0

Ⅰ.①超… Ⅱ.①王… Ⅲ.①液压机 Ⅳ.①TG315.4

中国国家版本馆 CIP 数据核字（2023）第 029609 号

机械工业出版社（北京市百万庄大街 22 号　邮政编码 100037）
策划编辑：孔　劲　　　　　　责任编辑：孔　劲　李含杨
责任校对：陈　越　张　征　　封面设计：鞠　杨
责任印制：刘　媛
北京中科印刷有限公司印刷
2024 年 4 月第 1 版第 2 次印刷
184mm×260mm · 15.5 印张 · 3 插页 · 381 千字
标准书号：ISBN 978-7-111-72647-0
定价：129.00 元

电话服务　　　　　　　　　　网络服务
客服电话：010-88361066　　　机　工　官　网：www.cmpbook.com
　　　　　010-88379833　　　机　工　官　博：weibo.com/cmp1952
　　　　　010-68326294　　　金　书　网：www.golden-book.com
封底无防伪标均为盗版　　机工教育服务网：www.cmpedu.com

序 一

关键基础零部件的正常服役是保障重大装备高质量运行的基石。从我国第一只1150mm初轧机支承辊的问世，到300~600MW汽轮机转子的国产化，再到大型先进压水堆核电一体化锻件的自主可控，我国大型锻件研究取得了举世瞩目的辉煌成就。大型锻件作为量大面广的关键基础零部件，其研发走出了一条具有中国特色的自主创新发展之路。

大型锻件研究融入了我国几代热加工人的心血与智慧，摸索出了一套行之有效的研制方法和流程，培养造就了一支高水平、高素质的研制队伍。我国后续强基工程、制造业高质量发展、制造业核心竞争力提升、关键基础零部件原创技术策源地建设等重大工程的立项与实施，对重型高端复杂锻件的研制提出了更高要求。为了让年轻一代热加工人在全面掌握现有技术的基础上，更有效地开展新型锻件的研发，亟须对已有技术成果及工程经验进行系统归纳、分析与总结。"关键基础零部件原创技术策源地系列图书"正是在这一背景下由我国锻压行业近年来有突出贡献的科学家王宝忠担任主要作者，由来自中央企业优秀科技创新团队的十余位专家和学者参与撰写完成。他们在多年的刻苦工作中积累了丰富的实践经验，取得了一系列技术突破，为该系列图书的撰写积累了宝贵的素材。

该系列图书共包括3部专著，其中《大型锻件的增材制坯》主要原创性地提出了大型锻件的增材制坯的技术路线，开展了基材制备、液-固复合、固-固复合、界面愈合及坯料的均匀化、双超圆坯半连铸机等一系列相关设备研制及变革性创新研究工作；《大型锻件FGS锻造》主要原创性地提出了大型锻件FGS锻造的技术路线，开展了轴类锻件镦挤成形，"头上长角"的封头类锻件、"身上长刺"的筒（管）类锻件、"空心"及其他难变形材料锻件的模锻成形，轻量化易拆装的大型组合模具研制、组织演变及"可视化"模拟与验证；《超大型多功能液压机》系统解决了自由锻造液压机吨位较小、模锻液压机空间尺寸不足的问题，为增材制坯的界面愈合及FGS锻造的实施提供了保障。"关键基础零部件原创技术策源地系列图书"是我国乃至世界第一套大型锻件制造技术领域的原创性技术图书。书中系统深入地介绍了大型锻件研制所涉及的基础性问题和产品实现方法，具有突出的工程实用性、技术先进性及方向引导性，它的出版将对我国关键基础零部件的创新发展以及后续重大装备的高端化起到强有力的保障与促进作用。

中国工程院院士

陈蕴博

序 二

关键基础零部件是装备制造业的基础，决定着重大装备的性能、水平、质量和可靠性，是实现我国装备制造业由大到强转变的关键要素，其核心是大型锻件制造技术。为了实现建设制造强国的战略目标，国家陆续出台了强基工程、推动制造业高质量发展、打造原创技术策源地等政策措施，为大型锻件制造技术发展提供了新机遇，同时也提出了更高的要求。

"关键基础零部件原创技术策源地系列图书"就是在上述背景下编撰完成的，其内容丰富，技术深厚，凝聚了我国大型锻件基础研究、技术研发和工程实践领域专家学者的集体智慧和辛勤汗水。

主要作者王宝忠教授，长期从事大型锻件的基础理论研究、制造技术创新以及装备自主化水平提升等工作，是我国大型锻件制造技术创新发展的主要推动者之一。他带领的由国内的领军企业、高校、院所组成的研发团队专业与技术领域全面，技术实力雄厚，代表了我国大型锻件制造领域的先进水平。

系列图书的核心内容取材于中央企业优秀科技创新团队已经成功实施的"重型高端复杂锻件制造技术变革性创新"工程项目，涉及大型铸锭（坯）的偏析、夹杂、有害相消除，大型锻件塑性成形过程中的材料利用率提高、晶粒细化、裂纹抑制等，涵盖镍基转子锻件的镦挤成形、不锈钢泵壳的模锻成形等8个典型锻件产品的实现过程，一体化接管段、核电不锈钢乏燃料罐、抽水蓄能机组大型不锈钢冲击转轮等12个典型锻件产品的研制方案，以及弥补自由锻造液压机吨位较小、模锻液压机空间尺寸较小及挤压机功能单一等不足的超大型多功能液压机的技术论述。

该系列图书是一套大型锻件原创技术系列图书，全面系统地总结了我国大型锻件在原材料制备、塑性成形工艺与装备方面的技术研发与工程应用成果，并以工程实例的形式展现了重型高端复杂锻件的设计与研制方法，具有突出的工程实用性和学术导引性。相信该系列图书会成为国内外大型锻件制造领域的宝贵技术文献，并对促进我国大型锻件的创新发展和相关技术领域的人才培养起到重要作用。

中国工程院院士

李鹤林

·前 言·

高质量发展是创新驱动的发展，且是今后一个发展阶段的主题。作为关键基础零部件（大型铸锻件）原创技术策源地的中国一重集团有限公司（简称：中国一重），在维护国家安全和国民经济命脉方面发挥着至关重要的作用。习近平总书记 2018 年 9 月 26 日第二次到中国一重视察时，在具有国际领先水平的超大型核电锻件展示区前发表了重要讲话：中国一重在共和国历史上是立过功的，中国一重是中国制造业的第一重地。制造业，特别是装备制造业高质量发展是我国经济高质量发展的重中之重，是一个现代化大国必不可少的。希望中国一重肩负起历史重任，制定好发展路线图。

为落实好习近平总书记的重要讲话精神，中国一重于 2019 年 1 月成立了"重型高端复杂锻件制造技术变革性创新能力建设"项目工作领导小组，并组建了"重型高端复杂锻件制造技术变革性创新研究团队"。该团队分别入选了"中央企业优秀科技创新团队"和黑龙江省"头雁"团队，开展了一系列变革性创新研究工作。

大型锻件作为量大面广的关键基础零部件，是装备制造业发展的基础，决定着重大装备和主机产品的性能、水平、质量和可靠性，是我国装备制造业由大到强转变、实现高质量发展的关键。我国大型锻件制造技术的发展经历了 20 世纪六七十年代的全面照搬苏联、八九十年代的引进和消化日本 JSW 以及 21 世纪以来的自主创新。通过蹒跚学步、跟跑到并跑，不仅成为制造大国，而且部分绿色制造技术已达到国际领先水平，但未解决传统钢锭中存在的偏析、夹杂及有害相等缺陷，大型锻件塑性成形中存在材料利用率低、混晶、锻造裂纹等共性世界难题。这些难题依靠传统的制造方式是难以破解的，需要开发变革性创新技术，依靠创新驱动来推动大型锻件的高质量发展。

马克思主义的认识论强调，新理论产生于新实践，新实践需要新理论指导。中国一重在"重型高端复杂锻件制造技术变革性创新"实践活动中，归纳出了增材制坯、FGS 锻造等新的理论，用于指导关键基础零部件（大型铸锻件）原创技术策源地建设的实践活动。此外，为了实现大型锻件的高质量发展，还需要解决自由锻造液压机吨位较小、模锻液压机空间尺寸较小，以及挤压机功能单一等问题。

"关键基础零部件原创技术策源地系列图书"由《大型锻件的增材制坯》《大型锻件 FGS 锻造》和《超大型多功能液压机》组成，三者关系类似于制作美味佳肴的食材、厨艺和厨具。增材制坯是制备"形神兼备"的大型锻件的"有机食材",FGS锻造是制作关键基础零部件的"精湛厨艺",超大型多功能液压机是实现增材制坯和FGS锻造的"完美厨具"。

国家发改委以发改地区〔2020〕1463号文件形式将中国一重1600MN挤压机组列入2022年开始实施的新基建项目。2021年3月19日,国家发改委以发改产业〔2021〕389号文件下发了"国家发改委关于印发《制造业核心竞争力提升五年行动计划(2021—2025)》及重点领域关键技术产业化实施要点的通知",将超大型液压机提升为"自主创新工程"。

为了实现大型锻件增材制坯的界面愈合和重型高端复杂锻件FGS锻造原创性技术在核电机组、石化容器、大飞机、运载火箭、潜水器等领域的应用,系统解决我国整体结构件零部件一体化整体成形制造难题,中国一重"重型高端复杂锻件制造技术变革性创新研究团队"带头人提出了研制集自动化、信息化于一体的超大型多功能液压机的设想,并带领团队成员开展项目的必要性及可行性论证、超大型多功能液压机设计等一系列相关设备研制及变革性创新研究工作,取得了可喜的成果,对推动大型锻件原创技术策源地建设及装备制造业高质量发展具有很高的指引和参考价值。

本书共分8章。第1章对项目的必要性及可行性进行了论述;第2章对大型液压机的演变历程进行了概述;第3章详细介绍了机械部分框架、横梁等主要部件的技术设计,对关键、重要部件的研制进行了描述;第4章对流体部分液压系统的传动形式、主要参数等内容进行了介绍;第5章对电气自动化系统进行了详细介绍;第6章通过数值模拟对机械、流体及电气的结构进行了仿真优化;第7章对自动化装置及配套设备进行了介绍;第8章对超大型多功能液压机在核电机组、石化容器、大飞机、运载火箭、潜水器等领域的应用进行了展望。

本书是超大型多功能液压机选型、自动化与信息化集成设计与优化等研究工作的总结与提炼,包含结构选型、创新设计、仿真优化等大量珍贵的技术资料。希望它能成为大型锻压设备设计者的技术工作指南。此外,由于本书涉及的内容广泛,亦可供从事大型锻压设备及工艺理论学习和研究的高等院校及科研院所相关人员参考。

本书由中国一重"重型高端复杂锻件制造技术变革性创新研究团队"带头人王宝忠执笔并统稿,团队成员殷文齐、李德飞、刘林峰参与了部分章节的撰写。此外,李毅波、王芳芳、刘颖、刘剑桥等参与了部分研究与设计等工作。

在超大型多功能液压机的研究与设计工作中,得到了中国一重、中南大学、燕山大学、清华大学等单位的大力支持,在此一并表示感谢!

由于我们的水平有限,书中难免存在不足之处,敬请读者批评指正!

作 者

目 录

第4章　超大型多功能液压机的液压系统 ··············· 66

第5章　超大型多功能液压机的电气自动化系统 ··············· 84

超大型多功能液压机

第1章

超大型多功能液压机建设的必要性及可行性

2018 年 9 月 26 日，习近平总书记在中国一重集团有限公司（简称"中国一重"）调研并发表重要讲话：国际上先进技术、关键核心技术越来越难以获得，单边主义、贸易保护主义上升，逼着我们走自力更生的道路，这不是坏事，中国最终还是要靠自己。制造业，特别是装备制造业高质量发展是我国经济高质量发展的重中之重，是一个现代化大国必不可少的。中国一重在共和国历史上是立过功的，中国一重是中国的第一重地，要肩负起历史责任，加强党的领导，制定好发展路线图。

新增超大型多功能液压机是中国一重推动制造业高质量发展的一个重要组成部分。

20 世纪，美国根据大型锻件的发展需求，提出了建造 2000MN 液压机的方案，但由于当时的制造技术达不到要求而放弃。这使得大飞机的承力框分段焊接、大型模锻件多火次模锻成形的制造方式延续至今。进入 21 世纪以来，随着装备制造能力的不断提升，锻造设备也越造越大，研制超大型多功能液压机成为有识之士的共识。

1.1 必要性

1.1.1 国家战略的需要

贯彻习近平总书记新时代中国特色社会主义思想，全面贯彻落实党的十九大提出的高质量发展理念，坚定不移建设制造强国，巩固壮大实体经济根基，推动传统产业高端化、智能化、绿色化，加大重要产品和关键核心技术攻关力度，实现制造业重点领域关键核心技术突破和产业化，构建自主可控、安全可靠的产业链供应链的需要。

1. 提升综合国力应对全球产业格局重新调整的需要

重大技术装备是国民经济发展的支柱，是国家综合国力的集中体现，是高新技术发展的基础和载体，没有先进的装备制造技术，尤其是重大装备制造技术，就意味着没有掌握国民经济的主动权和持续发展的动力，无法把握民族经济的命脉。没有发达的装备制造业，国家就无法实现农业、工业、国防和科学技术等产业的现代化。纵览当今世界，工业强国无一不是装备制造业的强国。

目前，全球产业格局正在发生重大调整，我国制造业发展面临严峻的外部形势，发达国家高端制造再工业化与欠发达国家加大争夺中低端制造市场，对我国形成"双向挤压"的严峻挑战。

工业发达国家无一不具备强大的技术研发实力，而这种实力又是以先进的制造装备为前提的。重型锻造液压机可用于难变形的高温合金、耐蚀不锈钢、高强钢等大型锻件的生产，这些锻件对于一个国家航空、航天、航海、核能、石油、化工、军工装备等行业的发展都有着举足轻重的作用。其具备的设计、制造能力和发展水平、拥有这类重型压力机的数量和等级，标志着一个国家国防工业、机械制造工业的技术发展水平和生产能力，特别是对军事工业，如飞机制造、舰艇制造及核能工业等的发展有着直接的联系和深远的影响。

新中国成立尤其是改革开放以来，我国制造业持续快速发展，建成了门类齐全、独立完整的产业体系，有力推动了工业化和现代化进程，显著增强综合国力，支撑了我国的世界大国地位。然而，与世界先进水平相比，我国制造业仍然大而不强，在自主创新能力、资源利用效率、产业结构水平、信息化程度、质量效益等方面差距明显，转型升级和跨越式发展的任务紧迫而艰巨。《中国制造 2025》的发布提出中国制造向中国创造的转变，中国速度向中国质量的转变，中国产品向中国品牌的转变，以完成中国制造由大变强的战略任务。

高端装备制造业是以高新技术为引领，处于价值链高端和产业链核心环节，决定着整个产业链综合竞争力的战略性新兴产业，是现代产业体系的脊梁，是推动工业转型升级的引擎。大力培育和发展高端装备制造业是提升我国产业核心竞争力的必然要求，是抢占未来经济和科技发展制高点的战略选择，对于加快转变经济发展方式、实现由制造业大国向强国转变具有重要战略意义。

《中国制造 2025》明确提出大力发展发电装备、核电装备、大飞机等领域的高端装备，高端装备如水电机组、核电、石化容器、航空、航天等水平的提高，在很大程度上依赖于材料性能和生产制造工艺装备的提高。

通过建设 1600MN 超大型多功能液压机，对锻造工艺技术进行变革性创新升级，可大幅提升中国一重大型锻件生产系统的技术水平和工艺控制水平，从而提升核电、能源、航空、航天、航海、军工专项等装备关键部件的性能水平，进而提升装备整体的可靠性和使用寿命，对国家能源、安全战略做出巨大贡献。

2. 实现"双碳"目标，节能减排

2015 年，我国向国际社会明确承诺："中国二氧化碳排放 2030 年到达峰值，并力争早日达峰；到 2030 年，单位国内生产总值的排放量比 2005 年下降 60%~65%；2060 年左右实现碳中和。"要实现这样的减排目标，对中国一重而言必须变革传统制造方式，减少锻造火次，降低成形温度，实现节能降耗、提高材料利用率，采用增材制坯代替传统大钢锭毛坯供应形式，采用模锻、挤压复合成形代替传统自由锻造成形。提高产品合格率，实现关键部件一体化整体成形，必将进一步降低能源消耗。

目前，我国在利用太阳能、风能、水能等方面走在世界前列。2013 年底，我国水电装机容量 2.6 亿 kW，水力发电装机容量居世界第一，我国水电装机开发利用率约为 45%，在主要流域已建或规划建设梯级水电站，在注重生态保护的前提下，水电开发还将有较大的发展空间$^{\ominus}$。

$\ominus$ 本书中涉及的一些往年数据的引用，是基于研究超大型多功能液压机时所采用的相关数据，仅作为对超大型多功能液压机论证过程的支撑。

抽水蓄能水电机组中的大型冲击转轮锻件一体化成形呼唤着超大型多功能液压机的诞生。

根据全球风能理事会（GWEC）《2014 全球风电装机统计数据》，2014 年全球新增风电装机容量首次超过 5000 万 kW，达到 5148 万 kW，累计装机容量达到 3.7 亿 kW（36955.3 万 kW），而我国 2014 年新增风电装机容量达到 2335 万 kW，约占世界风电新增总装机容量的 45.2%，累计装机容量达到 1.15 亿 kW，约占世界风电累计装机容量的 31%，继续驱动全球增长，稳居世界第一。

为了实现大型风机轴的模锻化生产，国内某锻件制造企业正在建造 700MN 液压机。

核电是高效清洁能源，其消耗资源少，不会像化石燃料那样排放大量的二氧化碳、二氧化硫、氮氧化物和粉尘，不会造成全球气温升高、酸雨频降并破坏臭氧层，不会对人类和环境造成极大威胁和损害。发展核电已成为我国一项重要的战略选择，有利于保障国家能源安全；有利于调整能源结构，改善环境；有利于提高装备制造业水平，促进科技进步。

依据《核电中长期发展规划（2011—2020 年）》《能源发展战略行动计划（2014—2020年)》及《国家核电十三五发展规划》，在"十三五"期间，核电将建成三门、海阳AP1000、福建福清、广西防城港"华龙一号"示范工程项目，开工建设山东荣成 CAP1400示范工程，开工建设一批沿海新的核电项目。截至 2020 年，核电装机容量达到 5800 万 kW，在建 3000 万 kW 规模，发电占比从 2% 提升至 4%。预计 2030 年核电装机规模达 1.2 亿～1.5 亿 kW，核电发电量占比提升 8%～10%。这说明，未来很长时间，核电将是提升非化石能源发电占比的重要力量，意味着我国未来核电项目建设还将继续大规模发展。

虽然在以中国一重为代表的重型装备制造企业的不懈努力下，实现了三代核反应堆核岛一回路主设备全部锻件国产化，但由于装备能力所限，目前核电锻件均在 150MN 等级自由锻液压机上锻造，在产品质量稳定性、生产成本、生产率及材料利用率方面，存在严重短板，随着第四代、第五代核电的发展，安全性理念的不断提升，减少锻件环形焊缝的大型一体化整体锻件的设计比重将大幅提高，现有锻造液压机设备等级和相关参数不能满足技术要求，市场呼唤更大等级、更高要求的重型锻造液压机。

3. 国家国防安全及产业安全的需要

当今世界风云变幻，虽然和平与发展已成为世界的主流，但是国家和地区之间的矛盾仍然存在，民族冲突不断，在新的世界政治经济格局尚未形成之前，各种势力的斗争日趋激烈，霸权主义强权政治仍然存在，世界并不安宁。

随着我国现代化建设步伐不断加快，在综合国力不断增强的同时，部分西方大国不愿看到中国的强大，想方设法阻挠我国前进的步伐，美国政府"重返亚太"战略的实施，使得东北亚和南海局势持续紧张，我国海域权利受到挑战，我国近海处于不安宁状态，面临的国防压力也不断加大。中国、俄罗斯、美国分属三个不同的政治、军事阵营，各自都应有独立的军事装备工业体系，否则会因对装备的依赖而失去军事、政治上的坚定性和独立性。我国的国防安全必须建立在自力更生的基础之上，航天、航空、航海事业的发展必须前瞻性地优先发展重型锻造液压机。

中国一重是我国国防军工重大成套技术装备供应商，特别是专项核电压力容器唯一供应商，几十年来，一直肩负国防建设的重担，承担维护国家安全的责任，为我国国防建设做出了巨大贡献。

在飞机、潜艇等装备所需的锻件中，有相当多数量的关键零件，如高温合金涡轮盘、超高强度钢主起落架、飞机大梁、球面舱壁等锻件，都是关系飞机和发动机以及潜艇可靠性与寿命的重要零件，因此对于锻件的强度、刚度、塑性等方面提出了更高的要求，需要更先进的锻造设备和工艺提供保障。

同时，我国是资源消耗大国，国内资源的大量消耗使我国对国际资源的依赖日益严重，参与全球能源分配和保证能源通道畅通是国家崛起面临的迫切问题。而南海连接太平洋与印度洋、东亚与大洋洲，是多条国际海运线的必经之地，其海运量仅次于地中海，占世界海运量第二位，其战略地位不言而喻。

自 21 世纪以来，对海洋资源的开发利用已成为世界各国继续发展的主要支撑点，维护国家海洋主权，保护海洋资源事关我国的长远发展利益，由此，对国防建设提出了更高的要求。

作为制造业的第一重地，中国一重有责任推动制造业高质量发展，解决"卡脖子"问题，确保维护国家产业安全的需要。

4. 国家对装备制造业技术发展的需要

制造业，特别是装备制造业，是高端装备制造技术的载体和核心。国内外高端装备制造业，尤其是核电、航空、国防等高端装备对材料标准要求高、制造难度大，国内满足要求的制造企业数量很少。国内装备制造业中低端产品产能过剩，但是我国基础工业学科的研究、高端装备的制造水平与世界工业强国相比依然薄弱，离制造强国还有一定差距，国家一些重点工程需要的核心设备和关键基础零部件依然需要进口。《中国制造 2025》明确提出重点着手解决这一矛盾，为中国装备走出去提供基础支撑。

核电锻件、航空锻件、专项产品等一些高精尖的大型锻件在国内外市场均属供不应求状态。超大型多功能液压机可大幅提高大型锻件的质量水平，将其由国外进口变为国产自销，在一定程度上缓解国内外市场大型高端装备的需求压力。

5. 军民融合发展战略的需要

2035 年，我国将基本实现国防和军队现代化；在 21 世纪中叶，把人民军队全面建成世界一流军队。

以习近平同志为核心的党中央把军民融合发展上升为国家战略，既是兴国之举，又是强军之策。当前和今后一个时期是军民融合发展的战略机遇期，也是军民融合由初步融合向深度融合过渡，进而实现跨越发展的关键期。自建厂以来，中国一重一直承担着国防军工产品的研制和生产任务，始终贯彻"寓军于民，军民融合"的发展理念，以高度的使命感和责任感投入军工装备自主化的科研生产中。

目前，由于现代专项产品的下潜深度一般为 300~400m，而世界海洋的深度多为 1000~6000m，因此增大下潜深度将会有更加广阔的空间，对敌方能具有更大的威慑。由于专项产品耐压壳结构形式受制于现有装备的制造能力，只能采用拼焊结构，限制了专项产品的发展。在军用、民用飞机生产方面，钛合金、镁铝合金材质的隔框、翼梁、起落架等大型结构件，由于装备制造能力限制，只能采用分体式结构设计和制造，增大了飞机故障隐患。如何整体制造上述大型结构件，已成为下一代飞机研发的方向。

综上所述，投资建设 1600MN 超大型多功能液压机为切实提升我国国防军工装备制造能力，助力我国军工装备的更新换代，提升中国一重军工产品生产制造水平，毫不动摇地履行好企业政治责任，努力成为国防科技的中坚力量，创造了有利条件。

1.1.2 企业提升装备水平及核心竞争力的需要

中国一重从 21 世纪初开始，在国家的大力支持下进行了大规模的技术改造和科研攻关，为国家的经济建设做出了突出贡献，推动了行业的整体技术进步。

虽然拥有数十年大型铸锻件所积累的生产制造技术与管理经验，以及一支具有国际化合作能力的骨干人才队伍，但是对于大型高端装备产品的生产，中国一重目前仍存在设备能力不足，毛坯材料利用率低，生产率低，产品的稳定性、一致性差等突出问题。

表 1-1 给出了国内外主要大型锻件供应商制造能力对比，从中可以看出，中国一重的制造能力已无优势可言。再从图 1-1 所示的超大型锻件的质量对比可以看出，自由锻造产品也已无竞争力可言。

表 1-1　国内外主要大型锻件供应商制造能力对比

序号	企业	液压机/MN	操作机负载力矩/kN·m	最大钢锭/t	ESR/t	筒/环轧机尺寸/mm	淬火水池尺寸/mm	服务领域	备注
1	中国一重	150；100	6300、4000	715	120	φ14000×3700	φ10000×8000	电力、石化、冶金、舰船等	
2	中国二重	160；120	7500	650	125（最大150）	φ8000×3750	φ9000×8000	电力、石化、冶金、舰船等	FB2 转子；聚变堆先行件
3	上重铸锻	165；120	6300	500	220；450		φ11000×8000	电力、石化、冶金、舰船等	316H、316LN 锻件；风洞弯刀；聚变堆先行件
4	中信重工	185；80	7500	600	120		φ12000×9000	电力、石化、冶金、舰船等	FB2 转子；φ7800mm 管板
5	通裕重工	120	4500	330	120			电力、石化、冶金、舰船等	以风机轴、管模、铰链梁为主；拟新增 700MN 模锻压力机
6	日本 JSW	140×2	4000	650	150		φ12000	以电力、石化为主	轧制复合板、更名重组
7	韩国斗山	170；130	7500	650	150		φ12000	电力、石化、舰船	曲柄锻件出口中国；受"脱核"政策影响，部分停工，海外工厂关闭
8	德国萨尔	120	5000	330	220			电力为主	高温合金；乏燃料罐
9	意大利 GIVA	1000	2500×2（无轨）	500	250	φ9500×5000	φ18000×10000	电力、石化、冶金等	为中国一重提供锻件
10	俄罗斯 OMZ	120	2700	500				核电、石化、冶金等	田湾核电 VVER

a)   b)

图 1-1 超大型锻件的质量对比

a）φ7200mm 封头模锻件 b）φ8500mm 管板体外自由锻造锻件

超大型多功能液压机在国内外均具有巨大的市场潜力，但在技术水平、产能规模、装备配置和服务能力等方面也面临极高的竞争与挑战性。本项目的建设，可以提高大型锻件的锻造能力及装备的专业化、自动化、信息化程度，进一步提升产品的附加值，以适应大型锻件产品的质量和生产发展需求，从而不断提升企业的规模效益和产品的竞争优势。

本项目的实施可使中国一重在多年大型铸锻件研发生产的基础上实现技术提升，对于产品质量保证能力、产品结构优化和协调发展、产品链延伸和企业可持续发展都具有重要意义。

作为我国大型高端装备制造龙头企业，从国内经济发展和市场需求、工艺装备能力和产品质量提升以及可持续发展等多方面来看，中国一重都有必要实施 1600MN 超大型多功能液压机项目。

1.1.3 复杂大型锻件生产及工艺变革性创新的需要

以核电等高端装备为代表的锻件发展趋势是超大型化和近净成形。超大型锻件追求的目标是"形神兼备"，既要得到铸件的形状（近净成形），又要保持锻件的组织与性能（致密、均匀）。为了实现"形神兼备"的目标，大型锻件需要同时满足"形""粒""力"三个方面的要求。"形"即近净成形；"粒"即晶粒均匀、细小；"力"即三向压应力。

对于大型锻件的晶粒而言，首先追求的是均匀，然后是细小。因为大型锻件在自由锻造过程中，即使是同一火次锻造，在不同部位仍然存在温度、变形量等差异，难以获得均匀的晶粒度。此外，受锻造设备能力、锻造工艺参数等限制，大型锻件获得均匀、细小的晶粒也是一项世界性难题。以往，大型锻件受自由锻造的限制，仅在减少锻件余量、尽可能满足晶粒度等方面下功夫，对应力关注得较少。而大型锻件的裂纹大多都是由锻造过程中的拉应力引起的。因此，"形神兼备"的大型锻件不仅需要近净成形锻造和获得均匀、细小的晶粒，而且还应同时满足压应力成形的需要。

同时满足"形""粒""力"三个方面要求的产品在核电领域的典型锻件有一体化顶盖（需要成形力 1550MN）、一体化底封头（需要成形力 1480MN）、一体化椭球封头（需要成形力 1450MN）、一体化水室封头（需要成形力 1640MN）、一体化接管段（需要成形力 1580MN）、主泵泵壳（需要成形力 950MN）、主管道（需要成形力 1400MN）、稳压器上封头（需要成形力 1500MN）[2]、稳压器下封头（需要成形力 1500MN）、涡轮盘（需要成形力 1400MN）、燃机轮盘（要成形力 1300MN）、DN1200 管模（需要成形力 1200MN）、加氢一体化底封头（需要成形力 1660MN）、ϕ800mm 细晶棒料（需要成形力 700MN）等。这些超大型锻件的模锻和镦挤成形迫切需要超大型多功能液压机。

此外，超大型的增材制坯也需要超大型的装备[3]。因此，新增具备模锻和镦挤成形的 1600MN 超大型多功能液压机是非常必要的。

1.2　可行性

为贯彻落实习近平总书记视察中国一重时的讲话精神，响应国家创新驱动发展战略，推动装备制造业高质量发展，中国一重 2019 年 1 月成立了"重型高端复杂锻件制造技术变革性创新能力建设"领导小组和工作组，项目工作组由中国一重首席科学家王宝忠挂帅，工作组成员包含多名中国一重在行业内有影响力的知名技术专家，项目工作组 2019 年先后入选黑龙江省"头雁"团队和国资委"中央企业优秀科技创新团队"。

1.2.1　国家政策支持

2019 年 10 月 31 日，国家发改委组织召开超大型多功能液压机必要性及可行性研讨会；2019 年 11 月 5 日，中国重型机械工业协会在听取研制企业专题汇报后向国家发改委上报行业意见；2020 年 6 月 20 日，国家发改委下发"国家发展改革委办公厅关于征求对《东北振兴重点项目三年滚动实施方案（2020—2022）》意见的函"；2020 年 9 月 25 日，国家发改委以发改地区文件形式将中国一重 1600MN 挤压机组列入 2022 年开始实施的新基建项目；2021 年 3 月 19 日，国家发改委以发改产业［2021］389 号文件下发了"国家发改委关于印发《制造业核心竞争力提升五年行动计划（2021—2025）》及重点领域关键技术产业化实施要点的通知"，将超大型液压机提升为"自主创新工程"，如图 1-2 所示。

（十）超重型热模锻压力机自主创新工程。由用户牵头，联合重大技术装备骨干企业、有关大学及科研院所，研制超重型的模锻压力机成套装备。主要包括挤压和模锻相结合的公称压力 1500MN 左右的大开挡、大工作台超重型的热模锻压力机组，大容量加热炉、制坯机等，解决我国核电机组、石化容器、大飞机、火箭运载、潜水器等核心整体结构件零部件一体化整体成形制造难题。

图 1-2　超重型热模锻压力机自主创新工程

1.2.2　联合研制

清华大学在采用钢丝缠绕技术生产 360~680MN 液压机方面积累了较丰富的经验。中国一重曾与清华大学进行了一年多的研讨及论证，拟将钢丝缠绕技术作为方案之一用于 1600MN 超大型多功能液压机的研发。

此外，20 世纪 80 年代，中国一重采用了美国 Cameron 公司的板框式结构研制了一台 20MN 多向模锻挤压水压机，取得了大量成果，并通过了国家计委的验收，2007 年对该设备进行了改造升级，吨位提高到 30MN，并将水压传动改为油压传动；2005—2008 年，中国一重与 SMS MEER 合作，采用板框式结构为宝钢集团有限公司研制了 720MN “O 成形油压机”。河北宏润核装备科技股份有限公司研制的 500MN 板框式结构液压机经过十年的运行，研制和生产出了大量的新产品。

鉴于清华大学具有 360～680MN 钢丝缠绕式液压机研制的成熟经验[4]，2018 年 5 月 7 日中国一重成立与清华大学合作研制超大型液压机工作组（图 1-3）。经过一段时间的前期工作，双方签署了企校战略合作框架协议及联合研制钢丝缠绕式超大型多功能液压机备忘录。

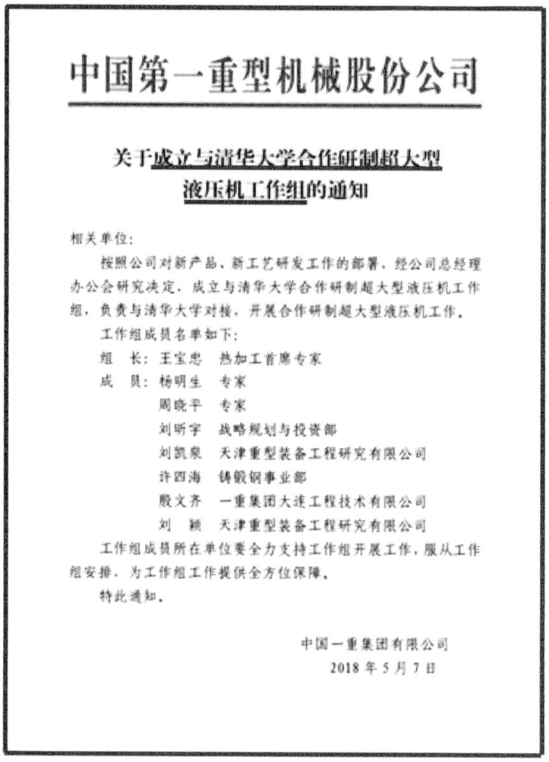
中国第一重型机械股份公司

关于成立与清华大学合作研制超大型液压机工作组的通知

相关单位：

按照公司对新产品、新工艺研发工作的部署，经公司总经理办公会研究决定，成立与清华大学合作研制超大型液压机工作组，负责与清华大学对接，开展合作研制超大型液压机工作。

工作组成员名单如下：

组　长：王宝忠　热加工首席专家

成　员：杨明生　专家

周晓平　专家

刘昕宇　战略规划与投资部

刘凯泉　天津重型装备工程研究有限公司

许四海　铸锻钢事业部

殷文齐　一重集团大连工程技术有限公司

刘　颖　天津重型装备工程研究有限公司

工作组成员所在单位要全力支持工作组开展工作，服从工作组安排，为工作组工作提供全方位保障。

特此通知。

中国一重集团有限公司

2018 年 5 月 7 日

图 1-3　超大型液压机研制工作组

在超大型多功能液压机的结构形式确定为整体板框式并完成初步设计后，中国一重又与中南大学和燕山大学签署了结构优化仿真协议。

1.2.3　基础条件优越

为了积累经验和实现超大型多功能液压机投产之日就是新产品出产之时的目标，中国一重在研制超大型多功能液压机的同时，于 2018 年 4 月还下发了“关于成立与宏润核装合作开发产品工作组的通知”，工作组随即联合河北宏润核装备科技股份有限公司在核电锻件的挤压和模锻成形、高温合金钢锭的挤压和镦挤成形等方面开展了深入的研究工作。

2019 年 1 月 20 日，“重型高端复杂锻件制造技术变革性创新能力建设”项目可研通过了由王国栋院士为组长的国内专家评审。

1.2.4　团队优势

1. 中国第一重型机械股份公司

（1）历史沿革　中国第一重型机械股份公司前身为中国第一重型机器厂，位于黑龙江省齐齐哈尔市富拉尔基区，是我国第一个五年计划期间 156 项重点建设项目之一，于 1953 年开始筹建，1956 年开始破土动工，1960 年竣工并正式投产。进入 20 世纪 80 年代，中国第一重型机器厂积极走引进、消化、吸收国际先进技术之路，通过引进技术、合作生产并积极创新，使企业具备了与发达国家合作制造和自行研制高技术产品的能力。同时，也加快了内部改革和建立现代企业制度的步伐。1993 年，经国家计委、国家经贸委和国家体改委批准，作为全国首批试点的 57 家大型企业集团之一，以中国第一重型机器厂为核心组建中国第一重型机械集团。中国第一重型机器厂作为核心企业，正式更名为中国第一重型机械集团公司。1995 年起实行国家计划单列，1999 年中国第一重型机械集团公司被确定为由中央管理的涉及国家安全和国民经济命脉的 39 家国有重要骨干企业之一。2003 年国务院国资委成立后，中国第一重型机械集团公司由国资委管理。2008 年 12 月，中国第一重型机械集团公司联合华融资产管理公司、宝钢集团有限公司和中国长城资产管理公司发起设立中国第一重型机械股份公司。2010 年 2 月，中国第一重型机械股份公司在上海证券交易所成功挂牌上市，注册资金 453800 万元。中国第一重型机械股份公司作为控股企业，目前控股 62.11%。2017 年底，中国第一重型机械股份公司完成公司制改制，由全民所有制企业改制为国有独资公司，名称变更为中国一重集团有限公司。

（2）主要贡献　建厂之初，中国一重建设者克服重重困难，边建设、边准备、边生产，从 1957 年下半年开始，在较短的时间内，工厂冷、热加工分别投产，并按照原一机部要求，成功设计制造了 1150mm 初轧机，自行设计制造了 125MN 自由锻造水压机、300MN 模锻压力机等一批重点设备，结束了我国不能生产成套机器产品的历史。经过多年的发展，中国一重已经发展成为从事重大装备研制、生产的国家大型企业，在装备制造中占有举足轻重的地位，成为我国重型装备民族工业的支柱企业之一，曾被周恩来总理誉为"国宝"。目前，公司主要产品包括：核岛设备、重型容器、大型铸锻件、专项产品、冶金设备、重型锻压设备、矿山设备和工矿配件等。具备核岛一回路核电设备全覆盖制造能力，是我国核岛装备的领导者、国际先进的核岛设备供应商和服务商，是当今世界炼油用加氢反应器的最大供货商，是冶金企业全流程设备主要供应商。

中国一重设计制造的产品先后装备了中国核工业集团有限公司、国家电力投资集团公司、中国广核集团有限公司等各大核电企业，宝钢集团有限公司、鞍山钢铁集团公司、武汉钢铁集团公司等各大钢铁企业，中国石油天然气集团有限公司、中国石油化工集团有限公司、中国海洋石油集团有限公司所属各大石油化工企业，中国第一汽车集团有限公司、东风汽车股份有限公司、安徽江淮汽车集团股份有限公司等各大汽车企业，东北轻合金有限责任公司、西南铝业集团有限责任公司、渤海铝业有限公司等有色金属企业，神华、平朔、准噶尔等大型煤炭生产基地，不仅带动了我国重型机械制造水平的整体提升，而且有力地支撑了我国国民经济和国防建设。截至 2022 年底，中国一重为国民经济建设提供了各种机械产品 500 余万 t，开发研制新产品 400 多项，填补国内工业产品技术空白 400 多项。为顺应新一轮科技革命和产业变革发展趋势，中国一重正全力推进改革创新、提质增效，着力推动建设重型装备、新能源、环保、农业机械、新材料、金融等六大业务板块。

（3）核心竞争力　中国一重是国家创新型试点企业、国家高新技术企业，核心竞争力主要体现在以下几个方面：

1）核心制造能力。拥有世界一流的铸锻件生产线、核电装备生产线、重型容器生产线、钢铁设备生产线、大型支承辊、发电机转子生产线，主要设备有 150MN 水压机、7×54m 数控龙门铣床、ϕ260mm 数控镗床、400t 数控卧车、2×800t 起重机等种类齐全的冷、热加工先进制造设备 3000 余台，其中富拉尔基基地是国际一流的铸锻钢基地，具备年产钢液 50 万 t、锻件 24 万 t、铸件 6 万 t 的生产能力；形成了"9774"的极限制造能力，即一次提供钢液 900t、最大钢锭 715t（已成功浇注用于生产 CAP1400 机组常规岛汽轮机整锻低压转子锻件所需的715t钢锭^[5]）、最大铸件780t、最大锻件400t。

2）技术研发和设计。拥有行业内实力最强的国家级企业技术中心、重型技术装备国家工程研究中心、国家能源重大装备材料研发中心，国家级检测中心，并建设有大型铸锻件理化检测实验基地，建立有热工实验室、焊材实验室、流体实验室及电气实验室等。另外，与国内外30多家知名高校、科研院所建立了长期的产学研合作关系，设有院士工作站、博士后工作站，解决了基础共性技术问题，为企业的发展提供了技术保障。技术创新体系基本形成。先后获得省部级以上"科学技术进步奖"120余项，其中"国家科学技术进步奖"一等奖3项。

3）质量管理和资质。中国一重获得了IS9001的质量体系认证。同时，还通过了英国劳埃德船级社（LR）、美国船级社（ABS）、挪威船级社（DNV）、中国船级社（CCS）四家船级社的认可；取得民用核承压设备制造资格许可证和200MW核低温供热堆制造资格许可证；通过了ASME（美国机械工程师学会）总部的联检，获得了关于容器制造的U和U2钢印和证书。中国一重于2003年取得国防科工委武器装备科研生产许可证，具有科研生产单位二级保密资格，并通过CJB9001B-2009质量体系认证。

4）资源及人才。通过结构调整和整体发展，中国一重已形成富拉尔基大型铸锻钢生产制造基地、大连核电和石化容器生产制造基地、天津重型装备成套设备生产基地、专项装备研究所等包括20个子公司和事业部、地跨七省市的完备的生产制造、研发系统和各类人才储备的大型企业集团。

2. 中南大学

中南大学承担超大型多功能液压机结构静强度与刚度的校核与优化设计、液压机结构动态性能分析与优化、液压机系统机电液联合仿真与孪生控制的设计研发；也是中国一重核电等超大型模锻件组织性能调控与模具技术研究及轻质合金带筋件整体精密成形工艺与模具技术研究等工艺研发的合作单位。

中南大学位于湖南省长沙市，是教育部直属的全国重点大学，位列国家"世界一流大学建设高校A类""985工程""211工程"，入选国家"2011计划"牵头高校、"111计划"、强基计划。

中南大学学科门类齐全，材料科学、工程学等17个学科基本科学指标进入全球前1%，其中材料科学、工程学进入全球前1‰。

学校坚持瞄准国家和社会重大需求，深入推进协同创新，积极服务国民经济建设和国防现代化建设主战场。现有国家级创新平台27个，包括高性能复杂制造、粉末冶金国家重点实验室两个，国家工程研究中心6个，国家工程技术研究中心两个，国家工程实验室6个，国防科技重点实验室1个，国家工程化与创新能力建设平台1个。2000年以来，学校共获国家科学技术进步奖三大奖109项，其中获国家科学技术进步奖一等奖（特等奖）18项，10个项目入选"中国高校十大科技进展"，入选首批国家知识产权示范高校。

轻合金研究院是具有空天运载装备制造交叉学科特色的中南大学下属二级科研机构，致力于航空航天、交通运输领域的铝、镁、钛等轻合金材料设计、构件成形制造、服役性能评估等制造全过程的科学技术研究与人才培养。

建有"高性能复杂制造国家重点实验室""国家高性能铝材工程化研究基地""国家有色金属先进结构材料与制造协同创新中心"、科技部"创新人才培养基地"、"航空航天用高性能大规格铝材与构件制造创新团队""现代复杂装备设计与极端制造教育部重点实验室""铝合金强流变技术与装备教育部工程中心"等多个国家级、省部级科学研究平台与创新人才培养基地，建设有高纯净新合金熔铸、高品质大规格合金熔铸、大规格锻件等温模锻、大型薄壁构件时效成形、大型薄壁构件无模旋压成形、大规格中/厚板轧制、正反向等温挤压、大型构件焊接与表面强化等8条工程化试制线。

轻合金研究院坚持面向世界科技前沿、面向国家重大需求，在重型运载火箭、战略/战术导弹、大飞机、高速列车等国家重大装备研制方面承担包括国家跃升计划、国家重大仪器装备研制、973计划项目、国家重大专项、国家自然科学基金重点基金、国家重点研发专项、重型运载火箭关深项目等重大科研任务，不断突破关键核心技术"卡脖子"难题。成功研制长征九号重型运载火箭10米级整体过渡环、高强部段连接框、瓜瓣、舱段、贮箱等构件，实现某型战略导弹、C919翼身接头、军舰用电动机转子、导弹挂架等多项重要部件的整体制造与高性能连接，合作开发深度残余应力探测中子残余应力谱仪、800MN大型模锻液压机、120MN张力拉伸机等国之重器。荣获国家科学技术进步奖一等奖2项、二等奖4项。近两年荣获中国高等学校十大科技进展、湖南省技术发明一等奖、四川省科学技术进步奖一等奖、中国机械工业协会与有色金属协会一等奖等5项。多项关键技术支撑湖南省军民融合重大示范项目，入股成立湖南中创空天新材料股份有限公司，实现成果转化2亿元。

中南大学与中国一重"产学研"合作紧密，共同承担了国家科技重大专项"重型锻压设备与工艺创新能力平台建设"，是中国一重牵头组建的科技部"重型锻压装备与工艺创新团队"的核心成员。在中南大学黄明辉教授、谭建平教授团队的牵头与组织下，中国一重也成为"有色金属先进结构材料与制造协同创新中心"的主要成员单位。中南大学中国工程院钟掘院士在中国一重设立了院士工作站，谭建平教授、黄明辉教授均为院士团队的核心成员。

3. 燕山大学

燕山大学是本项目1600MN超大型多功能液压机研制结构分析及高应力区的强度稳定性评定技术合作研发单位。

燕山大学是河北省人民政府、教育部、工业和信息化部、国家国防科技工业局四方共建的全国重点大学。

学校设有11个博士后流动站，14个博士学位一级学科，1个专业博士学位类别，30个硕士学位一级学科，17个专业硕士学位类别，64个本科专业，已形成以工学为主，文学、理学、经济学、管理学、法学、艺术学、教育学等8个学科门类共同发展的学科格局；拥有5个国家重点学科、5个国防特色学科和16个省级重点学科，工程学、材料科学、化学、计算机科学4个学科进入ESI排名全球前1%。在全国第四轮学科评估中，机械工程为A类，全国排名前10%，材料科学与工程为B+，全国排名前20%。

学校设有研究生院和17个直属学院，即机械工程学院、材料科学与工程学院、电气工程学院、信息科学与工程学院（软件学院）等。

建有亚稳材料制备技术与科学国家重点实验室、冷轧板带装备及工艺国家工程技术研究中心、先进制造成形技术及装备国家地方联合工程研究中心、极端条件下机械结构和材料科学国防重点学科实验室、国家创新人才培养示范基地、国际科技合作基地、智能控制系统与智能装备教育部工程研究中心、省部共建协同创新中心、国家技术转移示范机构、3 个河北省协同创新中心以及 43 个省部级重点实验室、工程技术研究中心和社会科学研究基地。

学校在重型机械成套设备、亚稳材料科学与技术、并联机器人理论与技术、流体传动与电液伺服控制技术、工业自动化控制理论与技术、精密塑性成形技术、大型锻件锻造工艺与热处理技术、极端条件下机械结构与材料科学等研究领域具有国际先进水平。2000 年以来，学校连续获得国家科技奖励 20 项，其中获国家科学技术进步奖一等奖 2 项、二等奖 9 项，获国家技术发明奖二等奖 5 项、国家自然科学二等奖 4 项，承担"973""863"、国家重点研发计划、国家自然科学基金和国家社会科学基金项目 970 项。2013 年和 2014 年，学校连续有 2 项科研成果入选"中国科学十大进展"和"中国高校十大科技进展"。

学校主动顺应新时代、新科技、新经济发展的需要，积极促进科学研究的交叉融合和协调发展，布局新兴研究领域和研究方向，以全面提高科技创新能力，产出一流科研成果为目标，重点布局建设"三个研究院、三个中心"，即人工智能与机器人研究院、海洋科学与工程研究院、康养产业技术研究院，高压科学研究中心、纳米能源材料研究中心、特种运载装备研究中心。这些新科研机构的建设将对打造学科高峰、培养顶尖人才、引领科技创新、促进产业发展起到重要推动作用。

学校以重型机械及装备为特色，以机械设计及理论、机械电子工程、机械制造及其自动化、材料加工工程等重点学科为基础，在国内具有重要的学术地位。学院拥有机械工程和材料科学与工程两个博士学位授权一级学科，两个博士后流动站，6 个博士学位授权二级学科，1 个工程博士专业学位授权点，1 个工程硕士授权领域。机械工程一级学科为国家重点学科，含机械设计及理论、机械电子工程、机械制造及其自动化 3 个二级学科国家重点学科。机械电子工程为国防特色学科。机械工程学科 2007 年被教育部认定为一级学科国家重点学科，在 2012 年全国第三轮学科评估中位列第 14 位，在 2016 年全国第四轮学科评估中位列 A 档，进入全国前 10%行列，学科所在的工程学学科位列 ESI 排名全球前 1%。

学院拥有 1 个国家工程技术研究中心，1 个国家地方联合工程研究中心，1 个国防重点学科实验室，1 个省部共建协同创新中心，1 个教育部工程研究中心，1 个教育部重点实验室，4 个中国机械工业重点实验室和工程研究中心。

学校立足重型机械，面向国家重大科技需求，为国家装备制造业、区域经济社会发展以及国防现代化服务。2013 年以来，学院承担了重点研发计划项目、国家自然科学基金等国家级项目 200 余项，河北省自然科学基金等省部级项目 360 余项，企业技术攻关项目 1500 余项。获国家自然科学奖二等奖 1 项、国家技术发明奖二等奖 1 项，获省级一等奖 12 项、二等奖 19 项、三等奖 11 项，机械工业科学技术奖等其他省部级以上奖励 50 余项。发表学术论文 3500 余篇，其中 SCI、EI 检索的期刊论文近 1700 篇。出版教材、著作 60 部，授权发明专利、实用新型专利等 2500 项。2015 年获批国家自然科学基金联合资助基金项目重点项目 1 项，2016 年获批国家重点研发计划项目 1 项，2018 年获批国家自然科学基金重大项目 1 项，2019 年学院作为牵头单位、项目负责人获批国家重点研发计划项目 1 项。学院 2 个科研团队分别参与世界上最大口径射电望远镜（FAST）核心部件馈源舱的研发和液压促动器关键零部件可靠性性能研究及实验。3 个科研团队分别参与了我国首款具有国际主流水准的国产大型客机 C919 液压管路应力分析规范、轴承项目和中机身运输的研发，1 个科研团队参与研发的"机载有源相控阵广角域火控雷达"亮相第12届珠海航展，1个团队参与研发大口径构架式卫星可展开天线，助力我国北斗三号高轨首发星发射任务取得圆满成功。2020年学院教师作为项目负责人获批国家自然科学基金联合资助基金项目重点项目3项，河北省创新群体项目1项。

学校重视国内、外学术交流与合作，成功举办了多次国际和国内学术会议，2013年以来，邀请国内、外知名专家学者50余人来学院讲学和从事合作研究；派出学术骨干110余人赴国外著名高校或科研单位进修、考察和参加国际学术会议。学院与美国伊立诺伊大学、英国赫尔大学、德国德累斯顿大学、日本东京大学、日本上智大学、日本名古屋大学等部分国外大学有着长期密切的合作关系。学院与罗马尼亚科学院固体力学研究所共建"智能康复机器人联合实验室"。

燕山大学金淼教授团队长期从事大型液压机的设计、分析等方面的研究，与中国一重"产学研"合作紧密，参与了中国一重的150MN液压机的研制工作，获得了国家科学技术进步奖一等奖，共同承担了国家科技重大专项"重型锻压设备与工艺创新能力平台建设"和"十一五"国家科技支撑计划"大型铸锻件制造关键技术与装备研制"大型船用曲轴锻件深度弯曲技术研究。

此外，还承担了"800MN大型模锻液压机设计制造及应用关键技术研究与开发""200MN难变形合金卧式挤压机""12500kN/3500kN组合式油压机特种筒形件精化生产线""大飞机关键构件成形共性技术研究""船用大型全纤维整体曲轴NTR镦锻成形工艺与成套装备"等国家科技重大专项的子课题。承担了国家自然科学基金项目"液压机本体结构的弹塑性分析设计理论与实验研究"和"全预紧组合结构液压机的整体性理论研究"，以及太原重型机械集团有限公司"225MN铝挤压机本体关键结构研究""125MN/200MN锻造液压机本体分析"，山东通裕集团有限公司"全纤维曲轴TYD法专用镦锻液压机研发""船用全纤维曲轴锻造工艺及装备研究""100MN自由锻造液压机本体结构分析"，南京迪威尔高端制造股份有限公司"350MN多向模锻液压机技术参数研究"等液压机本体结构设计和分析方面的企业合作项目。

通过上述研究极大地提高了团队科研人员的水平和工程实践经验，不仅建设了一支经验丰富、专业理论深厚的科研团队，也在重型液压机本体设计领域积累了大量的应用基础技术、共性技术和关键技术。对已有设计生产经验和研究成果进行总结与提升，对国际最新技术进一步消化、吸收，能够为本项目的实施提供有力的技术保障。同时，本项目也可作为国家科技重大专项"重型锻压设备与工艺创新能力平台建设"项目成果的延伸，也是重型锻压设备与工艺创新能力平台发挥功能和作用的实质体现。

4. 北京机电研究所有限公司

中国机械科学研究总院北京机电研究所有限公司承担本项目大型锻件在线自动检测技术、1600MN超大型多功能液压机数字孪生健康管理平台、特种专用加热炉、热处理炉的研制、超大型复杂锻件成形与热处理全流程组织性能调控工艺技术研发、超大型复杂锻件工艺设计与模具技术等方面的创新任务。

北京机电研究所有限公司创建于1956年，是国资委管辖的大型科技集团中国机械科学研究总院的直属转制院所，是国内从事锻压、热处理和模具技术研发与技术转移的归口科研机构。

建有精密成形国家工程研究中心、北京市清洁热处理工程技术研究中心、机械工业近净成形工程实验室等国家和行业技术创新平台。中国机械工程学会塑性工程分会和热处理分会、全国锻压技术标准化委员会和热处理技术标准化委员会等四个行业组织的秘书处均设在北京机电研究所，出版发行锻压热处理行业的四本专业期刊，具有广泛的行业影响力及号召力。

拥有一支以工程院院士领军的集合了锻压及热处理工艺、装备和工程自动化的中青年专家为骨干的技术开发队伍；建有 CNAS 认证的机械工业金属材料重要锻件检测实验室，拥有材料性能检测、工艺实验验证等各类设备；大量承担金属塑性成形和热处理领域的国家级研究开发任务，取得塑性加工、热处理工艺与设备领域的国家级、省部级奖励近 50 个项目；具备材料加工工程、材料学专业研究生培养资质。

北京机电研究所主要研究领域包括锻压和热处理工艺、装备、生产线及其数字化智能化系统集成技术。

依托精密成形国家工程研究中心，在国家科技重大专项的支持下，完成了高强金属材料塑性成形实验室、清洁热处理实验室、极限（极端）成形制造模拟实验室以及特种成形实验室的建设；建立了"塑性成形机床整机综合性能（健康状态）评价体系"并在行业中推广实施；为 360MN 垂直挤压机配套研发了挤压工艺、模具润滑等核心技术；面向航空航天、国防军工以及国民经济发展重点领域对基础制造技术与装备的需求，创新研发了数控无模辗压成形设备、火箭发动机壳体的联合井式电炉机组、运载火箭大型铝合金环件热处理联合机组、开合式热处理装备；面向汽车轻量化技术需求应用研发了铝合金精密塑性成形自动化生产线；面向海洋风电领域需求开发大型海洋液压打桩锤用大型锻件制造技术。

在科技部国际科技合作项目"智能化锻造宏微观模拟软件合作研发与应用"的资助下，在锻造成形过程的组织演变模拟技术及超大型锻件内部缺陷预测预防和组织控制技术方面形成了自主知识产权。

上述研究成果及技术积累为更好地配合和服务中国一重 1600MN 超大型多功能液压机重大技术创新工程提供了研究基础。

5. 河北宏润核装备科技股份有限公司

本项目大型复杂锻件生产制造的合作方，承担本项目产品生产制造中间（产品）试验所需的装备和场地。公司的前身是盐山宏润特种管件有限责任公司，成立于 1996 年 9 月 15 日，2016 年 5 月 30 日公司完成了在新三板的上市工作。

公司主要产品包括：大口径合金钢管、高压管件、风电塔筒、锅炉设备、压力容器、水冷件、核电产品等。公司占地面积 38 万 m^2，有 12 万 m^2 的生产车间，配套各类加工设备 300 多台套，拥有 500MN、160MN 液压机，300~600t 推力的中频感应推制设备，大型成排弯机，150t 重型行车，最大厚度为 120mm 的大型数控卷板设备，可进行 TIG+MIG 等焊接并有工业电视探伤的系统、推弯自动生产线、数控车床、大型加热炉和热处理炉等，具备挤压、焊接、机加工、热处理、表面处理、大型装配等生产能力。此外，公司还建有理化检测中心，并取得了 CNAS 的认可。

公司核心设备主要包括 500MN 挤压机组和弯制设备。500MN 挤压机组由 500MN 挤压机和 160MN 制坯机组成，主要用于大口径厚壁无缝钢管挤压生产。

500MN 挤压机主机由宏润核装自主研发，系统由济南巨能液压机电工程有限公司设计制造，2012 年 6 月 29 日成功试车运行，下线第一根无缝钢管，可以挤压无缝钢管的最大外径为 1320mm，最大长度为 13m。主要产品对象是核电、超超临界火电机组、石油化工用大口径无缝钢管、军工产品用管、巨型铸管管模以及其他行业的相关产品。

公司目前拥有弯管设备 11 台，加工范围：直径 $\phi22 \sim \phi1400mm$，壁厚 5～100mm，生产碳素钢、合金钢、不锈钢等各种材质及半径的弯管产品，为核电、火电、石油化工、燃气等行业提供弯管产品。公司工辅具配套齐全，有属于自己独特的弯制工艺，在同行业中，管件弯制技术能力较强。

第2章

大型液压机概述

工欲善其事必先利其器，从同一系列图书所介绍的增材制坯的界面愈合以及 FGS 锻造的推广应用来看，都需要超大型多功能液压机作为保障，如图 2-1 所示。

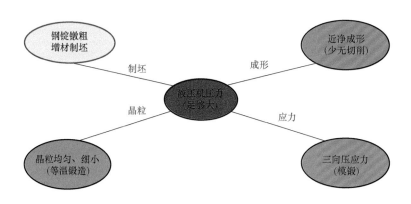

图 2-1　超大型多功能液压机的主要功能

图 2-2 所示为 2050mm 热连轧机支承辊的 FGS 锻造成形过程简图；图 2-3 所示为核电乏燃料罐的 FGS 锻造成形过程简图；图 2-4 所示为核电压力容器一体化接管段的 FGS 锻造成形过程简图；图 2-5 所示为核电压力容器水室封头的 FGS 锻造成形过程简图。

采用 1600MN 超大型多功能液压机生产的代表性产品及相关参数见表 2-1。

航空工业是驱动和引领锻造装备向重型、精密、专用和智能化方向发展的动力源。大型模锻件用于制造飞机机体和发动机的关键零件和重要零件，如飞机起落架、机身框板、隔框、翼梁、主梁、航发涡轮盘等。从某种意义上讲，是重型锻造装备吨位（压力）的增大和功能的不断完善与进步，才促进了航空工业的发展和产品的更新换代。除航空工业外，冶金、航天、核电、能源、舰船、兵器等其他行业也同样需要大型、超大型锻件，如燃气轮机用大型轮盘、各类发动机叶片、大型船用模锻件、电站用大型模锻件、核电锻件、压力容器锻件等。大型、重型锻件生产在工业发达国家都放在十分重要的地位，从一个国家所拥有的重型锻造液压机的种类、数量和等级，就可基本权衡其工业水平和国防能力。

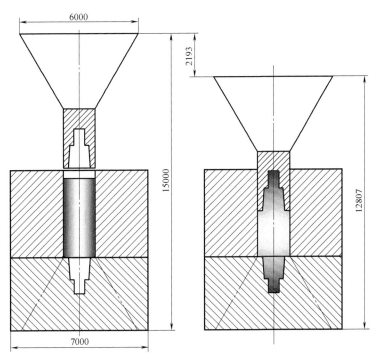

图 2-2　2050mm 热连轧机支承辊的 FGS 锻造成形过程简图

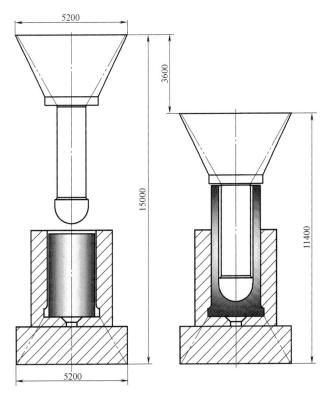

图 2-3　核电乏燃料罐的 FGS 锻造成形过程简图

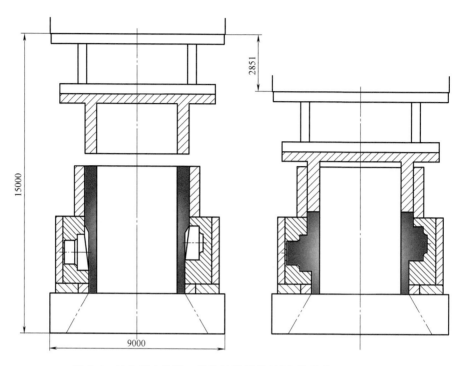

图 2-4　核电压力容器一体化接管段的 FGS 锻造成形过程简图

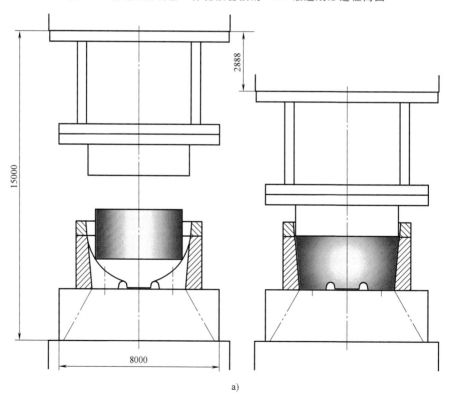

a)

图 2-5　核电压力容器水室封头的 FGS 锻造成形过程简图

a）闭式镦粗

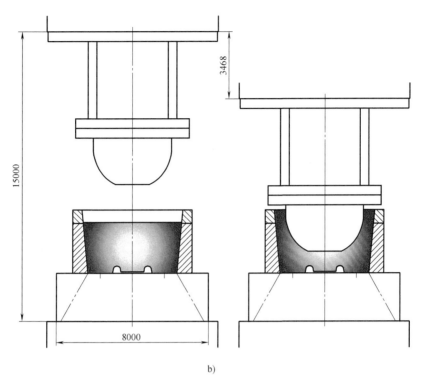

b)

图 2-5 核电压力容器水室封头的 FGS 锻造成形过程简图（续）

b）内腔成形

表 2-1 1600MN 超大型多功能液压机生产的代表性产品及相关参数

序号	名称	型号	材料	锻件/t	钢锭/t	轮廓尺寸/mm	行程/mm	成形力/MN
1	支承辊	2050mm 轧机	YB-75	55.988	58(圆坯)	φ1630×6117	2515	1740
2	低压转子	600MW	CrNiMoV	89.94	91.54 (圆坯)	φ1800×6858	2090	971
3	一体化顶盖			132	240(真空)	φ5378×2242	2000	1180
4	水室封头	国和一号	MnMoNi	143.6	260(真空)	φ5110×3177	1860	1720
5	一体化接管段			396	720(真空)	φ6874×4149	1910	1880
6	主管道 热段 A		316LN	71.44	79(圆坯)	φ1200×8800	1150	1360
7		华龙一号	X22CrNiMo18.12	37.18	42(圆坯)	φ970×7900	1680	1440
8	乏燃料罐	合金钢	CrNiMoV	135	217(真空)	φ2640×6090	3300/5000	208
9		不锈钢	316LN	145	177(ESR)	φ2370×5500	2800	1600/1000
10	冲击转轮	水斗式 C2	04Cr13Ni5Mo	280	350(ESR)	φ6400×1280	1070	1450+1660
11	风洞弯刀	CTW	022Cr12Ni10MoTi	60	80(ESR)	1700×300×15000	2900	1000

　　综上所述，重型锻造液压机主要用于铝合金、钛合金、高温合金、粉末合金等难变形材料，以及其他塑性金属材料大型构件的热模锻、挤压和等温超塑性成形。其特点是通过大的压力、长的保压时间、材料成形过程内部适宜的应力状态、合理可控的变形速度来获得所需形状和一定组织性能的锻件，用细化晶粒、改善材料内部组织结构来提高锻件的综合性能，

提高整个锻件内部组织均匀性，并使难变形材料和复杂结构锻件通过等温锻造和超塑性变形来满足设计要求，可大幅提升材料利用率，减少机加工量，实现锻件的近净成形。

重型锻造装备是为相应锻造工艺和产品服务的，是需求带动的设备发展和更新换代。随着新工艺、新产品的出现，核电、航空航天、军工等对核心零件提出更高要求，带动了其生产及工艺技术的变革性创新，通过对图 2-2～图 2-5 典型件成形工艺和表 2-1 相关数据综合分析可以看出，国内现有已投产和在制的重型锻造液压机的能力，无法满足增材制坯、超大型复杂锻件 FGS 锻造成形以及超大型高端难变形材料生产等方面变革性创新技术所提出的新需求，主要表现为成形力不足、锻造空间受限、设备功能单一。建设具有世界一流自动化和信息化水平的 1600MN 超大型多功能液压机，就是要解决这样的需求问题，弥补现有重型锻造液压机存在的能力不够、模锻压力机空间尺寸较小以及挤压机功能较为单一等不足，实现增材制坯和超大异形锻件的模锻、挤压和锻挤复合成形，满足大型、超大型高端复杂锻件的变革性制造需求。

1600MN 超大型多功能液压机的产品目标是核电、能源、冶金、航空、航天、航海、军工专项等装备的大型关键核心锻件，可实现铸坯的"叠压"组坯、空心坯料的闭式镦粗与冲孔、轴类锻件的挤压成形以及"头上长角"的封头和"身上长刺"的一体化接管段等锻件的模锻和挤压成形。

2.1　大型锻造液压机的现状

重型锻造装备是国家综合实力的一种象征。自 1893 年世界上第一台万吨级自由锻水压机（见图 2-6）在美国建成后，重型液压机作为大型高强度零件锻造加工基础装备的地位一直没有动摇过。第二次世界大战前，德国因战争需要于 1934 年研制成功 70MN 模锻水压机用于生产铝合金航空模锻件，1938—1944 年间又相继建造了三台 150MN 和一台 300MN 模锻水压机，用于生产大型铝合金航空模锻件，为发挥空战优势起到了很大作用。

图 2-6　世界上第一台万吨级自由锻水压机

美国在 1955 年前后建造了两台当时世界最大的 450MN 模锻液压机（水压机），一直用到现在；2001 年，美国加州舒尔茨钢厂（Shultz steel）也建造了一台 400MN 模锻液压机；2018 年，位于美国洛杉矶的韦伯金属公司（Weber Metals）从德国 SMS MEER 公司订购的 540MN 四柱下拉式模锻液压机安装完成。1957—1961 年，由苏联新克拉马托尔斯克重机厂（HKM3）建造了两台 750MN 模锻液压机。法国在 1976 年向苏联购买了一台 650MN 模锻液压机，又在 2005 年从德国辛北尔康普公司（Siempelkamp）订购了一台 400MN 模锻液压机。意大利吉发公司（GIVA）自行建造的 1000MN 液压机是目前世界上最大的锻造装备。

我国在 1973 年建成第一台 300MN 模锻水压机后，停滞了将近 40 年。直至 21 世纪爆发式地研制了多台巨型液压机。包头北方重工公司 360MN 垂直挤压机于 2009 年 7 月热试成功。河北宏润 500MN 垂直挤压机 2010 年开工建设，2012 年试车成功。2012 年建成的模锻液压机有 300MN（昆山昆仑重工）、400MN（西安三角防务）、800MN（德阳二重）各一台，同时南山铝从德国辛北尔康普公司（Siempelkamp）订购了一台 500MN 模锻液压机。2015 年青海康泰 680MN 模锻挤压液压机建成投产。2021 年西安三角防务再添一台 300MN 等温模锻液压机。

美国铝业公司（ALCOA）拥有的 450MN 模锻液压机（见图 2-7），为美国梅斯塔公司（MESTA）制造，于 1955 年投产，用于钛、铝合金和钢的大型模锻件的生产。2011 年为了承揽 F-35 战斗机钛合金和铝合金模锻件订单，对 450MN 模锻液压机进行了现代化改造。设备采用 8 缸 8 柱上传动结构，工作台尺寸 7.93m×3.66m，净空高 4.572m，工作行程 1.83m。

a)   b)

图 2-7　MESTA 公司建造的 450MN 模锻液压机

a）翻新前　b）翻新后

美国威曼高登公司（Wyman Gordon）拥有的 450MN 模锻液压机（见图 2-8），为美国劳威公司（LOEWY）制造，于 1955 年投产，用于钛合金、高温合金和钢的大型模锻件的生产。设备采用 9 缸 6 柱下拉式传动结构，工作台尺寸 9.9m×3.66m，净空高 4.267m，工作行程 1.83m。

美国的两台 450MN 模锻液压机堪称美国的"国宝级"装备，为美国后来的大型客机、运输机、战略轰炸机和先进战斗机，提供了高质量的钛合金、铝合金和高温合金模锻件，为美国称霸世界航空工业奠定了雄厚基础。

苏联建造的两台 750MN 模锻水压机（见图 2-9），分别安装在古比雪夫铝厂（萨玛拉）和上萨尔达钛厂（乌拉尔地区）。设备采用 12 缸 8 柱上传动结构，总高 34.7m，长 13.6m，

a) b)

图 2-8 LOEWY 公司建造的 450MN 模锻液压机

a）液压机全貌 b）液压机工作状态

宽 13.3m，地上高 21.9m，工作台尺寸 16m×3.5m，净空高 4.5m，工作行程 2m。为提高加工制造性能，设备主机框架采用了钢板拼接结构，共包含四组框架；每组框架的立柱由六块厚 200mm 的钢板组成，框架的横梁由七块厚 180mm 的钢板用 $\phi100mm$ 的螺栓紧固组成。这两台水压机分别于 2002 年和 2007 年进行了现代化改造。

a) b)

图 2-9 苏联建造的两台 750MN 模锻水压机

a）水压机全貌 b）水压机工作状态

安装在上萨尔达的 750MN 模锻水压机为俄罗斯 VSMPO-AVISMA 公司成为全球最大钛生产商提供了重要装备保障,具体而言,空客 A350、A380,波音 737、767、777、787 等一众机型都在使用 VSMPO-AVISMA 公司的钛原材料和钛合金零部件。

1976 年,法国奥伯特杜瓦公司(Aubet & Duval)向苏联新克拉马托尔斯克重机厂(HKM3)购买了一台 650MN 模锻液压机(见图 2-10),用于钛、铝合金等大型模锻件的生产。设备采用 C 形板框机身框架 5 缸上传动结构,工作台尺寸 6m×3.5m,净空高 4.5m,工作行程 1.5m,最大锻造速度 40mm/s。为提高加工制造性能,设备正面主机架为钢板组合预紧框架,分为前后两排,各由两组共 10 块 C 形钩头板中间夹十字形梁用拉杆预紧而成。设备于 2012 年进行了现代化改造。法国奥伯特杜瓦公司(Aubet & Duval)的产品包括各种航空锻件、重型燃气轮机涡轮盘锻件(GE 公司重型燃气轮机高温合金涡轮盘锻件由其生产),据其官网介绍,对于 IN718 合金,其最大模锻件重 8.7t;对于 IN706 合金,最大模锻件重 9t。

1976 年后的近 30 年,国内、外重型锻造设备没有什么太大的变化。截至 20 世纪末,全世界共有万吨级以上模锻液压机 30 余台,美国、俄罗斯各有 10 余台,总共台数和总吨位约占 70%。形成美国 2 台 450MN,俄罗斯 2 台 750MN,法国 1 台 650MN 世界顶级锻造装备的局面,也印证了世界航空制造业三足鼎立的格局。

新世纪的 2001 年,美国加州舒尔茨钢厂(Shultz steel)建造了 1 台 400MN 模锻液压机(见图 2-11),该设备的最大特点是全部采用锻件。

图 2-10 Aubet & Duval 公司 650MN 模锻液压机

图 2-11 Shultz steel 公司 400MN 模锻液压机

2007 年,法国奥伯特杜瓦公司(Aubet & Duval)从德国辛北尔康普公司(Siempelka-mp)订购的 400MN 模锻液压机(见图 2-12)投入使用。设备采用了一种特殊的 4 柱下拉式传动结构,工作行程 1.5m,最大锻造速度 28mm/s。

意大利吉发公司(GIVA)建造的 1000MN 自由锻/模锻液压机(见图 2-13),是目前世

图 2-12　Aubet & Duval 公司 400MN 模锻液压机

界上最大的综合性液压机。该液压机有 6 个液压缸，可以 2 缸、4 缸、6 缸分别启动工作，跨距 12m，净空高 7m，工作行程 3m，最大锻造速度 53.7mm/s，既可实现自由锻，也可进行模锻，配备两台 2500kN·m DDS 公司生产的无轨操作机。

德国 OTTO FUCHS 集团位于美国洛杉矶的韦伯金属公司（Weber Metals）于 2015 年向德国 SMS MEER 公司订购了 1 台 540MN（60000 短吨力）下拉式模锻液压机（见图 2-14），2018 年安装完成。设备采用 4 缸梁柱式预应力下拉式结构，工作台尺寸 6m×3m，净空高 2.8m，工作行程 2m。韦伯金属公司（Weber Metals）为航空航天工业制造锻造铝和钛材料产品，这些高性能材料的锻件用于机身、机翼、起落架和发动机。

图 2-13　GIVA 公司 1000MN 液压机

图 2-14　Weber Metals 公司 540MN 模锻液压机

我国第一台由中国一重研制的 300MN 模锻水压机（见图 2-15），自 "6111 工程" 立项，于 20 世纪 60 年代开工建设，历经 10 余年于 1974 年在西南铝加工厂建成投产。1977 年，该压力机成功生产出投影面积达 2m^2 的飞机大型铝合金框架模锻件，开辟了我国航空模锻件向大型化发展之路。此后数年间，经过广大技术人员的不懈努力，大胆探索创新，300MN模锻水压机生产规模不断扩大，产品品种不断增加，其主要生产的产品从航空大型自由锻件、大型模锻件、航空机轮、航天锻环到钛合金及高温合金大型锻件等，涵盖80多个合金牌号近2000个品种，有力地担负起国家航空航天、重点型号工程所需关键配套材料保供的重任。如今，这台运行了近50年的"老"装备正以更加"矫健"的身姿，继续为服务国家战略发挥强大作用。300MN模锻水压机的建成投产，标志着我国迈入了重型模锻装备的设计制造行列，被誉为新中国"九大国宝"装备之一。近半个世纪以来，300MN模锻水压机为保障我国重点领域关键零部件所需发挥了极其重要的作用。300MN模锻水压机采用梁柱式8柱8缸上传动结构，工作台尺寸10m×3.3m，净空高3.9m，工作行程1.8m，最大锻造速度30mm/s，设备地上高16.1m，地下深9.45m，总高25.55m，设备总质量约8100t。

我国自1973年第一台300MN模锻水压机投产后，停滞近40年，直到2003年，中国二重800MN模锻液压机申请立项。期间，实际上关于在我国建设一台与美国、俄罗斯最大模锻液压机吨位相当的重型模锻液压机的问题，在国家有关工业部门已经议论了约30年。

2003年，中国二重800MN模锻液压机（见图2-16）项目申请立项，2007年12月开工建设，2013年投入试生产，2014年底完成全部建设。该设备采用了与法国奥伯特杜瓦公司（Aubet & Duval）650MN模锻液压机基本一致的结构，即C形板框结构机身框架5缸上传动结构，工作台尺寸8m×4.3m，净空高5m，工作行程2m，最大锻造速度30mm/s，设备地上高27m，地下深15m，总高42m，设备总质量约22000t。压机产品覆盖航空、航天、能源、舰船动力、铁道、汽车、起重等行业用模锻件，主要用于轻金属及其合金、镍基和铁基等高温合金的大型模锻件制造，包括：飞机起落架、航空发动机涡轮盘、重型燃气轮机涡轮盘、飞机隔框、发动机吊挂、机翼翼梁以及主梁等。

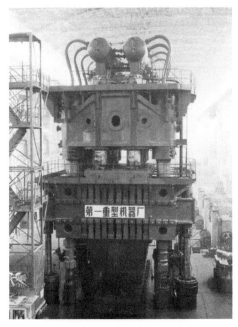

图 2-15　300MN 模锻水压机

图 2-16　800MN 模锻液压机

包头北方重工公司 360MN 垂直挤压机于 2009 年 7 月热负荷试车，成功挤压出中国第一根能用在超临界发电机组的特种厚壁无缝钢管，实现了我国在难变形合金厚壁大口径无缝钢管领域的突破，打破了国外技术和产品的双重垄断。该项目是中国兵器工业集团"十一五"期间实施的重大项目，也是国家十六大科技重大专项和十大基础制造装备之一，主要用于大型电站、石油化工行业急需的大口径厚壁无缝钢管的制造。设备采用钢丝缠绕坎合结构机身框架 6 缸下传动（上推式）结构，是我国首先采用坎合结构的拱形梁和第一次采用水平缠绕机器人预紧的预应力钢丝缠绕重型锻造液压机，设备工作台尺寸 5m×4.2m，净空高 6.7m，工作行程 2.6m，最大锻造速度 72mm/s。为制坯需要，360MN 垂直挤压机配套了 150MN 制坯液压机。360MN 垂直挤压机组如图 2-17 所示。

图 2-17　360MN 垂直挤压机组

西安三角防务 400MN 模锻液压机（见图 2-18），于 2012 年 3 月热负荷试车成功，顺利锻造出其首个大型盘类件产品。设备主要用于铝合金、钛合金、高温合金、粉末合金、高强度合金钢等难变形材料大型构件的整体模锻成形，以生产大型精密航空模锻件为主要目标，也可广泛服务于航天、船舶、石化、电力、兵器、核电等领域。设备采用钢丝缠绕坎合结构机身框架单缸上传动结构，是全球首次采用巨型单缸-单牌坊、坎合结构立柱、坎合结构主缸的预应力钢丝缠绕重型锻造液压机，设备工作台尺寸 4.5m×3.5m，净空高 4m，工作行程 1.4m，最大锻造速度 60mm/s。

河北宏润核装 500MN 挤压液压机，于 2010 年开工建设，2012 年 6 月投入使用。设备采用整体板框式机身 12 缸下传动（上推式）结构，是我国首先采用整体式板框结构机身的重型锻造液压机，设备工作台尺寸 6.8m×3.8m，净空高 8.5m，工作行程 2.5m，最大锻造速度 60mm/s。与包头北方重工公司 360MN 挤压液压机类似，该设备主要用于大型电站、石油化工行业急需的大口径厚壁无缝钢管的制造，为充分发挥液压机的能力，近几年该液压机也被用于模锻产品的制造。为制坯需要，500MN 垂直挤压机配套了 160MN 制坯液压机。500MN 垂直挤压机组如图 2-19 所示。

图 2-18　400MN 模锻液压机

图 2-19　500MN 垂直挤压机组

昆仑重工300MN模锻液压机（见图2-20）于2012年7月热负荷试车成功。设备主要用于钛合金、高温合金、不锈钢、结构钢、铝合金、镁合金、铜合金等不同材质锻件的模锻成形。设备采用钢丝缠绕坎合结构机身框架单缸缸动式上传动结构，是全球首次采用巨型缸-梁结构集成的单缸-单牌坊、坎合结构立柱、坎合结构主缸和首次采用垂直缠绕机器人预紧的预应力钢丝缠绕重型锻造液压机。

南山铝业从德国辛北尔康普公司（Siempelkamp）订购的500MN模锻液压机于2016年投入使用，为预应力4柱上传动结构，净空高4m，工作行程2m，如图2-21所示。产品有飞机起落架、飞机发动机涡轮盘、车轮等锻件，主要针对航空、铁道交通锻件。

图2-20　300MN模锻液压机

图2-21　500MN模锻液压机

2010年，青海康泰联手清华大学历时五年攻坚克难，建成目前世界唯一具备超大荷载挤压和模锻两大功能的680MN模锻挤压液压机，该设备采用钢丝缠绕式机身上传动结构，具备挤压和模锻两大功能，于2015年成功挤压出世界最长的一根碳钢无缝钢管后，又于2016年使用直径800mm燃气涡轮盘模具压出第一只盘类产品样件。为制坯需要，680MN模锻挤压液压机配套了260MN制坯液压机。680MN模锻挤压液压机组如图2-22所示。

图2-22　680MN模锻挤压液压机组

680MN模锻挤压液压机组既可以满足火电、核电、石油开采等行业不断提出的发展要求，又瞄准了国家对航空领域大型锻件的迫切需求，同时提高了重大装备使用的经济效益指标。

2021年，西安三角防务又新建一台全球最大的300MN等温模锻液压机（见图2-23），有等温锻、热模锻和常规锻造三种工作模式。设备采用预应力钢丝缠绕坎合结构机身框架单缸上传动结构，主要用于等温锻件和热模锻件的生产，适用于高温合金、钛合金、粉末合金等难变形合金材料及复杂形状的大型结构件、盘类零件、航发叶片等高端锻件的等温锻造成形，将满足航空发动机涡轮盘等温精密模锻以及大、中型航空结构件普通模锻需求，助力我国航空工业高质量发展。

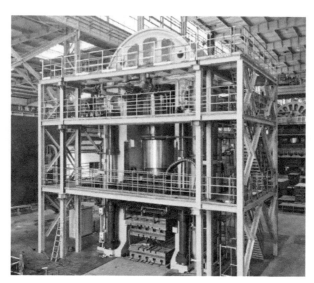

图 2-23　300MN 等温模锻液压机

　　除了以上提到的已投产的重型锻造液压机，国内目前在制的还有三台，分别是陕西宏远的 600MN 模锻液压机、钢研高纳的 300MN 等温模锻液压机和通裕重工的 700MN 模锻挤压液压机。陕西宏远 600MN 模锻液压机采用预应力钢丝缠绕坎合结构机身框架上传动结构，主要用于高温合金、钛合金和铝合金等材料模锻件的生产。钢研高纳 300MN 等温模锻液压机采用预应力钢丝缠绕坎合结构机身框架上传动结构，具备模锻和等温锻造功能，兼顾高温合金产品和大型结构件的生产。通裕重工 700MN 模锻挤压液压机采用预应力梁柱式上传动结构，主要产品目标是风电主轴、大型船用柴油机锻件、人造金刚石液压机铰链梁锻件等。

　　重型锻造液压机（这里讲的重型锻造液压机是指吨位在 300MN 以上的锻造液压机）是国家综合实力的一种象征，是象征重工业实力的国宝级战略装备，世界上能研制的国家屈指可数。现今，全球拥有 400MN 级以上重型锻造液压机的国家，只有中国、美国、俄罗斯、法国和意大利。

　　国内多台重型锻造液压机的建成投产，打破了制约我国航空航天和装备制造业发展的瓶颈，对改变我国大型模锻件依赖进口，实现大型模锻产品自主化、国产化，变锻造大国为锻造强国均具有十分重要的战略意义。

　　在发展重型模锻装备的技术路线上，以清华大学为主提出了预应力钢丝缠绕坎合结构机身框架的设计方案，液压机立柱、拱形梁、上下半圆梁剖分为多块，以高强度扁钢丝将其缠绕为一个整体并使其处于压应力保护状态。液压机的活动横梁也被剖分为多块，施以钢丝缠绕组合成一体。目前，国内已有多台重型锻造液压机采用了预应力钢丝缠绕坎合结构机身框架。

重大技术装备是国民经济发展的支柱，是国家综合国力的集中体现，是高新技术发展的基础和载体，没有先进的装备制造技术，尤其是重大装备制造技术，就意味没有掌握国民经济的主动权和持久持续发展的动力。

2.2　大型锻造液压机的主要结构形式

大型锻造液压机本体的结构形式主要是指机身框架的结构形式。国外 400MN 及以上重型锻造液压机和国内 300MN 及以上重型锻造液压机机身框架结构形式的汇总如下：

国外已投产 400MN 及以上重型锻造液压机 9 台，其中梁柱式结构 6 台，C 形板框结构 1 台，钢板拼接结构 2 台。

国内已投产 300MN 及以上重型锻造液压机 9 台，在制 3 台，其中梁柱式结构投产 2 台、在制 1 台，C 形板框结构 1 台，整体板框结构 1 台，钢丝缠绕结构投产 5 台、在制 2 台。

可以看出，重型锻造液压机机身框架的结构形式主要有三种：梁柱式（包括预应力和非预应力结构）、板框式（主要包括 C 形板框式和整体板框式）和预应力钢丝缠绕式。

重型锻造液压机机身框架结构的多样性意味着任何结构都没有绝对优势，在实际设计中采用何种结构需围绕产品大纲和生产工艺，充分考虑设备的可靠性、可制造性、可运输性、可安装性、操作维护性、经济性等要素，经综合分析评定后确定。

2.2.1　预应力梁柱式液压机

梁柱式结构机身框架是液压机最常见的结构形式，也是锻造液压机最早采用的结构形式。在梁柱式液压机中，采用"三梁四柱"结构的液压机数量最多。

早期的梁柱式液压机多为局部预紧机身框架结构（本书归类为非预应力结构），立柱部分承受拉弯联合作用，受力复杂，易发生断裂事故。

现代液压机设计已普遍采用整体预应力组合框架式机身（本书归类为预应力结构），其立柱结构由两部分组成，外部的空心立柱位于上横梁和下横梁之间，中间的拉杆穿过上横梁、立柱和下横梁，用预应力将这几部分紧紧地连接在一起。这种结构的特点是将偏心载荷下承受拉弯联合作用而处于复杂受力状态的立柱，变为由拉杆来承受拉力和由空心立柱来承受弯矩及轴向压力，机身框架的整体性能得到改善，受力状态好、刚性大、拉杆应力脉动小、疲劳寿命长，可靠性显著增强。

梁柱式液压机横梁通常采用铸造结构，受加工制造和运输装配能力的限制，重型锻造液压机由于结构尺寸和零部件质量巨大，横梁通常被设计成预应力组合结构。

美国梅斯塔公司（MESTA）在设计制造 450MN 模锻液压机时，沿用了梁柱式结构，整机采用了非预应力梁柱式 8 柱 8 缸上传动结构，如图 2-24 所示。

与梅斯塔公司（MESTA）不同，美国劳威公司（LOEWY）建造的 450MN 模锻液压机，采用了非预应力厚钢板叠板方式的梁柱式结构。该液压机的上横梁、活动横梁、立柱均为厚板叠板结构；上横梁和固定横梁主体通过多层叠加厚钢板代替了过去的铸造结构；立柱同样采用多层钢板叠加的结构，截面为矩形，叠板两端设计为双钩头结构，以连接上、下横梁。设备整机采用了非预应力叠板梁柱式 6 柱 9 缸下拉式传动结构，如图 2-25 所示。

图 2-24　MESTA 公司建造的 450MN 模锻液压机

a）主机　b）加工中的主缸体、立柱和上横梁

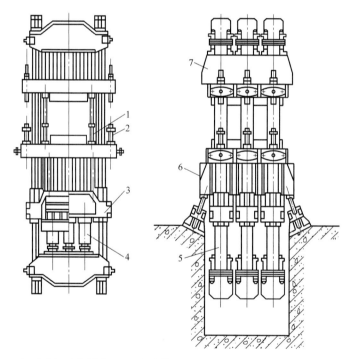

图 2-25　LOEWY 公司建造的 450MN 模锻液压机的设计结构

1—回程缸　2—同步调平缸　3—工作缸支承梁　4—工作缸　5—立柱　6—固定梁　7—上横梁纵梁

　　随着液压机设计制造技术的进步，非预应力结构机身框架呈现出一定的缺点，如应力幅值大，同等应力状态下变形大，疲劳寿命低；立柱部分受力状态不好，既承受拉应力又承受弯曲应力。20 世纪 80 年代，预应力结构的机身框架应用越来越广泛，通过施加预应力改善构件的受力状态，以提高结构的承载能力和疲劳寿命，如法国奥伯特杜瓦公司（Aubet &

Duval)的 400MN 模锻液压机（见图 2-12）、美国韦伯金属公司（Weber Metals）的 540MN 模锻液压机（见图 2-14）、意大利吉发公司（GIVA）的 1000MN 自由锻/模锻液压机（见图 2-13）、南山铝业的 500MN 模锻液压机（见图 2-21）、通裕重工在制的 700MN 模锻挤压液压机等，机身框架都采用了不同形式的预应力梁柱式结构。

2.2.2 预应力钢丝缠绕式液压机

预应力钢丝缠绕式液压机是采用预应力钢丝缠绕结构机身框架的液压机，是用高强度钢丝将定位好的半圆形的上下梁和立柱缠绕在一起，钢丝在缠绕时，施加预定好的拉力，从而在上下梁和立柱上产生预应力。随着钢丝的不断缠绕，预应力不断积累增加，最终将上下梁和立柱捆扎成牢固的承载框架。缠绕用的钢丝截面很小，强度很高，许用应力可达 800MPa 以上。在同等工况下，通常钢丝缠绕机身的质量是最小的。单从机身的应力状态分析，理论上钢丝缠绕式机身具有最长的疲劳寿命。

国内以清华大学为主，创新提出了"预应力钢丝缠绕坎合结构"机身框架的设计方案，减小单个构件的尺寸和质量，使钢丝缠绕预应力结构能够应用到重型液压机上（300MN 以上），如包头北方重工的 360MN 垂直挤压机（见图 2-17）、西安三角防务的 400MN 模锻液压机（见图 2-18）和 300MN 等温模锻液压机（见图 2-23）、昆山昆仑重工的 300MN 模锻液压机（见图 2-20）、青海中钛青锻的 680MN 模锻挤压液压机（见图 2-22）等，机身框架均为预应力钢丝缠绕坎合结构。预应力钢丝缠绕技术在我国已被广泛应用，尤其是"预应力钢丝缠绕坎合结构"机身框架出现后，国内重型锻造液压机有了飞跃式发展；在国内已投产的 300MN 及以上吨位重型锻造液压机中，钢丝缠绕结构占到了约 60%。

由于立式垂直缠绕技术还不够成熟，机身框架通常采用卧式水平缠绕后，进行整体运输、安装。由于重型液压机的机身框架质量和外形尺寸巨大，因此需在安装现场就地进行缠绕后，整体运输至安装位置安装就位。重型锻造液压机机身框架现场水平缠绕、运输及安装工艺流程如图 2-26 所示。

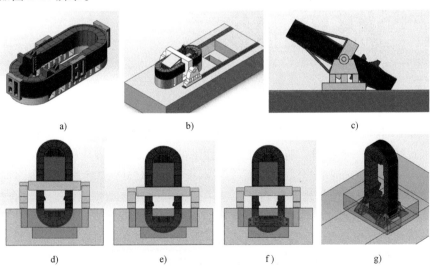

a)   b)   c)

d)   e)   f)   g)

图 2-26 重型锻造液压机机身框架现场水平缠绕、运输及安装工艺流程

a)水平缠绕 b)水平移动 c)机身翻转 d)机身竖起 e)机身下落 f)安装地脚 g)安装就位

超大型液压机（本书指公称压力 1000MN 及以上的重型锻造液压机）采用钢丝缠绕机身存在较大难度，一是机身质量巨大（1 万 t 以上），机身框架剖分坎合子件均为大型铸件，数量多，制造难度较大，制造周期较长，且内部质量不易保证；二是由于钢丝使用应力较高，在设备使用过程中蠕变影响风险加大；三是钢丝用量巨大，接头多，钢丝质量一致性不易保证，在缠绕和使用过程中断丝风险增高。

2.2.3　板框式结构液压机

随着重型锻造液压机吨位的逐渐增大，受加工制造以及运输安装能力的限制，采用传统梁柱式结构已难以实现，新型结构和设计思想在重型锻造液压机上不断涌现，形成了独特的技术发展路线。

苏联在建造 750MN 模锻液压机时，对从德国缴获的 300MN 模锻液压机和美国、欧洲其他国家重型锻造液压机进行了研究，认为任何一种液压机的结构形式都不适用，超过了当时苏联的重型机械加工制造能力。因此，在 20 世纪 60 年代，苏联建造的 750MN 模锻液压机采用了叠板拼接组合式非预应力结构机身框架，开创了重型锻造液压机采用板式结构机身框架的先河，其最大的特点是将铸造结构的梁以及立柱部分均改为了叠板结构，如图 2-27 所示。750MN 模锻液压机上重型铸件的比例仅为整机质量的 7%，而钢板则占到了 65%。

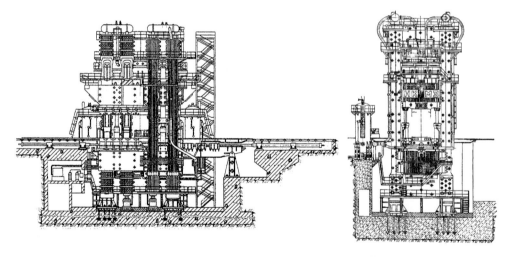

图 2-27　苏联的 750MN 模锻液压机的设计结构

由于 750MN 模锻液压机机身框架的横梁和立柱是由钢板拼接而成，因此，严格来讲应该属于板框式结构的一个特例。随着加工制造技术的进步，重型液压机开始采用整体式板框结构。1967 年，美国 Cameron 公司（英国工厂）投产了 315MN 整体板框结构多向模锻液压机（见图 2-28），机身框架结构跨越到一种整体式板框的叠板结构。与叠板组合结构相比，整体板框结构简单，刚性好，并且避免了叠板组合结构所需的大量连接件产生大量高应力集中区，但整体板框外形尺寸大，立柱仍然承受巨大的拉弯联合作用载荷，立柱与上、下梁间的过渡区是应力集中区，受加工制造装备能力、运输和现场安装条件的限制大。

整体板框的承载机架为一个 O 形结构，将其沿中央垂直对称面剖分，就会形成两个对称的 C 形结构，再用水平的预紧螺栓在上下端将两 C 形结构预紧成一个整体，就构成了所谓的 C 形框架结构。理论上，C 形结构在单件尺寸和质量上较整体板框降低了一半，因此加工制造、运输和现场安装难度大幅降低，同等条件下可建造更大的液压机。

法国奥伯特杜瓦公司（Aubet & Duval）向苏联新克拉马托尔斯克重机厂（HKM3）购买的 650MN 模锻液压机和中国二重的 800MN 模锻液压机，采用的就是 C 形板框结构机身框架。

C 形板框机身框架由多组 C 形钩头框板、中间十字键梁、夹紧梁、连接拉紧螺栓等组成，如图 2-29 所示。此种结构在左右对称设置 C 形框板，在框板上部与下部的钩头中间设置十字键梁，通过夹紧梁与

图 2-28　美国 Cameron 公司的 315MN
模锻液压机

拉紧螺栓将 C 形框板、十字梁沿水平方向预紧为一个整体框架，拉紧螺栓预紧方向与框架受力方向相互垂直。与整体板框一样，C 形板框机架的工作载荷仍然完全由立柱承受，立柱与上、下梁间的过渡区仍然是应力集中区，并且十字梁与 C 形框板间的配合导致许多应力集中源的产生，一定程度上削弱了设备的承载能力。

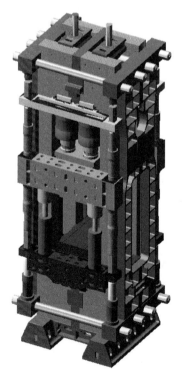
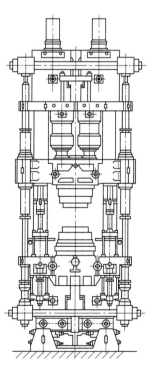
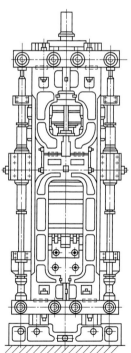

a)　　　　　　　　　　　　　　　　　b)

图 2-29　C 形板框式结构液压机

a）三维模型　b）设计结构

随着加工制造技术的进步，300MN 以上重型液压机开始采用整体式板框结构，如河北宏润核装的 500MN 垂直挤压机（见图 2-19）、宝钢 UOE 生产线的 720MN O 成形液压机（见图 2-30）。

图 2-30　宝钢 720MN O 成形液压机

2.3　1600MN 超大型多功能液压机总体方案

2.3.1　主要技术参数

在 1600MN 超大型多功能液压机的方案设计中，首先根据图 2-2~图 2-5 的典型件成形工艺和表 2-1 相关代表性产品的工艺数据，经综合分析确定了设备的功能和设备组成，并确定了设备的主要技术参数，见表 2-2。

表 2-2　1600MN 超大型多功能液压机的主要技术参数

1	公称压力		1600MN	
2	压力分级	一级	200MN	30MPa 时
		二级	400MN	
		三级	600MN	
		四级	800MN	
		一级	400MN	60MPa 时
		二级	800MN	
		三级	1200MN	
		四级	1600MN	
3	传动形式		上传动（下推式）	
4	回程力		200MN	
5	主工作缸	数量	16	
		压力	16×100 = 1600MN	
		形式	柱塞缸	
		柱塞直径	$\phi1460\text{mm}$	
		最大工作压力	60MPa	

6	回程缸	数量	4	
		回程力	4×49.8＝199.2MN	
		形式	柱塞缸	
		柱塞直径	ϕ1420mm	
		最大工作压力	31.5MPa	
7	调平缸	数量	4	
		单缸能力	49.8MN	
		形式	柱塞缸	
		柱塞直径	ϕ1420mm	
		最大工作压力	31.5MPa	
8	最大净空距		15000mm	
9	活动横梁	行程	5000mm	
		空程速度	5~120mm/s	
		工作速度	1~60mm/s	≤ 800MN 时
			1~30mm/s	> 800MN 时
			0.05~1mm/s	等温锻模式
		回程速度	5~120mm/s	
		活动部分最大质量	8000t	
10	立柱净间距（左右）		11000mm	
11	最大偏心距		300mm	1600MN 时
12	前工作台	工作台宽度	9000mm	
		工作台长度	16000mm	
		工作台行程	18000mm	
		移动速度	5~120mm/s	
		驱动方式	液压缸	
		工作台定位精度	±0.5mm	
		工作台最大承载	3500t	
		工作台锁紧力	100MN	
13	后工作台	工作台宽度	9000mm	
		工作台长度	9000mm	
		工作台行程	18000mm	
		移动速度	5~120mm/s	
		驱动方式	液压缸	
		工作台定位精度	±0.5mm	
		单工作台最大承载	3500t	
		工作台锁紧力	100MN	

（续）

14	工作介质	ISO VG46 抗磨液压油	
15	液压系统最大工作压力	60MPa	
16	液压系统常规工作压力	31.5MPa	

2.3.2 液压机本体

1600MN 超大型多功能液压机吨位大、净空高、跨距大，经初步方案设计，如采用梁柱式结构，则各零部件尺寸和质量均超大，已超出现有装备的加工制造能力极限，因此无法采用，可以选择的结构有 C 形板框式、预应力钢丝缠绕式和整体板框式三种结构形式。

由于采用 C 形板框式结构液压机的板框是在上下横梁中央弯曲变形和在弯曲应力最大处进行的剖分，因此造成十字梁处受力状况极为复杂，多处存在严重的应力集中，考虑 1600MN 超大型多功能液压机高达 15m 的净空，设备总体结构细长，会加剧横梁剖分区域的应力集中，使得该处受力状况更加复杂，存在不可控的巨大风险。同时，采用 C 形板框式结构液压机的设备质量巨大（中国二重 800MN 模锻液压机总重约 22000t），且单片 C 形板已经超出现有加工设备的制造能力极限，无法保证每片 C 形板钩头处的精确加工。

综上所述，不考虑叠板拼接组合的特殊结构，1600MN 超大型多功能液压机可采用的结构形式是预应力钢丝缠绕式和整体板框式结构。

图 2-31 所示为采用预应力钢丝缠绕式结构的 1600MN 超大型多功能液压机的三维方案设计。

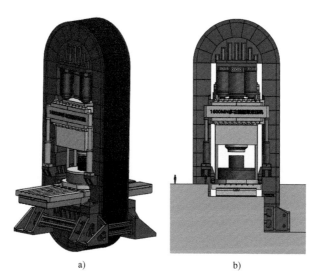

a)   b)

图 2-31 采用预应力钢丝缠绕式结构的 1600MN 超大型多功能液压机的三维方案设计

a) 立体图 b) 主视图

钢丝缠绕结构方案具有结构紧凑、设备质量轻和机身全预应力的优点，但存在如下风险：

1）机身水平缠绕后整体质量极大（超过 20000t），运输和装配周期长、费用高；同时，将质量超过 20000t、高度超过 50m 的机身从水平状态到竖起安装，操作困难，安装风险巨大。

2）缠绕钢丝用量大（约 2000t），接头多，钢丝本身质量一致性和众多接头焊接的质量难以保证，缠绕和使用过程中断丝风险增高。

3）钢丝层间界面多、机身坎合面多，钢丝层间界面、坎合界面的接触状态难以控制，长期使用后，环境对界面的影响难以预测。

4）钢丝使用应力较高，在设备使用过程中存在蠕变导致机身预应力降低的巨大风险。

5）缠绕过程中存在断丝处理、接头处理、张力持续稳定精确控制等技术风险。

6）拱形梁与半圆梁之间的接触面，预紧后的变形将使其无法保证良好的接触。

整体板框式结构 1600MN 超大型多功能液压机的机身框架，具有结构简单、零件及连接环节少、加工量小、厚板制造难度小、质量性能容易保证等优点。存在的主要问题是，整体板框尺寸巨大，已超出现有加工设备的制造能力极限，需设计建造相适应的加工、运输和吊装装置及设备；同时，超大尺寸整体板框不能远距离运输。

通过上述预应力钢丝缠绕式结构和整体板框式结构的对比分析，采用整体板框式结构液压机技术风险小、可操作性强、预期效果更好，因此可确定整体板框式结构的 1600MN 超大型多功能液压机设计方案为最优选方案。

1600MN 超大型多功能液压机采用整体板框式机身框架 16 缸上传动结构，该液压机本体由机身框架、上部横梁、活动横梁、下横梁、工作缸组、回程缸组、调平缸组、移动工作台等部件组成。采用整体板框式结构的 1600MN 超大型多功能液压机的方案设计如图 2-32 所示。

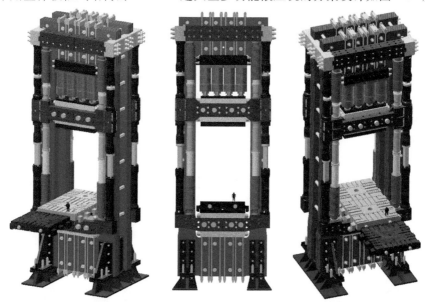

图 2-32 采用整体板框式结构的 1600MN 超大型多功能液压机的方案设计

1. 机身框架

1600MN 超大型多功能液压机采用了整体板框式结构，其机身框架的方案设计如图 2-33 所示。多层整片的"O"形框架板叠加在一起，通过前后设置的多套拉紧螺栓将"O"形框架板预紧成一个整体，形成液压机的机身部分。机身的下部设置支脚，支撑在基础梁上，基础梁与基础固定在一起。

2. 上部横梁

上部横梁采用分体组合拉杆预紧结构，如图 2-34 所示。上部横梁由 4 个铸钢件组合而成，横向轮廓最大尺寸为 21320mm，纵向轮廓最大尺寸为 12000mm，高度为 3000mm。4 个铸钢件通过 18 根拉紧螺栓预紧为一个整体。上部横梁四角下部设有导向装置的定位固定装置，以及调平缸的定位安装位置、上部横梁的定位调节装置等。

图 2-33　机身框架的方案设计

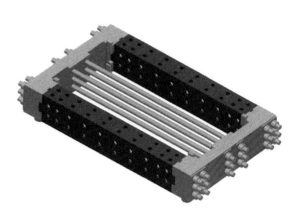

图 2-34　上部横梁的方案设计

3. 活动横梁

活动横梁采用分体组合拉杆预紧结构，如图 2-35 所示。活动横梁主体由 6 个铸钢件组合而成，长度方向最大尺寸为 19300mm，宽度方向最大尺寸为 13500mm，中间梁主体高度为 4700mm。前后扁担梁通过 4 根拉紧螺栓和中间体预紧为一个整体。活动横梁中间部分由 4 个铸钢横梁组合而成；4 个横梁通过多组拉紧螺栓进行预紧，以保证各分体组合件的整体性。在活动横梁的四角，扁担梁的两端设有安装导向装置的导向孔，以及回程缸、调平缸的定位安装位置。

4. 活动横梁导向装置

活动横梁导向装置独立于机身之外，由 4 组柱状导向结构组成（见图 2-36），采用平面

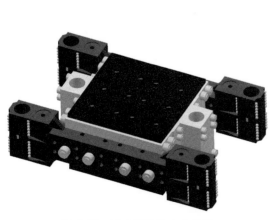

图 2-35　活动横梁的方案设计

图 2-36　活动横梁导向装置的方案设计

可调间隙导向结构。导向柱采用锻件，导向位置截面为方形，表面安装了耐磨导板。导向装置的上、下两端设置了导向套结构，导向套内部为正方形，每个导向套内部需安装 4 组斜楔式调整结构，与导向柱导板接触的位置装有铜滑板。

5. 下横梁

下横梁的结构与活动横梁类似，也是采用分体组合拉杆预紧结构，如图 2-37 所示。下横梁主体由 6 个铸钢件组合而成，长度方向最大尺寸为 19200mm，宽度方向最大尺寸为 13500mm，中间梁主体高度为 4750mm。前后扁担梁通过 4 根拉紧螺栓和中间体预紧为一个整体。下横梁中间部分由 4 个铸钢横梁组合而成；4 个横梁通过多组拉紧螺栓进行预紧，以保证各分体组合件的整体性。在下横梁的四角，扁担梁的两端设有导向装置的定位固定装置，以及回程缸的定位安装位置。

6. 工作缸组

工作缸组由 16 个等径缸组成（见图 2-38），液压缸形式为柱塞缸，最大工作压力为 60MPa，适应锻造成形时 1600MN 载荷的需要。工作缸缸底固定安装在上垫梁上，上垫梁为分体组合结构，通过多组拉紧螺栓预紧成一个整体。上垫梁通过机身框架上部设置的固定小梁吊挂固定在框架内部的底平面上。上垫梁既作为工作缸的缸底使用，又作为工作缸与机身板框的过渡垫梁，即"多缸共底，一底多用"，结构简单可靠。工作缸柱塞与活动横梁的连接采用双球铰短摇杆连接结构，当液压机工作中活动横梁发生偏斜时，中间摆杆能在球面垫上转动，使柱塞承受的侧向推力大大减小，改善柱塞导套及密封的径向受力，减小磨损。

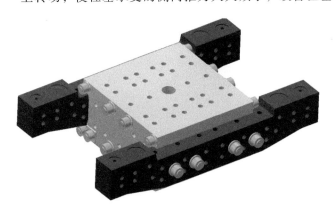

图 2-37　下横梁的方案设计

图 2-38　工作缸组的方案设计

7. 回程缸组

回程缸共 4 个，柱塞式结构，分别安装在下横梁四角。回程缸缸体底部通过球面垫安装在下横梁上，柱塞端部通过球面垫与活动横梁连接。采用球面垫连接结构，使回程缸只承受轴向压力和球面垫部分产生的摩擦力矩，与刚性连接相比，侧推力大大减小，最大限度地改善了柱塞导套及密封的磨损情况。回程缸组及调平缸组的安装位置如图 2-39 所示。

8. 调平缸组

调平缸共 4 个，柱塞式结构，分别吊挂安装在上横梁四角下侧。调平缸柱塞直径与回程缸柱塞一致，且对应两缸的中心线重合。调平缸缸体底部通过球面垫安装在上横梁上，柱塞端部通过球面垫与活动横梁连接。通过采用球面垫连接结构，使调平缸只承受轴向压力和球面垫部分产生的摩擦力矩，与刚性连接相比，侧推力大大减小，最大限度地改善了柱塞导套及密封的磨损情况。

9. 移动工作台

为提高生产效率，更好地满足生产工艺需求，1600MN 超大型多功能液压机配有 2 个重载移动工作台，如图 2-40 所示。工作台安装在下横梁垫板的上部，在下横梁前后分别设有工作台移出的轨道梁和驱动装置。工作台安装了滚轮，使工作台可在导轨上沿液压机的纵向滚动移动。工作台上表面标高为 ±0mm，前工作台台面尺寸为 16000mm×9000mm，后工作台台面尺寸为 9000mm×9000mm。工作台为分体组合拉杆预紧结构，前工作台由 6 个铸钢件通过 2 根拉紧螺栓预紧成一体，后工作台由 3 个铸钢件通过 2 根拉紧螺栓预紧成一体。下横梁垫板内部和工作台轨道梁内部设有多套工作台顶起缸，在工作台需要移动时顶起对应的车轮，使工作台与下横梁垫板工作面脱离接触，实现工作台滚动移动，避免了采用滑动移动方式带来的工作面剧烈磨损。

图 2-39　回程缸组及调平缸组的安装位置

每个工作台移动时都由两个活塞式移动缸驱动，从单侧移入、移出，移动距离为 18000mm，行程位置可通过位移传感器检测，工作台的位置显示精度为 0.1mm。工作台移动缸采用铰接式安装，可消除工作台升降时对移动缸的影响。

工作台上面开有 T 形槽和定位键槽，用于下模具的固定和精确定位。

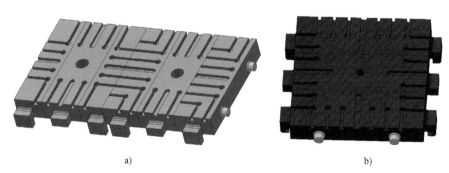

a)　　　　　　　　　　　　　　　　　　　b)

图 2-40　移动工作台的方案设计

a）前工作台（长工作台）　b）后工作台（短工作台）

2.3.3　液压系统

1600MN 超大型多功能液压机液压系统采用泵+增压器的传动形式。需要工作压力 31.5MPa，排量 500mL/r 的主泵 144 台，总的装机功率大约 68000kW。

液压系统主要参数如下：

工作缸的最高工作压力：	60MPa
主系统的压力：	31.5MPa
增压器入口的最高压力：	31.5MPa
增压器出口的最高压力：	60MPa
纠偏系统的工作压力：	31.5MPa
伺服先导控制系统的工作压力：	25MPa

常规先导控制系统的工作压力：	25MPa
主泵系统的最大流量：	2×50000L/min
液压系统的工作介质：	ISO-VG46 抗磨液压油
主系统、辅助系统的清洁度：	NAS 8 级
伺服先导控制系统的清洁度：	NAS 6 级
主传动形式：	泵+增压器直接传动
辅助控制系统的传动形式：	泵+蓄能器传动
增压器增压比：	1.917

液压系统的总体要求：采用泵控、阀控组合控制形式；操纵控制系统换向灵活、可靠、通油流量大；满足液压机各液压执行机构的动作需求，实现调速、限压等功能；电磁阀控制电压均采用 DC 24V，并考虑失电安全机能；先导控制油路配有蓄能器，以保证短时停电时动作可控；位置控制采用闭环控制；伺服阀先导控制油和常规先导控制油由单独控制系统回路提供，以保证稳定的控制油压力；油温、压力、液位等参数在设备及操作室均可以显示，并对其进行监测、报警、控制；所有电动机均对轴承、壳体、定子、转子测温并远传至PLC，并带有防冷凝加热带。

2.3.4　电气自动化与信息处理系统

电气自动化系统的总体技术方案以工业计算机系统（IPC）、可编程控制器（PLC）为控制系统核心，采用 PROFINET 工业以太网构成递阶分布式体系结构。

PROFINET 用于液压机控制器-PLC 和远程分布式 I/O 之间的通信，以及与操作机控制系统的通信。

PLC 选用西门子公司 S1500 系列的 CPU1512-4FN/DP：具有 C/C++、同步轴 64 个编程功能，能够满足对大压力下活动横梁变形量、压力机框架弹性变形量等复杂的实时运算需求，同时对伺服变量泵进行轴控制（对与超出 64 台伺服变量泵的多出部分，采用单轴控两台或多台并联高速运行的投入方式），提高系统的可控性及运行的平稳性。

操作员（HMI）站连接在通信速率为 100Mbps 的工业以太网上，该结构的最大优点是具有极好的抗干扰性能，采用标准的 TCP/IP 通信协议，既保证了相互之间的数据通信要求，又可以在需要时，方便地与锻造分厂管理网络连接。

第3章

超大型多功能液压机的本体结构

3.1　超大型多功能液压机主机结构设计

1600MN 超大型多功能液压机采用带柱式导向装置的整体板框式多缸布局结构，传动布局采用上传下推式结构。主要由机身框架、上部横梁、工作缸组、调平缸组、活动横梁、活动横梁导向装置、回程缸组、移动工作台、下横梁等组成。机身框架的立柱开间需满足加工最大直径工件时空间的需要；设备净空距需满足长轴类件挤压工艺的需要，挤压完成后工件可从液压机净空范围内取出；两牌坊之间应留出足够间距，工作台中心留出料孔，满足较长筒类件下出料的挤压工艺需要。

超大型多功能液压机的机身框架采用多层叠板组合而成，叠板之间用纵向拉杆进行预紧。叠板数量和叠板厚度、叠板形状可根据不同设备方案要求进行优化组合。机身框架可根据工艺要求设置一组牌坊，也可设置多组牌坊，牌坊之间可通过多组不同位置的支撑套筒进行定位支撑。牌坊下部设置支脚，支撑在基础梁上。基础梁与基础固定在一起。

超大型多功能液压机的主工作缸组采用了等径多缸组合结构，液压缸形式为柱塞缸，工作压力为 60MPa，适应模锻成形时集中载荷的需要。缸底连接的上垫梁（缸底梁）为分体组合结构，通过多组长拉杆吊挂固定在机身框架内部的上底面。上垫梁（缸底梁）既作为多个液压缸的缸底共同使用，又作为液压缸与机身板框的过渡垫梁，即"多缸共底，一底多用"。结构简单可靠。缸体通过多根双头螺栓与缸底把合在一起，通过止口与缸底定位。柱塞与缸体之间设置导向铜套、V 组密封、压套、防尘圈、调整垫片组等零件，以保证柱塞与缸体的相对运动灵活自如，又无油压泄漏。柱塞与活动横梁连接采用双球铰短摇杆连接结构，避免柱塞和导套承受侧向力。

超大型多功能液压机的上部横梁、活动横梁、下横梁均为超宽超重件，采用了分体组合结构。通过合理的分体设计，降低了单件的制造加工难度；分体之间采用键进行定位，采用多组高强合金拉杆进行预紧，保证分体组合件的整体性。做到既满足设备使用性能，又降低零部件的加工、吊装、运输、维护难度。

超大型多功能液压机的活动横梁导向装置用于活动横梁上下运动的导向，由导向柱、导向套、支撑套等组成。导向柱采用锻件结构，通过支撑套与活动横梁固定在一起，随活动横梁上下运动。上导向套固定在上部横梁底面，下导向套固定在下横梁的扁担梁上面。导向套内部设有平面可调间隙导向结构，保证导向间隙可调。该导向装置突破了传统的机身立柱导向结构，采用独立于机身的柱式导向，优点是在工作过程中，活动横梁的导向间隙和导向精度不受机身框架横向变形的影响。

超大型多功能液压机的调平缸组、回程缸组共同组成了活动横梁调平装置，用于克服模锻过程中的偏载力矩，保证活动横梁四角的平行精度。其中，回程缸组既起到平衡活动横梁质量、活动横梁回程的作用，又可与调平缸组成活动横梁调平系统，通过精确实时检测活动横梁四角位移的数据变化，来控制活动横梁四角的调平缸与回程缸的出力与位移，克服工件压制过程的偏载力矩，保证上下模具合模过程中对活动横梁平行精度的要求。1600MN 超大型多功能液压机本体的设计方案如图 3-1~图 3-6 所示。

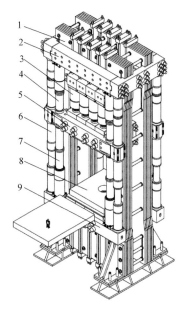

图 3-1　1600MN 超大型多功能液压机主机的三维结构

1—机身框架　2—上部横梁　3—工作缸　4—调平缸
5—活动横梁　6—活动横梁导向柱　7—回程缸
8—移动工作台　9—下横梁

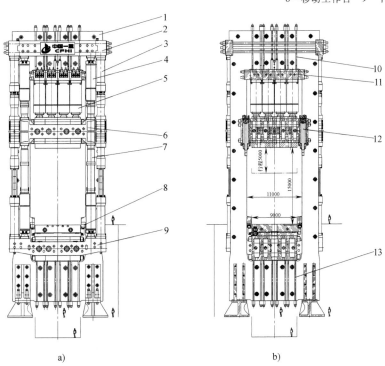

a)　　　　　　　　　b)

图 3-2　1600MN 超大型多功能液压机的方案设计

a）前视图　b）前视剖视图

1—机身框架　2—上部横梁　3—活动横梁导向柱　4—调平缸　5—工作缸　6—活动横梁　7—回程缸
8—工作台锁紧装置　9—下横梁　10—上吊杆组　11—上垫梁　12—锁模缸　13—下拉杆组

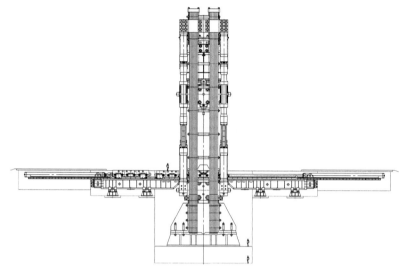

图 3-3　1600MN 超大型多功能液压机的方案设计（侧视）

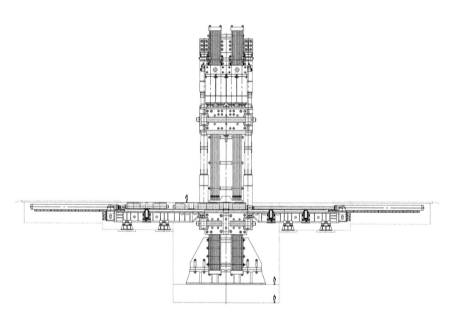

图 3-4　1600MN 超大型多功能液压机的方案设计（侧视剖视）

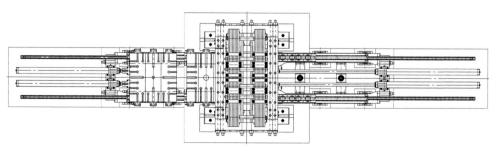

图 3-5　1600MN 超大型多功能液压机的方案设计（俯视）

超大型多功能液压机

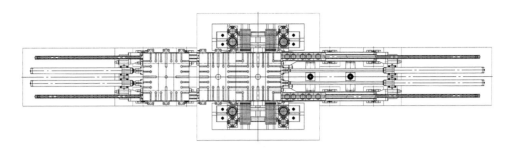

图 3-6　1600MN 超大型多功能液压机的方案设计（俯视活动横梁以下部分）

3.2　机身框架设计

3.2.1　不同机身框架

3.2.1.1　板框拉杆预紧结构框架

板框拉杆预紧结构框架（见图 3-7），包括机身框架和支撑装置，支撑装置包括上支撑框架、下支撑框架以及竖向拉杆，上支撑框架和下支撑框架分别设置在机身框架的上下两端且均用于对机身框架进行支撑定位，竖向拉杆的两端分别穿过上支撑框架和下支撑框架且竖向拉杆的两端使用螺母紧固。

上支撑框架和下支撑框架均包括支撑横梁和连接梁，支撑横梁设置了两个且分别位于机身框架的前后两端，连接梁适合设置在两个支撑横梁之间且用于连接两个支撑横梁，竖向拉杆的两端分别穿过设置在机身框架上下两端的两个支撑横梁，连接梁上相对机身框架开设限位槽。

竖向拉杆设有多个，且多个竖向拉杆均匀地分布在连接梁上。连接梁设有两个，且两个连接梁分别位于机身框架的左右两端。机身框架包括多个沿前后方向间隔分布的牌坊，连接梁上相对间隔设有隔离块，隔离块的两端适于与相邻两个牌坊抵接。

牌坊包括多个相互叠放的板框。连接梁设有两个且分别设置在机身框架的左右两端，支撑装置还包括第一横向拉杆，第一横向拉杆穿过两个连接梁且第一横向拉杆的两端适于使用螺母紧固。支撑装置还包括第二横向拉杆，第二横向拉杆穿过多个牌坊且第二横向拉杆的两端适于使用螺母紧固。支撑装置还包括支撑套筒，支撑套筒设置在相邻两个牌坊之间且套设在第二横向拉杆上。牌坊上相对连接梁开设了卡口。

在机身框架上设置竖向拉杆，并通过拧紧设置在竖向拉杆两端的螺母，可以沿竖直方向对机身框架施加预应力。当液压机工作时，会对机身框架产生沿竖直方向的工作载荷，此时预应力可以对工作载荷引起的应力进行抵消，防止机身框架因承受较大的工作载荷而产生形变，由此可以改善机身框架的受力状态，从而延长液压机的使用寿命。此外，当机身框架承受偏心载荷时，由于上支撑框架和下支撑框架分别与竖向拉杆的上、下两端连接，可提升竖向拉杆的刚度，降低竖向拉杆的应力波动幅值，提高竖向拉杆的疲劳强度，并延长竖向拉杆的疲劳寿命。

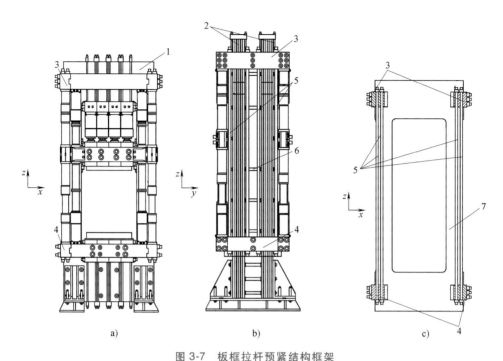

图 3-7　板框拉杆预紧结构框架

a）主视图　b）侧视图　c）主视剖视图

1—机身框架　2—牌坊　3—上支撑框架　4—下支撑框架　5—竖向拉杆　6—支撑套筒　7—板框

3.2.1.2　多牌坊组合结构框架

多牌坊组合结构框架（见图3-8）包括机身框架和支撑装置，机身框架包括多个间隔分布的牌坊，支撑装置包括横向拉杆，横向拉杆穿过多个牌坊且横向拉杆的两端适于使用螺栓紧固，牌坊上开设了用于设置横向拉杆的拉杆孔，拉杆孔的截面长度方向适于与牌坊上拉杆孔所在区域承受载荷时的变形走向相近。支撑装置还包括支撑套筒，支撑套筒设置在相邻两个牌坊之间且套设在横向拉杆上。相邻两个牌坊之间均设置了多个支撑套筒。牌坊上设有连接座，相邻两个牌坊上的两个连接座相对设置，多个支撑套筒均设置在连接座上，支撑套筒设置在两个相对设置的连接座之间，且一端与其中一个连接座连接，另一端与另一个连接座连接。支撑装置还包括螺母垫板，螺母垫板套设在横向拉杆上且位于牌坊和螺母之间。牌坊包括多个相互叠放且规格相同的板框。支撑装置还包括多个叠板，一个牌坊中相邻两个板框之间均设有一个叠板，叠板套设在横向拉杆上。板框上开设了安装孔，安装孔中转角的轮廓线和拉杆孔的轮廓线均包括直线和圆弧线。

本结构液压机包括牌坊机身结构；还包括缸底梁，缸底梁设置在牌坊上且沿多个牌坊的分布方向延伸；还包括工作缸组，工作缸组包括多个工作缸，多个工作缸设置在缸底梁上且与多个牌坊一一对应。

横向拉杆穿过拉杆孔设置在牌坊上，当牌坊承受载荷时，由牌坊上拉杆孔所在区域将受力传递到横向拉杆上，通过将拉杆孔设置为类椭圆形结构，使拉杆孔的长轴与牌坊上拉杆孔所在区域承受载荷时的变形走向相近，载荷由牌坊传递到横向拉杆时沿拉杆孔的长轴方向传递，缓冲距离较大，可以使得直接作用在横向拉杆上的应力较小，从而防止横向拉杆变形或产生裂痕，进而保证机身框架结构的稳定性。

3.2.1.3 拉杆/支撑预紧结构双牌坊框架

拉杆/支撑预紧结构双牌坊框架（见图 3-9）包括机身框架和支撑结构，机身框架包括两个间隔分布的牌坊，支撑结构包括支撑套筒，相邻两个牌坊之间均设有支撑套筒。

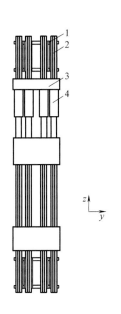

图 3-8 多牌坊组合结构框架

1—支撑装置 2—牌坊 3—缸底梁 4—工作缸

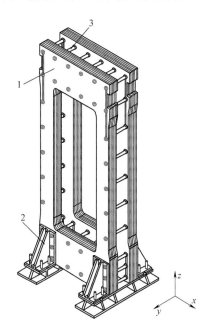

图 3-9 拉杆/支撑预紧结构双牌坊框架

1—牌坊 2—支脚 3—支撑套筒

相邻两个牌坊之间均设有多个支撑套筒，多个支撑套筒均匀分布在牌坊上。

支撑结构还包括长拉杆，长拉杆沿牌坊的分布方向穿过牌坊和支撑套筒，长拉杆的两端适于使用第一螺母紧固。支撑结构还包括螺母垫板，螺母垫板套设在长拉杆上且位于机身框架和螺母之间。牌坊包括多个相互叠放的板框。支撑结构还包括多个垫片，相邻两个板框之间均设有一个垫片。长拉杆的设置方向与板框垂直，多个垫片均套设在长拉杆上。支撑结构还包括短拉杆，短拉杆穿过一个牌坊的多个板框，且短拉杆的两端适于使用第二螺母紧固。

液压机的机身结构还包括设置在牌坊下端的支脚以及基础梁，基础梁设置在地基上，支脚适于设置在基础梁上。

通过在牌坊之间设置支撑套筒，支撑套筒可以对间隔分布的牌坊进行支撑定位，以保证机身框架结构的稳定性。同时，当其中一个牌坊受到偏心载荷时，可以通过支撑套筒进行力流传递，便于使两个牌坊共同承受偏心载荷，避免其中一个牌坊承受的偏心载荷过大而产生大形变，提升了机身框架的抗弯能力。

3.2.2 框架板的结构设计

1600MN 超大型多功能液压机机身框架采用双牌坊组合形式，每组牌坊均为多层叠板组合而成，结构简单，连接环节较少，受力特性好。叠板之间设置了垫板，可以保证叠板之间的力流传递。叠板的尺寸因受目前制造工艺的限制，采用锻板拼焊结构，在制造能力许可的范围内尽量做到最大，以尽可能减少焊缝数量，且焊缝设置在应力较小的区域。前后两组牌坊通过多拉杆、多区域纵向预紧成为一个整体，抗偏载能力强，既满足了设备的力学性能要求，又解决了超大型机身可制造性难题。在牌坊的下部设置支脚，支撑在基础梁上，基础梁与地坑基础固定在一起。

框架板结构的方案设计如图 3-10 和图 3-11 所示。

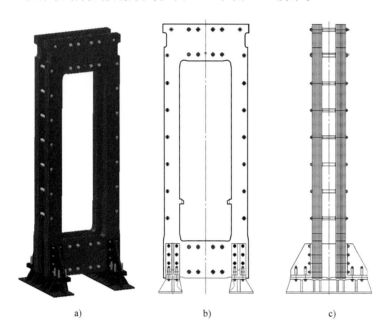

图 3-10　框架板结构的方案设计　　　　　　　图 3-11　框架板拼接方案
a) 立体图　b) 主视图　c) 侧视图

3.3　上部横梁设计

1600MN 超大型多功能液压机的上部横梁（见图 3-12），用于安装调平缸和导向柱导向套。上部横梁由 4 个铸造横梁通过拉杆预紧组合而成一个封闭框架，通过止口固定在板框上。上部横梁的 4 个铸造横梁是大型的箱型铸钢件，结构和形状复杂，尺寸和质量较大。在设计中要考虑铸造工艺的要求，避免出现裂纹、缩孔等铸造缺陷。作为大尺寸、大质量的构件还要考虑质量的因素，尽可能减轻质量、降低材料的消耗；对于结构也要尽量简化，缩短制造周期，降低制造成本。此外，结合现有的有限元计算方法，优化结构设计，提升结构设计的合理性。前后横梁上设有安装导向柱导向套的定位柱，通过拉紧螺栓固定。调平缸缸体端部通过安装在上部横梁凹槽内的球面垫安装在上部横梁的四角。

上部横梁包括第一梁体和第一连接件，两个第一梁体相对设置，且两端分别通过第一连接件连接形成框形结构；机身框架上设有止口结构，于机身框架的长度方向上，止口结构设置在机身框架的一侧端面上；上部横梁与机身框架连接时，于机身框架的宽度方向上，两个第一梁体分别与机身框架相对的两个侧面贴靠，第一梁体的一部分和第一连接件的一部分适于容纳在止口结构中。

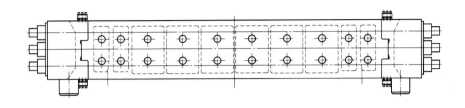

a)

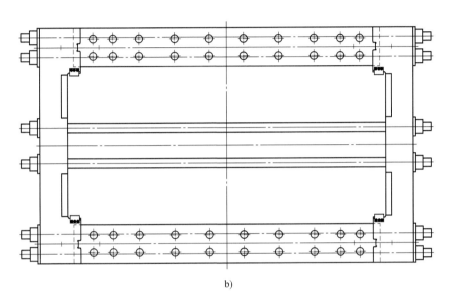

b)

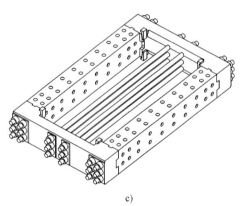

c)

图 3-12　上部横梁的方案设计

a）主视图　b）俯视图　c）立体图

机身框架包括第二连接件和多个板框组件，于机身框架的宽度方向上，多个板框组件间隔设置，并通过第二连接件连接，于机身框架的长度方向上，止口结构设置在板框组件的一侧端面上。

第一连接件为第二梁体,第二梁体的一端与一个第一梁体的端部连接,第二梁体的另一端与另一个第一梁体的同一侧端部连接,上部横梁与机身框架连接时,第二梁体的一部分适于容纳在止口结构中。第二梁体和第一梁体的方案设计如图 3-13 和图 3-14 所示。

第二梁体包括定位结构,定位结构设置在第二梁体朝向板框组件的端面上,定位结构适于确定板框组件与第二梁体连接的位置。

第一梁体的端部朝向第二梁体的端面上设有第一凸起结构,第二梁体的端部朝向第一梁

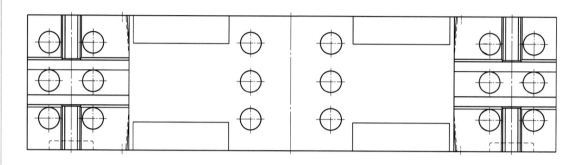

a)

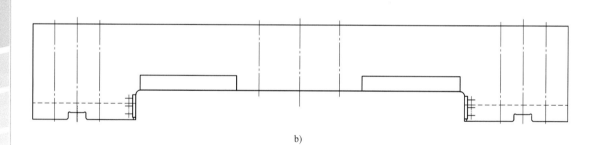

b)

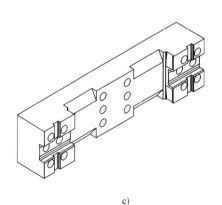

c)

图 3-13 第二梁体的方案设计
a)主视图 b)俯视图 c)立体图

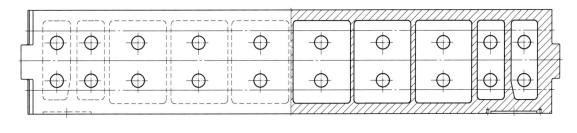

a)

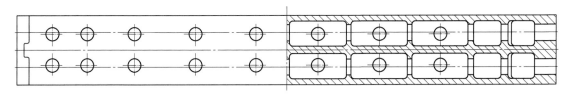

b)

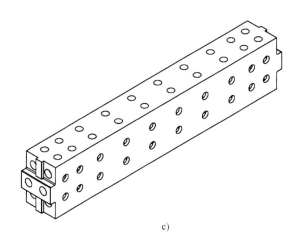

c)

图 3-14 第一梁体的方案设计

a) 主视图　b) 俯视图　c) 立体图

体的端面上设有第一凹槽结构，或者第一梁体的端部朝向第二梁体的端面上设有第一凹槽结构，第二梁体的端部朝向第一梁体的端面上设有第一凸起结构，第一凸起结构与第一凹槽结构相匹配。

上部横梁还包括紧固件，紧固件的一端与第二梁体连接，紧固件的另一端与另一第二梁体连接，且适于锁紧相对设置的两个第二梁体。

第一连接件为连接杆，连接杆的一端与一个第一梁体的端部连接，连接杆的另一端与另一个第一梁体的同一侧端部连接，上部横梁与机身框架连接时，第一梁体端部的一部分和/或连接杆的一部分适于容纳在止口结构中。

第一梁体包括梁本体和端部结构，梁本体的端部沿机身框架的宽度方向朝向相对设置的另一第一梁体延伸形成的端部结构，上部横梁与机身框架连接时，梁本体与板框组件的外侧面贴靠，端部结构适于容纳在止口结构中。

上部横梁由相对设置的两个第一梁体通过第一连接件连接形成框形结构，通过合理的分体设计，可以降低零件的加工、吊装、运输以及维护难度，保证上部横梁的整体性，能够满足设备的使用性能；机身框架沿长度方向的一侧端面上设置了止口结构，将上部横梁安装在机身框架上时，只需将第一梁体分别与机身框架沿宽度方向的相对的两个侧面贴靠，第一梁体的一部分和/或第一连接件的一部分容纳在止口结构中，从而确定上部横梁在机身框架上沿高度方向的位置，使上部横梁在机身框架上不易沿高度方向移动，上部横梁与止口结构相配合的设计简单且容易操作，上部横梁安装更加方便。

3.4 活动横梁设计

1600MN 超大型多功能液压机的活动横梁作为液压机重要的承载构件之一，是直接将液压力传递给工件的结构。液压缸的柱塞连接摇杆，通过活动横梁上表面凹槽中的球面垫将工作载荷传递到活动横梁的上表面，活动横梁的下垫板上安装上模座或者上砧板，并对锻件等施加工作载荷，工件的变形抗力向上施加在活动横梁的下表面。因此，活动横梁中部是主要的承压区域。

1600MN 超大型多功能液压机的活动横梁采用铸钢件，由于尺寸较大，采用分体组合拉杆预紧结构，活动横梁由 4 个主梁、2 个扁担梁，通过预紧拉杆紧密地连接在一起，各部分之间通过止口或键配合，以保证组合后的活动横梁结构稳定。活动横梁的各梁同是大型的箱型铸钢件，结构和形状也很复杂，尺寸和质量巨大，因此在设计中也必须满足铸造和机械加工的工艺要求。活动横梁作为重要的承载构件，采用传统力学计算与有限元结合的方式，对活动横梁进行强度和刚度的计算与校核，不但优化了结构，同时也大大缩短了设计周期。在活动横梁的左右两侧设有安装模具夹紧缸的辅助梁，辅助梁通过拉紧螺栓固定在活动横梁上。在活动横梁的扁担梁两端设有分块的导向柱安装盖，安装盖通过预紧螺栓将导向柱固定在活动横梁上，随活动横梁上下移动。在活动横梁的四角设有安装调平缸组和回程缸组的安装凹槽，安装凹槽内设置有球面垫，与调平缸组和回程缸组的柱塞杆相连。活动横梁的方案设计如图 3-15 所示。

发明了一种液压机的组合式活动横梁，包括主梁、扁担梁、第一连接结构和第二连接结构；扁担梁适于设置在主梁的两端并与主梁相互垂直，第一连接结构适于连接主梁与扁担梁；主梁设有 4 个，4 个主梁在扁担梁的长度方向上通过第二连接结构依次连接。主梁的方案设计如图 3-16 和图 3-17 所示。

主梁朝向扁担梁的端部设有安装槽，扁担梁适于与安装槽插接配合。

液压机的组合式活动横梁还包括辅助梁，两个辅助梁沿扁担梁的长度方向间隔设置；主梁设置在两个辅助梁之间并与两个辅助梁通过第二连接结构连接。

液压机的组合式活动横梁还包括定位结构，定位结构适于设置在主梁与扁担梁的连接处，以限制主梁与扁担梁在垂直于主梁长度方向的相对运动；定位结构适于设置在相邻两个主梁的连接处，以限制相邻的两个主梁在垂直于扁担梁长度方向上的相对运动；定位结构适于设置在辅助梁与相应的主梁的连接处，以限制辅助梁与相应的主梁在垂直于扁担梁长度方向上的相对运动。

定位结构为键，主梁、扁担梁和辅助梁上设有与键相适配的键槽，键适于与键槽插接配合。

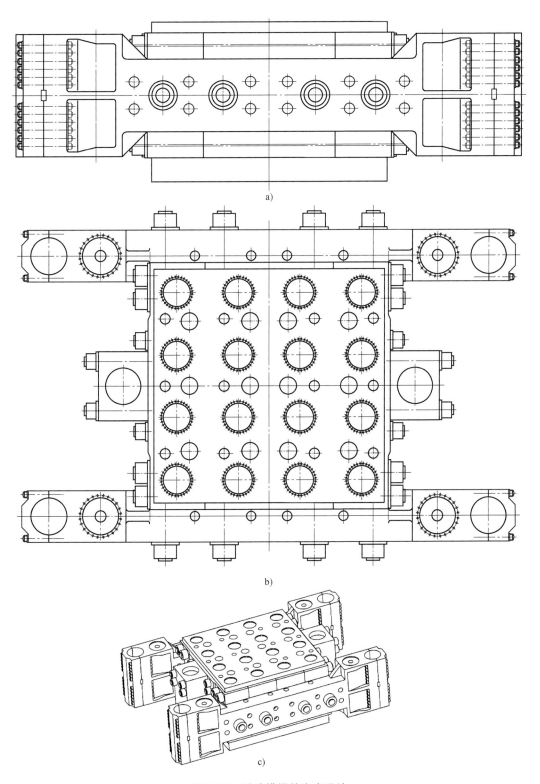

a)

b)

c)

图 3-15　活动横梁的方案设计

a）主视图　b）俯视图　c）立体图

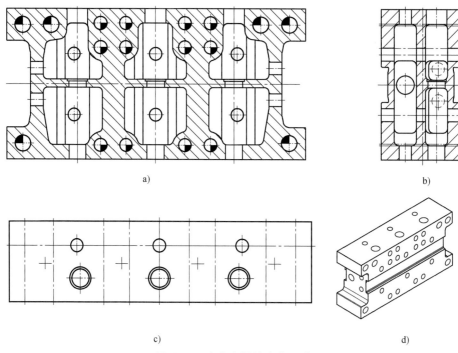

a)   b)

c)   d)

图 3-16　中央主梁的方案设计

a）主视图　b）侧视图　c）俯视图　d）立体图

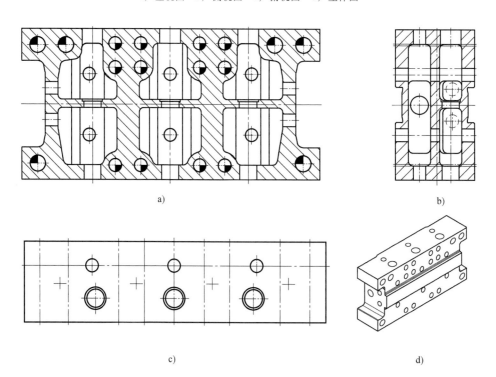

a)   b)

c)   d)

图 3-17　两侧主梁的方案设计

a）主视图　b）侧视图　c）俯视图　d）立体图

　　第一连接结构包括第一拉杆，第一拉杆适于沿主梁的长度方向贯穿并连接主梁与扁担梁。第二连接结构包括第二拉杆，第二拉杆适于沿扁担梁的长度方向贯穿并连接 4 个主梁，贯穿并连接辅助梁与 4 个主梁。第一拉杆与第二拉杆相对垂直设置。扁担梁的方案设计如图 3-18 所示。

　　液压机的组合式活动横梁还包括垫板，垫板适于设置在主梁的上端和下端。

　　液压机的组合式活动横梁采用合理的分体设计，使得液压机的组合式活动横梁由 4 个主梁和设置在主梁两端的扁担梁构成，在满足了液压机使用性能的同时，降低了液压机的组合式活动横梁各部件（主梁、扁担梁等）单件的尺寸及质量，从而降低了液压机组合式活动横梁各部件单件的制造加工、吊装、运输和维护的难度及成本，极大地提升了液压机组合式活动横梁的生产制造、运输和后期维护的便利性。而且，4 个主梁通过第二连接结构连接，

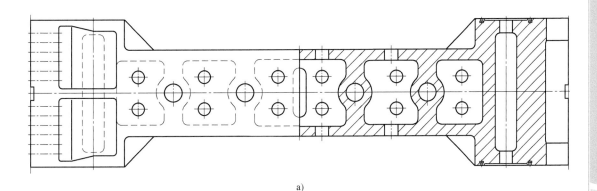

a)

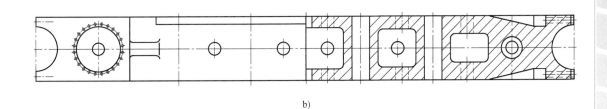

b)

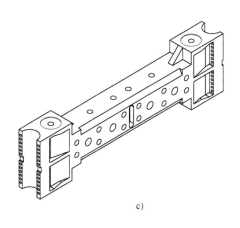

c)

图 3-18　扁担梁的方案设计

a）主视图　b）俯视图　c）立体图

主梁与扁担梁通过第一连接结构连接，提升了主梁与主梁之间以及主梁与扁担梁之间安装和拆卸的便捷性。

3.5 下横梁设计

1600MN 超大型多功能液压机的下横梁作为液压机重要的承载构件之一，是液压机最重要的组成部分。下横梁置于框架板机架的下部，由预紧拉杆和小梁将下横梁固定在框架板机架的下部。移动工作台在下横梁上平面安装的垫板上的导轨上滚动，下模具或下砧板安装在工作台上，液压机工作时的全部载荷均通过工作台传递到下横梁上。

1600MN 超大型多功能液压机的下横梁也采用铸钢件，由于尺寸较大，采用分体组合拉杆预紧结构，下横梁由 4 个主梁、2 个扁担梁，通过预紧拉杆紧密地连接在一起，各部分之间通过止口或键配合，以保证组合后的下横梁结构稳定。下横梁的各梁同是大型的箱型铸钢件，结构和形状也很复杂，尺寸和质量巨大，因此在设计中也必须满足铸造和机械加工的工艺要求。下横梁作为重要的承载构件，采用传统力学计算与有限元结合的方式，对下横梁进行强度和刚度的计算与校核，不但优化了结构，同时也大大缩短了设计周期。在下横梁扁担梁的左右两侧安装了导向柱导向套和回程缸组。回程缸组通过安装在下横梁扁担梁上凹槽内的球面垫将回程缸的反力作用于下横梁上。导向柱的下导向套通过安装在下横梁扁担梁上安装的定位柱定位，并用螺栓紧固在下横梁上。下横梁上部的垫板内安装了移动工作台的顶起装置，在工件完成加工后，顶起装置将移动工作台顶起。下横梁的方案设计如图 3-19 所示。

发明了一种液压机的组合式下横梁，包括主梁、扁担梁和连接结构，主梁两端设有安装槽，扁担梁适于与安装槽插接配合，且主梁和扁担梁通过连接结构连接。

扁担梁上设有贯穿扁担梁的第一安装孔，主梁上设有贯穿主梁的第二安装孔；连接结构包括第一拉杆，第一拉杆适于与第一安装孔和第二安装孔插接配合。

连接结构还包括第二拉杆，主梁设有 4 个，4 个主梁适于沿扁担梁的长度方向通过第二拉杆依次连接。第一拉杆与第二拉杆相对垂直设置。

扁担梁上还设有贯穿扁担梁的出砂孔，多个出砂孔沿扁担梁的长度方向间隔设置。

连接结构还包括限位件，限位件适于设置在两个相邻主梁的连接处，并适于限制两个相邻主梁在竖直方向上的相对运动。

限位件为键，主梁上设有与键相适配的键槽，键适于与两个相邻主梁的两个键槽插接配合。键的轴线平行于扁担梁的长度方向。液压机的组合式下横梁还包括垫板，垫板适于设置在主梁的上端。

液压机的组合式下横梁由主梁、扁担梁和连接结构等部件构成，采用了合理的分体设计，在满足了液压机使用性能的同时，降低了液压机组合式下横梁各部件（主梁、扁担梁等）单件的尺寸及质量，从而降低了下横梁各部件单件的制造加工、吊装、运输和维护的难度及成本，极大地提升了液压机组合式下横梁的生产制造、运输和后期维护的便利性。而且，主梁与扁担梁通过连接结构连接，提升了主梁与扁担梁之间安装和拆卸的便捷性；通过在主梁两端设置安装槽以与扁担梁插接配合，增大了扁担梁与主梁之间的接触面积，进一步提升了扁担梁与主梁通过连接结构连接时的稳固性。

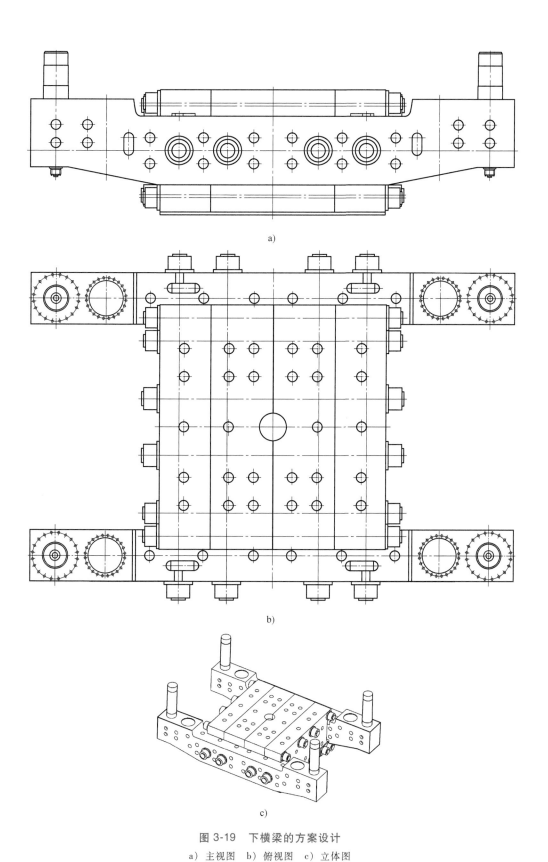

a)

b)

c)

图 3-19　下横梁的方案设计

a）主视图　b）俯视图　c）立体图

3.6 主工作缸组件设计

3.6.1 主工作缸组的压力分级设置

一种液压机的多缸分级加压方法，包括：获取液压机的加压设定参数；根据加压设定参数，确定液压机液压缸结构中的加压液压缸组合与加压液压缸组合系统工作压力的加压设定值；控制加压液压缸组合在系统工作压力为加压设定值时进行加压作业。

液压缸结构包括竖直设置在液压机的上垫梁与活动横梁之间的主液压缸和调平缸；加压液压缸组合设有多组，每组加压液压缸组合都由主液压缸构成，或由主液压缸与调平缸构成；确定液压机液压缸结构中的加压液压缸组合为确定一组加压液压缸组合。

多个主液压缸阵列分布在上垫梁与活动横梁之间。

调平缸设有四个，且四个调平缸阵列分布在上横梁与活动横梁之间；多个主液压缸位于四个调平缸合围形成的区域内。

在一组由主液压缸构成的加压液压缸组合中，主液压缸设有偶数个并呈对称分布。

在一组由主液压缸与调平缸构成的加压液压缸组合中，主液压缸设有偶数个并呈对称分布，且调平缸设有四个。

加压设定值包括第一预设值和第二预设值，液压缸在系统工作压力为第二预设值时的第二推力大于液压缸在系统工作压力为第一预设值下的第一推力。

第二推力的大小是第一推力的整数倍。

主液压缸和调平缸均为柱塞缸。活动横梁包括主梁和设置在主梁两端的扁担梁，主液压缸的柱塞与主梁连接，调平缸的柱塞与扁担梁连接。

通过在加压作业前选定合适的加压液压缸组合及合适加压设定值的系统工作压力，对工件进行一定压力的加压，提升了液压机在加压作业过程中的稳定性与可靠性。且通过不同的加压液压缸组合与不同的系统工作压力配合，丰富了液压机的加压方式，扩大了液压机加压压力的调节范围，提升了液压机的适用范围，且便于实现液压机加压压力的有级调节，降低了液压机的操作难度。

工作缸的压力分级如图 3-20 所示。

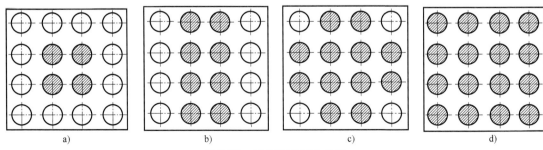

图 3-20　工作缸的压力分级

a）1 级（200/400MN）　b）2 级（400/800MN）　c）3 级（600/1200MN）　d）4 级（800/1600MN）

3.6.2 主工作缸的设计

工作缸是液压机的核心零件，是工件产生变形能量的源头，液压站输出的高压液体进入液压缸后推动柱塞运动，带动活动横梁移动，在液压缸持续的推动下对工件施压使其变形。1600MN 超大型多功能液压机，因其压力的需要，采用等径柱塞缸 4×4 矩阵结构，满足了重型超高压主工作缸的可靠性、可制造性和互换性等要求；通过灵活的主工作缸组合方案，满足了设备压力的分级要求；通过多缸组合技术，实现多缸共底，一底多用；简化了主工作缸的安装结构，降低了设备高度。

1600MN 超大型多功能液压机的工作缸为缸底支承的柱塞缸。16 个相同的柱塞缸，每个缸的最大压力为 100MN，柱塞直径小于 1500mm，加工制造难度较低，对密封要求较低，可维护性好。每个缸的能力为 100MN，采用 4×4 矩阵结构布局，在两级系统压力条件下，可通过不同缸的组合，实现多种压力分级方案。

缸底梁（上垫梁）为分体组合结构，通过多组长拉杆与固定小梁吊挂固定在机身框架内部的上底面。缸底梁既作为多个液压缸的缸底共同使用，又作为液压缸与机身板框的过渡垫梁，即"多缸共底，一底多用"。其结构简单可靠，简化了主工作缸的安装结构，降低了设备高度。缸体通过多根双头螺栓与缸底梁把组合在一起，通过止口与缸底梁定位。柱塞与缸体之间设置了导向铜套、V 组密封、压套、防尘圈、调整垫片组等零件，保证柱塞与缸体的相对运动灵活自如，又无油泄漏。柱塞与活动横梁的连接采用双球铰短摇杆连接结构，以避免柱塞和导套承受侧向力。

工作缸的方案设计如图 3-21 所示。

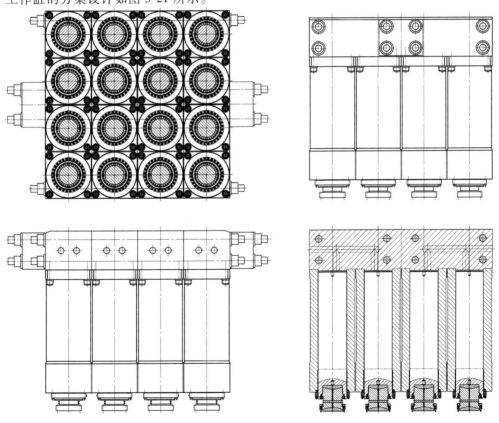

a)

图 3-21　工作缸的方案设计

a）缸组

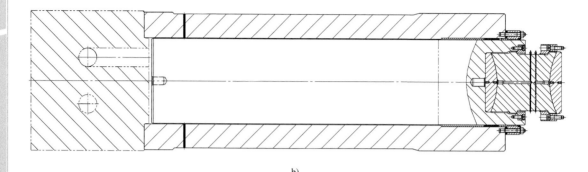

b)

图 3-21 工作缸的方案设计（续）

b）工作缸

3.6.3 主工作缸组件的安装机构

一种液压缸安装机构，包括主液压缸和适于设置在液压机机身框架上的缸底梁结构；主液压缸设有多个，多个主液压缸适于竖直设置且阵列分布在缸底梁结构和液压机的活动横梁之间，且多个主液压缸位于竖直方向上的两端，均分别与缸底梁结构和活动横梁连接。

缸底梁结构包括缸底梁本体、固定梁和第一拉杆，固定梁适于设置在机身框架的上端，缸底梁本体适于设置在机身框架围成的区域内，且缸底梁本体和固定梁适于夹持机身框架并通过第一拉杆连接；主液压缸的上端与缸底梁本体连接。

缸底梁结构还包括第二拉杆，缸底梁本体设有多个，多个缸底梁本体通过第二拉杆连接。

缸底梁结构还包括定位键，缸底梁本体上设有与定位键相适配的键槽，定位键适于与两个相邻缸底梁本体的两个键槽插接配合。

每个缸底梁本体均适于连接一组沿缸底梁本体长度方向间隔设置的多个主液压缸；与多个缸底梁本体连接的多组主液压缸在第二拉杆的长度方向上间隔设置。

主液压缸为柱塞缸，柱塞缸包括缸体与柱塞，缸体的上端适于与缸底梁本体连接，柱塞的下端适于与活动横梁连接。

缸底梁本体与缸体的连接处设有止口结构，缸底梁本体与缸体适于在止口结构处插接配合。

柱塞缸还包括球铰结构，活动横梁包括主梁和适于设置在主梁上端的垫板，柱塞的下端通过球铰结构连接垫板。

液压缸安装机构还包括辅助液压缸，活动横梁还包括适于设置在主梁两侧的辅助梁，辅助液压缸适于设置在辅助梁上。

在液压缸安装机构中设置缸底梁结构，一方面，缸底梁结构作为主液压缸的缸底与多个主液压缸连接，提升了多个主液压缸在机身框架上安装和拆卸的便捷性，且使得多个主液压缸易于在缸底梁结构上进行结构布局，优化了液压机的结构设计；另一方面，缸底梁结构作为主液压缸与机身框架之间的过渡垫梁，解决了主液压缸直接安装到机身框架上时存在的安装难度大、主液压缸与机身框架之间容易相互干涉的问题，进一步提升了多个主液压缸在机身框架上安装和拆卸的便捷性，保证了主液压缸的稳定作业。且通过设置阵列分布的多个主液压缸，可使多个主液压缸能够在缸底梁结构和活动横梁之间均匀分布，以便于通过选用一定数量对称分布的主液压缸驱动活动横梁来实现液压缸的分级加压，保证活动横梁受力均匀，从而保证液压机的稳定作业。

主工作缸组件的安装机构如图 3-22 所示。

图 3-22　主工作缸组件的安装机构

3.7　回程缸组及调平缸组设计

3.7.1　活动横梁的调平结构

活动横梁的调平结构（见图 3-23），包括设置在液压机活动横梁上端的调平缸组和设置在活动横梁下端的回程缸组，调平缸组包括竖直设置且阵列分布的第一调平缸、第二调平缸、第三调平缸和第四调平缸，且第一调平缸与第三调平缸对角设置，第二调平缸与第四调平缸对角设置；回程缸组包括第一回程缸、第二回程缸、第三回程缸和第四回程缸，且第一回程缸、第二回程缸、第三回程缸和第四回程缸分别与第一调平缸、第二调平缸、第三调平缸和第四调平缸同轴设置。

第一回程缸、第二回程缸、第三回程缸、第四回程缸、第一调平缸、第二调平缸、第三调平缸和第四调平缸均为柱塞缸，第一回程缸、第二回程缸、第三回程缸和第四回程缸的缸体和柱塞分别与液压机的下横梁和活动横梁连接，第一调平缸、第二调平缸、第三调平缸和第四调平缸的缸体和柱塞分别连接液压机的上部横梁和活动横梁。

第一回程缸、第二回程缸、第三回程缸和第四回程缸油腔的管路分别与第三调平缸、第四调平缸、第一调平缸和第二调平缸油腔的管路连通。

活动横梁调平结构还包括适于设置在活动横梁上的位移传感器，4 个位移传感器分别与第一调平缸、第二调平缸、第三调平缸和第四调平缸对应设置。

活动横梁包括主梁和设置在主梁两端的第一扁担梁和第二扁担梁，第一扁担梁适于与第一调平缸、第二调平缸、第一回程缸和第二回程缸的柱塞连接；第二扁担梁适于与第三调平缸、第四调平缸、第三回程缸和第四回程缸的柱塞连接。

活动横梁调平结构还包括球铰连接结构，第一调平缸、第二调平缸、第一回程缸和第二回程缸的柱塞与第一扁担梁之间通过球铰连接结构连接，第三调平缸、第四调平缸、第三回程缸和第四回程缸的柱塞与第二扁担梁之间通过球铰连接结构连接。

球铰连接结构包括球垫和压盖，第一扁担梁和第二扁担梁上均设有安装孔，球垫适于设置在安装孔内，压盖适于与安装孔插接配合；第一调平缸、第二调平缸、第三调平缸、第四调平缸、第一回程缸、第二回程缸、第三回程缸和第四回程缸的柱塞分别与相应的球垫滑动连接，并通过压盖限位。

调平缸组与上部横梁的连接处设有第一止口结构，调平缸组与上部横梁适于在第一止口结构处插接配合；回程缸组与下横梁的连接处设有第二止口结构，回程缸组与下横梁适于在第二止口结构处插接配合。

调平缸组和回程缸组柱塞缸的缸体前端与柱塞之间设有密封结构。

液压机的活动横梁调平结构设置了调平缸组和回程缸组，一方面用于对活动横梁调平，保证活动横梁四角的平行精度，保证液压机的正常、稳定作业；另一方面，调平缸组还适于辅助主液压缸向下推动活动横梁以提升液压机对工件加压的压力上限，回程缸组还起到平衡活动横梁质量、驱动活动横梁回程的作用。而且，通过调平缸组和回程缸组的配合对活动横梁调平，使得相应的调平缸和回程缸能够同时作用于活动横梁，能够有效地降低活动横梁调平结构调平活动横梁时的滞后性，保证活动横梁调平结构具有极高的控制精度和反应灵敏度。回程缸组的第一回程缸、第二回程缸、第三回程缸和第四回程缸分别与调平缸组的第一调平缸、第二调平缸、第三调平缸和第四调平缸一一对应、同轴设置，使得活动横梁易于通过活动横梁调平结构克服例如模锻作业过程中的偏载力矩，进一步保证活动横梁四角的平行精度及作业时的平稳。

图 3-23　活动横梁
的调平结构

3.7.2　回程缸、调平缸设计

回程缸组和调平缸组共同构成了活动横梁的调平装置，用于克服模锻过程中的偏载力矩，保证活动横梁四角的平行精度。其中，回程缸组既起到平衡活动横梁质量、活动横梁回程的作用，又可与调平缸组成动梁调平系统，通过精确、实时检测活动横梁四角位移数据的变化，来控制活动横梁四角的调平缸与回程缸的出力与位移，来克服工件压制过程的偏载力矩，保证上、下模具合模过程中对活动横梁平行精度的要求。回程缸与调平缸采用等径柱塞缸同轴布置方案，形成对称力偶，有利于活动横梁的平行控制。回程缸和调平缸上、下固定均采用球铰连接，抗偏载能力强，可延长柱塞和密封使用寿命。回程缸、调平缸的方案设计如图 3-24 所示。

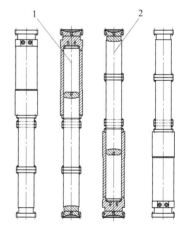

图 3-24　回程缸、调平缸的方案设计
1—调平缸　2—回程缸

3.8　活动横梁导向装置设计

活动横梁导向装置用于活动横梁上下运动的导向，采用柱式导向装置，由导向柱、导向套、支撑套等组成。导向柱采用整体锻件结构，通过支撑套与活动横梁固定在一起，随活动横梁上下运动。上导向套固定在上部横梁底面，下导向套固定在下横梁的扁担梁上面。导向套内部设有平面可调间隙导向结构，保证导向间隙可调。该导向装置突破了传统的机身立柱导向结构，采用独立于机身的柱式导向，优点是在工作过程中，活动横梁的导向间隙和导向精度不受机身框架横向变形的影响。活动横梁导向装置的方案设计如图 3-25 所示。

柱式导向结构，包括上支撑梁（上部横梁）、下支撑梁（下横梁扁担梁）、中间支撑梁（活动横梁扁担梁）、导向柱及导向套，上支撑梁与下支撑梁相对设置且适于安装在液压机的板框机身上，上支撑梁与下支撑梁之间设有中间支撑梁，导向柱穿过中间支撑梁并与上支撑梁、下支撑梁固定连接，中间支撑梁上固定有导向套并通过导向套与导向柱滑动连接。

图 3-25　活动横梁导向装置的方案设计

发明的另一种柱式导向结构，导向柱的两端分别与上支撑梁、下支撑梁固定连接，中间支撑梁通过导向套滑动连接在导向柱上，中间支撑梁通过导向套的上下滑动实现导向，该导向装置独立于板框机身之外，导向过程的实现不依赖板框机身，机身的横向变形不会对中间支撑梁的导向精度和导向间隙产生影响。

上支撑梁为框型结构，框型结构的上支撑梁适于穿设在板框机身外部，包括多根梁，各梁依次连接围成框型结构，上支撑梁适于安装在板框机身的止口上；设有两根且分别适于安装在板框机身的两侧，上支撑梁与下支撑梁之间通过四根两两相对设置的导向柱固定连接。

该柱式导向结构还包括导向间隙调节结构，导向套上设有导向间隙调节结构，以通过导向间隙调节结构调节导向柱与导向套之间的导向间隙。

导向间隙调节结构包括驱动组件、楔形换向组件及滑板，楔形换向组件安装在导向套的内壁，驱动组件通过楔形换向组件与滑板驱动连接，滑板适于与导向柱滑动连接，驱动组件通过楔形换向组件带动滑板向靠近/远离导向柱的方向运动。

驱动组件包括调节螺栓、调整板及多个调节垫片，调节螺栓将调整板及调节垫片压紧在导向套上，调整板连接到楔形换向组件。

调整调节垫片的数量，拧紧调节螺栓以通过调整板带动楔形换向组件移动。

楔形换向组件包括固定楔块和移动楔块，固定楔块固定在导向套的内壁上，移动楔块与调整板连接，移动楔块的楔形一侧与固定楔块的楔形面配合连接，调整板带动移动楔块沿着固定楔块的楔形面运动，移动楔块上安装了滑板，移动楔块运动以带动滑板向靠近/远离导向柱的方向运动。

该柱式导向结构还包括上支撑套和下支撑套，上支撑套和下支撑套分别对应设置在上支撑梁和下支撑梁上，导向柱的一端通过上支撑套与上支撑梁固定连接，导向柱的另一端通过下支撑套与下支撑梁固定连接。

3.9 工作台及移动装置设计

移动工作台是液压机的主要组成部件，承受着来自工件的全部压力，为满足工艺需求，1600MN 超大型多功能液压机设置了两个工作台，前工作台平面尺寸为 16000mm×9000mm，用于挤压工艺，设有两个工艺孔；后工作台平面尺寸为 9000mm×9000mm，用于模锻工艺。工作台的高度为 1500mm，最大承载为 3500t，工作台行走采用轮式结构。移动工作台属于超大、超重部件，采用分体组合拉杆预紧结构，工作台各分体采用大型铸钢件，因此在设计中也必须满足铸造和机械加工的工艺要求。为实现快速移动，采用大行程液压缸驱动。移动工作台的方案设计如图 3-26 所示。

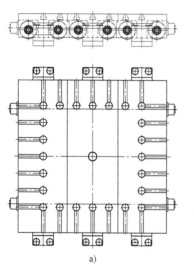
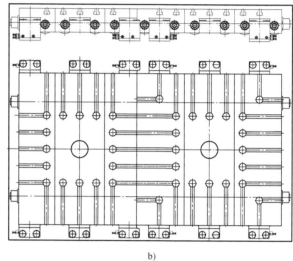

a)   b)

图 3-26　移动工作台的方案设计

a）后工作台　b）前工作台

工作台包括分体台，多个分体台适于在一个方向上排布并拼接为工作台，相邻的两个分体台之间通过定位结构定位，且相邻的两个分体台适于通过连接结构连接。

定位结构为止口结构，包括凹槽和凸起，凹槽开设于相邻两个分体台中的一个分体台上，凸起设置于相邻两个分体台中的另一个分体台上，相邻两个分体台上的凸起和凹槽适于相对设置，凸起与凹槽相配合。凸起适于在水平方向上置入凹槽中。

连接结构包括螺栓，分体台与凸起相背的一侧壁开设了沉头孔，沉头孔贯穿至分体台上凸起所在的侧壁处，分体台上凹槽所在的侧壁开设了连接孔，螺栓适于依次螺纹连接至沉头孔和连接孔中。沉头孔贯穿至凸起远离分体台的侧壁处，连接孔开设于凹槽中。

多个分体台适于沿分体台的宽度方向排布并拼接为工作台，工作台的底部至少设有多个行走轮，行走轮的移动方向与分体台的宽度方向一致，行走轮适于行走在液压机下横梁上的导轨上。沿分体台宽度方向排布的多个分体台中的两端的分体台的底部设有行走轮。分体台的底部开设了安装槽，行走轮的轮轴安装于安装槽中，行走轮的底端低于分体台的底部。

将多个分体台在一个方向上排布并拼接为工作台的过程中，通过相邻分体台之间的定位

超大型多功能液压机

结构先实现分体台的定位，以保证位置准确，在相邻的两个分体台位置精确定位后，可通过连接结构将分体台固定连接在一起，直至所有的分体台固定连接为一体而形成工作台，每个分体台的质量和外形轮廓尺寸均在国家规定的道路运输限制内，使远距离运输成为可能，从而大大降低了运输成本，由于单个分体台与整体式工作台相比内部结构相对简单，使其在铸造、后续加工和装配过程中变得相对容易进行。

3.10 工作台锁紧装置设计

在移动工作台两侧各设置 3 组，共 6 组；每组锁紧装置设置 2 个活塞式锁紧液压缸，全部锁紧缸总锁紧力为 100MN。采用锁紧缸直接锁紧结构，工作可靠，可根据工艺需要精确控制锁紧力的大小。锁紧装置结构简洁紧凑，使用维护方便。工作台锁紧装置的方案设计如图 3-27 所示。

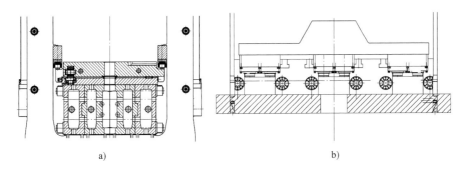

a)   b)

图 3-27   工作台锁紧装置的方案设计

a）布置图   b）结构图

第4章

超大型多功能液压机的液压系统

4.1 概述

液压机是一种以液体为工作介质传递动力实现各种工艺的先进液压机器，它的工作介质可分为油和水，有油压机和水压机两种。早期大吨位的模锻液压机以水压机为主，近年来多数都逐渐改成了油压机，而新建造的模锻液压机基本上都是油压机。

油压机和水压机的主要区别在于：

1) 油压机使用油作为工作介质，应用广泛；而水压机使用有添加剂的水作为工作介质。

2) 油压机的密封效果好，因为油具有比较适合的黏度，密封效果好，而水几乎没有黏性，所以油做液压介质的性能比水更好。

3) 油本身具有润滑作用，对液压系统内部的运动部件可以起到良好的润滑效果。

4) 因为油的密封性好，因此还能使部件泡在油中不会生锈。而部件泡在水里会加速生锈，因为水是生锈反应的反应物。

5) 虽然内部零件泡在油中不会生锈，但油也是有缺点的。由于液压系统都会有泄漏现象，泄露的油会污染环境，而水不会。并且油是可燃的，可能会出现危险。所以使用油压机时必须做好液压系统的维护保养，避免出现油液泄漏的现象。另外，油的价格也比水贵，成本会略高一些。

6) 同样吨位的液压机，油压机的造价要比水压机低。

7) 油压机液压油控制元件的控制精度也高于水压机，因此油压机的工作精度高，稳定性更强。

综合以上的对比分析，超大型多功能液压机最终决定采用液压油作为液压机的工作介质，即油压机。液压机工作缸的压力为60MPa，液压机的液压系统可以采用泵+增压器传动形式和泵直传形式实现。

4.2 液压系统传动形式

4.2.1 泵直传传动形式

4.2.1.1 泵直传方案简介

泵直传形式的原理如图4-1所示。

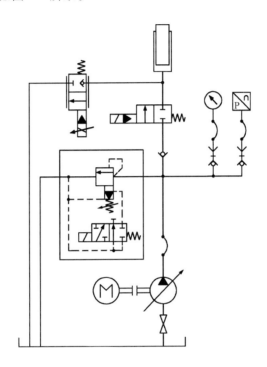

图4-1 泵直传形式的原理

4.2.1.2 国内外超高压泵、阀元件

超高压泵直传方案的关键技术是超高压大流量的液压泵和液压阀,目前只有美国OILGEAR公司和德国REXROTH公司具有相应的技术。通过与德国Wepuko Pahnke公司交流,Wepuko Pahnke公司正在研发一款工作压力63MPa,输出流量600L/min的径向柱塞泵,预计近期能够制造完成,然后转为试验台试验。

4.2.1.3 泵直传的特点

1)对于60MPa的超高压泵,我国目前没有企业具备研发制造能力和意愿。

2)60MPa的超高压泵目前只有美国OILGEAR公司和德国REXROTH公司有成熟产品,前者业绩较多,后者基本没有使用业绩且元件种类不全,部分产品需要研发。

3)液压泵供货及后期维护备件的采购,可能会受到国际政治因素影响。

4)所有高压管路必须全部按照60MPa设计。

5）相对于增压器方案，控制系统简单，设备数量少，占地面积小，质量轻，造价低。

4.2.2 泵+增压器传动形式

4.2.2.1 泵+增压器传动方案简介

泵+增压器传动形式的原理如图 4-2 所示。

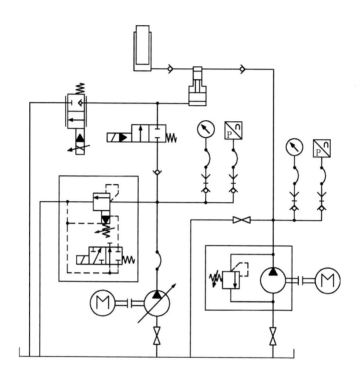

图 4-2 泵+增压器传动形式的原理

4.2.2.2 泵+增压器传动的特点

1）将 31.5MPa 工作压力增压到 60MPa。

2）工作泵和增压器可以全部实现国产化。

3）增压器为往复式，采用比例泵和比例阀控制，可以代替泵直传功能。

4）比例泵和增压器的配合使用，可以使工作缸速度降得更低，进而提高工件的锻造精度。

5）锻造力的分级和对主工作缸的分组控制更加灵活方便，可实现 800MN（含）以下锻造力更高的锻造速度。

6）相对于泵直传方案，控制系统复杂，设备数量多，占地面积大，总重大，造价高。

4.2.3 两种传动方式对比分析

两种传动方式的对比分析见表 4-1。

表 4-1　两种传动方式的对比分析

应用	泵直传	泵+增压器	备注
系统压力	60MPa,满足锻造速度要求的各级别锻造力;只能为 60MPa,实现手段有限。若要以 31.5MPa 压力实现 800MN(含)以下锻造力,则需要降低锻造速度	31.5MPa,锻造力的分级和对主工作缸的分组控制更加灵活方便,800MN(含)以下锻造力,可以采用泵直传方式不经过增压器实现,并且满足锻造速度要求或者更高速度,提高了设备的可靠性、安全性和使用寿命	增压器方案占优
系统元件供货渠道	仅美国 OILGEAR 公司和德国 REXROTH 公司有成熟产品,前者业绩较多,后者基本没有使用业绩且元件种类不全,部分产品需要研发;元件采购易受国际政治因素影响,可能有供货风险	绝大多数元件,国内很成熟且制造厂家多,所需的少量不成熟的 60MPa 阀类元件,国内有厂家有意愿和能力进行研发制造	增压器方案占优
使用案例	90%以上的液压机采用的都是本方案	只有少数液压机采用	泵直传方案占优
设备投入	相对于增压器方案,控制系统简单,设备数量少,占地面积小,质量轻,造价低	相对于泵直传方案,控制系统复杂,设备数量多,占地面积大,总重大,造价高	泵直传方案占优,但是"泵+增压器"方案可以实现元件国产化,抵消部分造价的增加

综上,超大型多功能液压机采用泵+增压器的传动方式,需要工作压力 31.5MPa,排量 500mL/r 的主泵 144 台,总的装机功率约 68000kW。

4.3　液压系统

4.3.1　主要参数

工作缸的最高工作压力:　　　　　　　　60MPa

主系统压力:　　　　　　　　　　　　　31.5MPa

增压器入口的最高压力:　　　　　　　　31.5MPa

增压器出口的最高压力:　　　　　　　　60MPa

纠偏系统的工作压力:　　　　　　　　　31.5MPa

伺服先导控制系统的工作压力:　　　　　25MPa

常规先导控制系统的工作压力:　　　　　25MPa

主泵系统的最大流量:　　　　　　　　　2×50000L/min

液压系统的工作介质:　　　　　　　　　ISO-VG46 抗磨液压油

主系统、辅助系统的清洁度:　　　　　　NAS 8 级

伺服先导控制系统的清洁度:　　　　　　NAS 6 级

主传动形式:　　　　　　　　　　　　　泵+增压器直接传动

辅助控制系统的传动形式:　　　　　　　泵+蓄能器传动

增压器增压比:　　　　　　　　　　　　1.917

4.3.2 设备组成及工作原理

4.3.2.1 概述

液压系统用于实现对液压机各液压执行机构的控制，由主油箱、主油箱循环冷却过滤装置、前置泵装置、主工作泵装置、纠偏泵装置、常规先导泵装置、伺服先导控制液压站、增压系统、蓄能器、充液系统、液压控制阀组系统、排气系统、管路及辅助设备等组成。液压系统分为两部分，对称于液压机布局，安装在液压机两侧的车间跨里。对本液压机而言，分别命名为左侧液压系统和右侧液压系统。

液压系统满足以下总体要求：

1）液压系统采用泵控、阀控组合的控制形式，根据液压机锻造工况的需要，实现执行机构各工况控制；主要动作采用比例控制，通过控制阀门开关速度可有效减小冲击，满足速度高精度控制，实现动作平稳变换。

2）液压操纵控制系统换向灵活、可靠、通油流量大，可满足规定的技术参数要求，保证液压机的工作压力和工作速度，实现液压机快/慢速下降、锻造力分级加压、停止、快/慢速回程等动作。

3）液压系统可以满足液压机各液压执行机构的动作需求，实现调速、限压等功能。

4）系统所有电磁阀控制电压均采用 DC 24V，并考虑失电安全机能，先导控制油路配有蓄能器，以保证短时停电时动作可控。

5）液压机的位置控制采用闭环控制，液压系统控制油由单独控制系统回路提供，以保证稳定的控制油压力。

6）液压系统的油温、压力、液位等参数要求在设备及操作室均可以显示，并对其进行监测、报警、控制。

4.3.2.2 泵源系统

1. 主油箱

液压站设有 2 台板焊式主油箱（不锈钢制作），容积为 $2 \times 350 \mathrm{m}^3$，分别布置在液压机左右两侧的液压泵站里，可以现场制作。主油箱外形如图 4-3 所示。

在油压机维修期间，油箱能够容纳所需的全部油量，具有散热、除气、沉淀污染物等功能。油箱上设有过滤精度为 $10\mu\mathrm{m}$ 的空气滤清器、温度传感器、带模拟量输出的液位控制指示器、电加热器、放油球阀等。油箱内部按照吸油和回油功能用过滤网板隔离划分为两个区域。

为了方便清理油箱及维修，主油箱上设有人孔盖、梯子和护栏。

2. 主油箱循环过滤冷却装置

液压机的可靠工作首先取决于液压油的质量，因此在液压站的辅助回路中设置了 8

图 4-3　主油箱外形

超大型多功能液压机

套（左右两侧液压站各4套）独立循环过滤冷却装置。主油箱循环过滤冷却装置的外形如图4-4所示。循环系统开机后可自动进行循环。

每套循环回路设有1个螺杆泵，其后安装了过滤精度为5μm的过滤器，过滤器之后则是板式冷却器。在冷却器冷却液的进口处设有电磁阀，该电磁阀和油箱电加热器一起，在电控系统的控制下，可实现油液温度的自动控制。冷却器所需水源用户自备。

循环过滤系统中的过滤器为大容量精密滤油器，并带有旁通阀和堵塞报警发讯装置。当滤油器被污物堵塞发讯装置即可

图4-4 主油箱循环过滤冷却装置的外形

发讯报警，提示维修人员清洗或更换滤芯。过滤器上的旁通阀用于对过滤器的安全保护。

循环过滤系统采用强制水冷却循环系统，规定液压机允许的正常工作油温应大于15℃且小于60℃。当油温小于15℃时，只允许启动循环泵电动机，液压机不能动作；预热达到15℃后，才能启动其他液压泵电动机，液压机才能动作；当油温达到50℃时，油温高报警灯亮并自动接通冷却水，冷却水与液压油在换热器中自动进行热交换，对系统油液进行冷却；当油温达到60℃时，发出停机命令，此时除循环泵外其余液压泵都停止工作。保证系统在允许的温度范围内工作，以适应不同的工作环境和气候条件。

在循环冷却的进油箱之前的管路上引出油路，用于工作泵、纠偏泵、常规先导泵的冲洗，以达到泵冲洗、冷却、润滑的效果。

循环泵：

液压泵参数：螺杆泵，压力1MPa，流量3000 L/min

电动机参数：90kW，1500r/min，AC 380V

数量：2×4台（左右各4台）

换热器：板式换热器，板片材质316L，板片厚度≥0.7mm，数量为2×4台（左右各4台）

冷却水水质：净循环水

冷却水进水温度：最大32℃

水压：0.4~0.6MPa

供回水压差：>0.2MPa

3. 前置供油泵装置

该液压泵组用于将油箱的油液吸出并以低压输送给主工作泵和纠偏泵吸油口，从而提高工作泵转速。前置供液压泵装置外形如图4-5所示。

（1）主泵前置泵装置　本前置泵装置共36台，每9台为一组，用于向一组主工作泵（共38台主工作泵）辅助供油。本前置泵装置左右液压站各有两组（左右各18台）。

单台前置泵参数：

前置泵压力：0.5MPa

液压泵参数：螺杆泵，流量 3400L/min

电动机参数：55kW，1500r/min，AC 380V

（2）纠偏泵前置泵装置　本前置泵装置共 4 台，每 2 台为一组（1+1 工作），用于向一组纠偏工作泵（共 4 台主工作泵）辅助供油。本前置泵装置左右液压站各有一组（左右各 2 台）。

单台前置泵参数：

前置泵压力：0.5MPa

液压泵参数：螺杆泵，流量 1720L/min

电动机参数：37kW，1500r/min，AC 380V

（3）增压器补油泵装置　本前置泵装置共 12 台，每 3 台为一组，用于向一组增压器（共 4 增压器）

图 4-5　前置供液压泵装置外形

高压腔辅助供油和活塞回程。本前置泵装置左右液压站各有两组（左右各 6 台）。

单台前置泵参数：

前置泵压力：2MPa

液压泵参数：螺杆泵，流量 5000L/min

电动机参数：220kW，1500r/min，AC 380V

前置泵的形式为螺杆泵，泵内置安全溢流阀，支架式安装，带减震垫；吸油管线设置带限位开关的关断阀；吸油管线和供油管线上设置减震用橡胶补偿接头。

所选电动机为三相异步节能电动机，防护等级为 IP54、YE3 系列。各泵与电动机轴之间的连接采用梅花形弹性联轴器。每台前置泵及其配套的过滤器安装在一个带有接油盘的框架上，接油盘最低端设有排污油污水用的球阀。

4. 主工作泵装置

液压站设有 2×76 台（共 152 台主工作泵，左右液压站各 76 台），其中 144 台主泵排量为 500mL/r，8 台主泵排量为 71mL/r。500mL/r 排量的主泵采用双轴伸电动机驱动，一台电动机驱动 2 台泵（见图 4-6）；71mL/r 排量的工作泵采用单轴伸电动机驱动。所有的泵均为比例泵。

比例变量液压泵 1：

液压泵参数：比例变量轴向柱塞泵，排量 500 mL/r

数量：144 台

主工作泵电动机 1（72 台）：

电动机参数：800kW，1500r/min，AC 6kV，双轴伸

比例变量液压泵 2：

液压泵参数：比例变量轴向柱塞泵，排量 71mL/r

数量：8 台

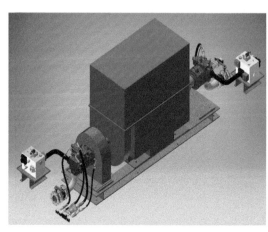

图 4-6　主工作泵装置外形

主工作泵电动机 2（8 台）：

电动机参数：45kW，1000r/min，AC 380V

各个泵头集成控制阀组就近分布设置在各台泵的高压出口附近。每台主泵泵头集成控制阀组由不同功能的二通插装式逻辑阀、油路阀块构成，各由一个单向阀和一个压力阀组合控制，可以任意加载和循环每一台泵。

所选电动机为三相异步节能电动机，防护等级为 IP54、YE3 系列。各泵与电动机轴之间的连接采用梅花形弹性联轴器，所有主泵为卧式安装，均采用泵支架支承，与电动机同座于一个支架上，并在联轴器上方设置防护罩。吸油管线设置带限位开关的关断阀和减震用橡胶补偿接头；泵安装在一个带有接油盘的框架上，接油盘最低端设有排污油用的球阀。

5. 活动横梁纠偏泵装置

液压站设有 2 组共 8 台纠偏泵，左右液压站各 4 台。活动横梁纠偏泵装置外形如图 4-7 所示，该泵为恒压变量泵。

纠偏泵：

液压泵参数：恒压变量轴向柱塞泵，排量 250 mL/r

数量：8 台

主工作泵电动机（8 台）：

电动机参数：220kW，1500r/min，AC 380V

图 4-7　活动横梁纠偏泵装置外形

各个泵头集成控制阀组就近分布设置在各台泵的高压出口附近。每台主泵泵头集成控制阀组由不同功能的二通插装式逻辑阀、油路阀块构成，各由一个单向阀和一个压力阀组合控制，可以任意加载和循环每一台泵。主泵控制阀组内先导阀，压力控制插装阀采用进口设备。

所选电动机为三相异步节能电动机，防护等级为 IP54、YE3 系列。各泵与电动机轴之间的连接采用梅花形弹性联轴器，所有主泵为卧式安装，均采用泵支架支承，与电动机同座于一个支架上，并在联轴器上方设置防护罩。吸油管线设置带限位开关的关断阀和减震用橡胶补偿接头；泵安装在一个带有接油盘的框架上，接油盘最低端设有排污油用的球阀。

6. 常规先导泵装置

液压站设有 2×4 台（共 8 台常规先导泵，左右液压站各 4 台，3+1 工作），为换向阀的先导控制回路供油，液压泵为恒压变量泵。常规先导泵装置外形如图 4-8 所示。

常规先导泵：

液压泵参数：恒压变量轴向柱塞泵，排量 250mL/r

图 4-8　常规先导泵装置外形

数量：8台

主工作泵电动机（8台）：

电动机参数：160kW，1500r/min，AC 380V

各个泵头集成控制阀组就近分布设置在各台泵的高压出口附近。每台主泵泵头集成控制阀组由不同功能的二通插装式逻辑阀、油路阀块构成，各由一个单向阀和一个压力阀组合控制，可以任意加载和循环每一台泵。

每台泵的排油管路上先后设置1台10μm的高压过滤器和1台5μm的高压过滤器，采用这种双级过滤形式为系统的常规先导控制回路供油。

常规先导泵出口的供油管路上设有1套蓄能器装置，为常规先导控制回路供油。

所选电动机为三相异步节能电动机，防护等级为IP54、YE3系列。各泵与电动机轴之间的连接采用梅花形弹性联轴器，所有主泵为卧式安装，均采用泵支架支承，与电动机同座于一个支架上，并在联轴器上方设置防护罩。吸油管线设置带限位开关的关断阀和减震用橡胶补偿接头；泵安装在一个带有接油盘的框架上，接油盘最低端设有排污油用的球阀。

7. 伺服先导控制液压站

本液压站为比例泵、比例阀、伺服阀的先导控制回路供油。伺服先导控制液压站外形如图4-9所示。

伺服先导控制液压站由先导油箱、伺服先导控制液压泵电动机组、油箱循环过滤冷却液压泵电动机组、冷却器、过滤器、蓄能器组及相关阀组等组成。

本液压站共2套，分别布置在液压机左右两侧的液压泵站里。

（1）先导油箱　液压站设有2台板焊式主油箱（不锈钢制作），容积为 $2 \times 10 m^3$，分别布置在液压机左右两侧的液压泵站里。

图4-9　伺服先导控制液压站外形

具有散热、除气、沉淀污染物等功能。油箱上设置了过滤精度为10μm空气滤清器、温度传感器、带模拟量输出的液位控制指示器、电加热器、放油球阀等。油箱内部按照吸油和回油功能用过滤网板隔离划分为两个区域。

为了方便清理油箱及维修，在主油箱上设有人孔盖、梯子和护栏。

（2）伺服先导控制液压泵电动机组　伺服先导液压站设有2×4台（共8台伺服先导控制液压泵，左右液压站各4台，3+1工作），泵为恒压变量泵，为比例泵、比例阀、伺服阀的先导控制回路供油。

先导控制液压泵电动机组：

液压泵参数：恒压变量轴向柱塞泵，排量250mL/r。

电动机参数：160kW，1500r/min，AC 380V

（3）伺服先导控制液压泵泵头控制阀组　各个泵头集成控制阀组就近分布设置在各台泵的高压出口附近。每台主泵泵头集成控制阀组设置二通插装式逻辑阀、油路阀块、单向阀、压力阀、高压过滤器等，并通过电磁阀可以任意加载和循环每一台泵。

每台泵的排油管路上先后设置 1 台 $10\mu m$ 的高压过滤器和 1 台 $5\mu m$ 的高压过滤器，采用这种双级过滤形式为系统的伺服先导控制油路供油。

（4）伺服先导油箱循环过滤冷却装置　液压机的可靠工作首先取决于液压油的质量，因此在液压站的辅助回路中设置了 2 套（左右液压站各 1 套）循环过滤冷却装置。循环系统开机后可自动进行循环。

循环回路设有两台螺杆泵，其后安装有过滤精度为 $3\mu m$ 的过滤器，过滤器之后则是板式冷却器。在冷却器冷却水的进口处设有电磁阀，该电磁阀和油箱电加热器一起，在电控系统的控制下，可实现油液温度的自动控制。冷却器所需水源用户自备。

循环过滤系统中的过滤器为大容量精密滤油器，并带有旁通阀和堵塞报警发讯装置。当滤油器被污物堵塞发讯装置即可发讯报警，提示维修人员清洗或更换滤芯。过滤器上的旁通阀用于对过滤器的安全保护。

循环过滤系统采用强制水冷却循环系统，规定液压机允许的正常工作油温应大于 $15℃$ 且小于 $60℃$。当油温小于 $15℃$ 时，只允许启动循环泵电动机，液压机不能动作；预热达到 $15℃$ 后，才能起动其他液压泵电动机，液压机才能动作；当油温达到 $50℃$ 时，油温高报警灯亮并自动接通冷却水，冷却水与液压油在换热器中自动进行热交换，对系统油液进行冷却；当油温达到 $60℃$ 时，发出停机命令，此时除循环泵外其余液压泵都停止工作。保证系统在允许的温度范围内工作，以适应不同的工作环境和气候条件。

在循环冷却的进油箱之前管路上引出油路用于伺服先导控制泵的冲洗油路，以达到泵冲洗、冷却、润滑的效果。

循环泵：

液压泵参数：螺杆泵，压力 1MPa，流量 700L/min

电动机参数：22kW，1500r/min，AC 380V

数量：2×2 台（左右各 2 台（1+1 工作））

换热器：板式换热器，板片材质 316L，板片厚度 $\geq 0.7mm$，数量为 2×1 台（左右各 1 台）

冷却水水质：净循环水

冷却水进水温度：最大 $32℃$

水压：$0.4 \sim 0.6MPa$

供回水压差：$>0.2MPa$

（5）蓄能器组　液压站共设有 1 套蓄能器装置，为伺服先导控制回路供油。

8. 蓄能器装置

液压站共设有多套蓄能器装置，分别用于泵先导控制、阀先导控制、顶出器回程、充液阀等控制。蓄能器装置外形如图 4-10 所示。

在伺服先导控制泵的供油管路上，在主液压站主泵附近、相关的阀台附近（或者阀台上）设有合适数量的蓄能器装置，分别用于比例泵先导控制、比例阀、伺服阀、充液阀的先导控制。

在普通先导控制泵的供油管路上，在主液压站主泵附近、相关的阀台附近（或者阀台上）设有合适数量的蓄能器装置，分别用于电液换向阀、常规换向回路的先导控制及供油。

在同步控制系统的供油管路上设有合适数量的蓄能器装置，为同步缸控制回路辅助供油及同步控制的比例阀先导阀控制回路供油。

在顶出器的控制系统上，加设了一定数量和容积的蓄能器装置，用于顶出器的回程控制。

a)   b)

图 4-10　蓄能器装置外形

a）单排蓄能器装置　b）双排蓄能器装置

4.3.2.3　充液系统

充液系统由充液罐（见图 4-11）、充液阀（见图 4-12）及其控制阀块、管道和阀门等组成，满足主工作缸、上调平缸、挤压筒锁紧缸柱塞空程快速下降和回程的充、排液要求。

图 4-11　充液罐外形

图 4-12　充液阀外形

本系统设有 2×2 台（共 4 台充液罐，单台充液罐容积为 $150m^3$，左右液压站各 2 台）充液罐，设置在靠近油压机附近的地坑内，工作压力为 0.8~1.2MPa，设计压力为 2MPa。每台充液罐都设有带液位传感器的翻柱式磁浮子液位计、气安全阀和气动控制排油阀、气动开关阀、球阀、大通径蝶阀、压力传感器等。

在工作缸、调平缸、挤压筒锁紧缸上安装了大通径的充液阀，以保证各缸快降和回程时，液压油顺畅流动。充液阀的开闭通过专门的控制阀块控制（主控元件为比例阀），并且控制油由伺服先导控制单元提供，而不从回程缸获得，以保证充液阀的动作可靠、稳定，不受回程缸压力波动的影响。

充液阀参数：

主工作缸：PN630bar，DN250，数量16台

上调平缸：PN350bar，DN250，数量4台

4.3.2.4　增压系统

本液压站通过增压器将主工作泵的输出压力转化为最高60MPa的工作压力。增压器共设置2×8台（共16台，左右液压站各8台）。每台增压器的低压侧和高压侧各设置1台控制阀组。增压系统的控制原理如图4-13所示。

（1）增压器　增压器的结构如图4-14所示。每台增压器设置1台位移传感器，用于检测增压器的活塞的速度和位置。

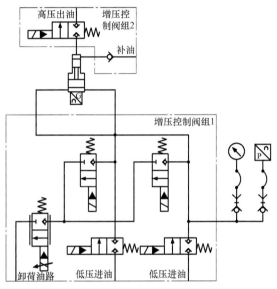

图4-13　增压系统的控制原理

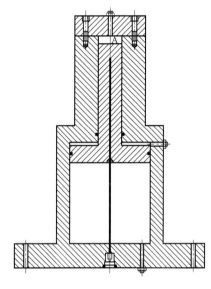

图4-14　增压器的结构

主要技术参数：

活塞直径：900mm

活塞杆直径：650mm

增压器行程：1200mm

（2）增压器低压侧控制阀组　每台增压器的低压腔都设置1台控制阀组，由若干不同功能单元的二通插装式逻辑阀、控制盖板、先导电磁换向阀、比例插装阀、油路阀块等组件组成，控制增压器低压侧油路中的油流方向、压力和流量。在阀组中设置有比例插装阀，以实现增压器活塞杆速度的柔性调节。

（3）增压器高压侧控制阀组　每台增压器的高压腔都设置1台控制阀组，由若干不同功能单元的二通插装式逻辑阀、控制盖板、先导电磁换向阀、单向阀、油路阀块等组件组成，控制增压器高压侧油路中的油流方向、压力和流量。

比例泵、增压器阀组、增压器的位移传感器的联合控制可以实现增压器的往复式运动，活塞速度无级可调，进而实现工作缸速度的无级可调和保证活动横梁的控制精度。增压器阀

组也可以实现将主缸内的高压卸荷转化为增压器低压腔卸荷，更加安全。

4.3.2.5　控制系统

控制阀组主要包括：主工作缸控制阀组、回程缸控制阀组、调平缸的锻造模式控制阀组、活动横梁纠偏控制阀组、挤压筒锁紧缸控制阀组、活动横梁锁紧控制阀组、工作台移动及锁紧控制阀组、顶出器控制阀组等。

为提高系统的性能和改善系统的品质，获得良好的系统响应特性，合理地控制油流方向，以及便于维修工作，主、辅逻辑控制系统采用了集成设计和分布式控制技术，各个集成控制阀站尽可能靠近于各个工作执行机构设置。

（1）工作缸控制阀组　该阀组用于主工作缸的控制，由加压阀块（见图4-15）和卸荷阀块（见图4-16）组成。十六个主工作缸分成四组，每组四个主工作缸。每组主缸一套控制阀组，主工作缸集成控制阀站布置在地下室液压机附近。泵站来的高压管道利用法兰直接与阀块连接。控制阀站集成控制阀块由若干不同功能单元的二通插装式逻辑阀、控制盖板、

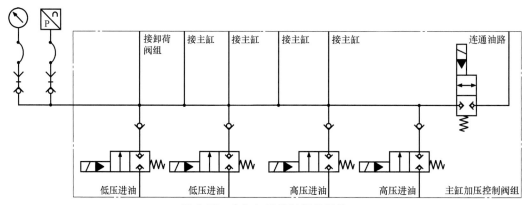

图 4-15　主缸加压控制阀组系统

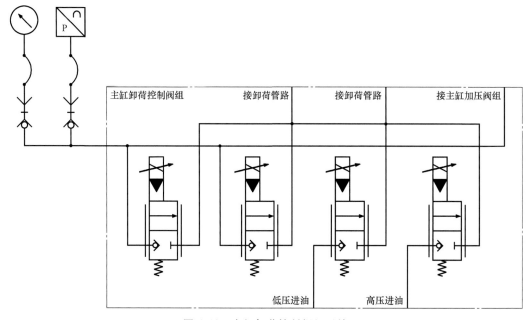

图 4-16　主缸卸荷控制阀组系统

截止式方向阀、电磁阀、比例插装阀、压力传感器、油路阀块和蓄能器组件等构成。要求主工作缸控制回路具有流阻小、响应快、内泄漏少、启闭特性和过载保护性能好等特点。按工艺要求，高压油通过进油阀可以分别通向四组主缸，也可以通过电磁阀将四组主缸同时连通加压。通过比例阀实现柔性泄压，通过控制各阀启闭瞬时的动作时间差，使工作缸柔性换向，运行平稳，降低振动和噪音，并有助于对外泄漏的控制。根据需要各个阀之间进行了必要的安全联锁，设有便于监测和控制系统压力的压力传感器，各压力接口设有测压接头，集中设置有抗震压力表装置。根据对主缸压力的实时监测，系统上设计具有自动补油功能，可满足设备任意压力值恒定功能。

（2）回程缸控制阀组　回程缸集成控制阀组（见图 4-17）布置在地下室液压机附近，由若干不同功能单元的二通插装式逻辑阀、控制盖板、先导控制电磁换向阀、比例插装阀、溢流阀、安全阀、叠加阀、油路阀块、压力传感器和蓄能器组件组成，控制回程缸油路中的油流方向、压力和流量。在回程控制块中设置有比例插装阀，以实现活动横梁速度的柔性连续调节。该阀组共 2 台，左右液压站各 1 台，工作时，左右两侧阀块内各有联通阀将四个回程缸回路联通。阀组设有锻造模式和纠偏模式的切换阀（电磁换向阀控制的插装阀）。

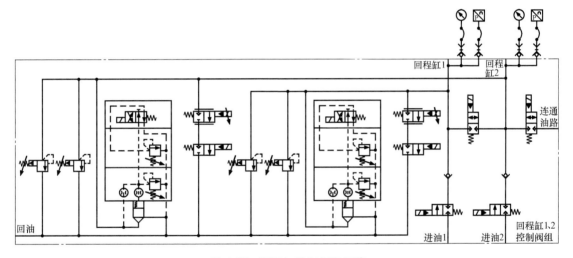

图 4-17　回程缸控制阀组系统

（3）调平缸锻造模式控制阀组　调平缸集成控制阀组（见图 4-18）布置在地下室液压机附近，由若干不同功能单元的二通插装式逻辑阀、控制盖板、先导控制电磁换向阀、比例插装阀、油路阀块、压力传感器和蓄能器组件组成，控制调平缸油路中的油流方向、压力和流量。该阀组适用于在液压机不需要纠偏时，调平缸随动或者辅助加压锻造时使用。在调平缸的加压锻造模式下，通过比例阀实现柔性泄压，通过控制各阀启闭瞬时的动作时间差，使调平缸柔性换向，运行平稳，降低振动和噪声，并有助于对外泄漏的控制。该阀组共 2 台，左右液压站各 1 台，工作时，左右两侧阀块内各有联通阀将四个调平缸回路联通。阀组设有锻造模式和纠偏模式的切换阀（电磁换向阀控制的插装阀）。

（4）活动横梁纠偏控制阀组　活动横梁纠偏控制阀组（见图 4-19）由纠偏泵组供油，具备独立的四角调平功能用于活动横梁的调平控制。执行机构为调平缸和回程缸，此时回程缸的控制阀组和调平缸锻造模式控制阀组切换到纠偏状态，由本阀组控制调平缸和回程缸，

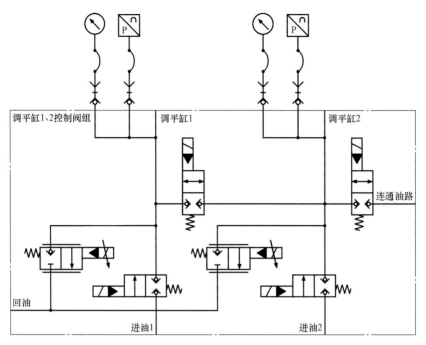

图 4-18　调平缸锻造模式控制阀组系统

以实现活动横梁的纠偏控制。

阀组的控制元件为比例阀、插装阀、压力阀、蓄能器、压力传感器等，可实现活动横梁的纠偏功能。

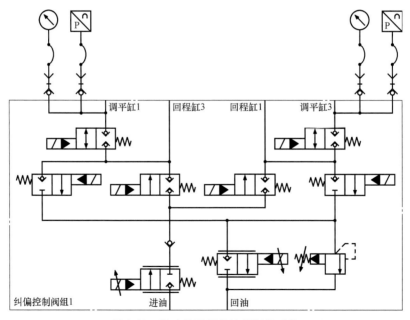

图 4-19　活动横梁纠偏控制阀组系统

（5）其他辅助执行机构的控制阀组　阀组的控制元件为方向阀、压力阀、流量阀等，实现各执行机构的动作要求。

4.3.2.6 排气阀组

本液压机为主工作缸、调平缸、回程缸、挤压筒锁紧缸等主要的大规格的执行机构单独设置了用于排气的系统。排气阀组的控制元件为电磁换向阀、插装阀、流量阀等，可实现各执行机构的自动排气。

4.3.2.7 辅助设备

辅助设备主要包括：管路抽油泵装置、排污装置、废油收集装置、加油小车、充氮小车及液氮汽化装置等。

（1）管路抽油泵装置　该装置用于压力机处于维修状态时，将各个大规格的管道里的液压油和充液罐里的液压油抽回油箱。

泵为螺杆泵，压力为 1MPa，流量为 200L/min，电动机功率为 7.5kW，转速为 1500r/min，数量为 4 台，左右液压系统各 2 台。

（2）排污装置　该装置用于将地下室、液压机地沟里的废油废水收集并通过管路抽排到废油废水处理中心。安置在液压站地下室和液压机地沟积水坑内；出口设置止回阀、手动蝶阀、压力表等；数量为 6 台，左右液压系统各 2 台，液压机地沟 2 台。

主要技术参数：

泵形式：离心泵

泵数量：1 台

排量：$17m^3/h$

扬程：50m

电动机：7.5kW，2900r/min

（3）废油收集装置　设置于液压机本体地沟位置，由容积为约 $3m^3$ 的油箱、泵（泵采用螺杆泵，泵内置安全溢流阀）电机组、空气滤清器、管道和液位声光报警装置组成，对各缸、本体部分高低压管道、液压机平台、各集成阀块接油盘检修油，通过管道收集到集油箱中。通过液位声光报警装置报警，由维护人员定期输送到地面上的容器中，视油液的质量来决定是否回用利用。

泵参数：

螺杆泵流量为 300L/min，压力为 1MPa，电动机功率为 11kW，转速为 1500r/min，AC 380V。

数量为 2 台，设置在液压机地沟里。

（4）加油小车　用于向油箱里填充液压油，压力为 1MPa，流量为 100L/min，过滤精度 $3\mu m$，数量 2 台。

（5）充氮小车　用于向蓄能器和充液罐充氮气，数量 2 台。

（6）液氮汽化装置　用于向充液罐充氮气，数量 2 台。

4.3.2.8 管路

包括上述各液压设备之间的互连管路，以及连接控制系统与各液压执行机构之间的全部管路和管路附件（如管夹、管接头等）。

液压系统管路走向合理、紧凑、简化、维护方便，在回油管路高处设置排气装置，在满足现有现场条件下，尽量减少高压管道长度、弯管及法兰接头的连接。管道内部磷化处理。系统管道及管道附件包括无缝钢管、钢丝缠绕胶管及一般胶管和铜管、管夹、通体、中间法兰、中间管接头及弯头等。所有元件、接头、管道不允许有任何泄漏。

所有管道与法兰接头的焊接采用氩弧打底焊接。高压管道管夹间距约 1500mm,以避免管路振动。大通径管道底部设置放油球阀,维修时,可接通专用工具过滤小车或者抽油泵抽油回油箱。

超高压管道(60MPa)采用优质、焊接性好、高强度合金的品牌无缝管(采用 16Mn),伺服先导控制系统的管路选用 304 不锈钢,其余高低压管路采用 GB/T 8163 标准 20#优质厚壁流体无缝管。

4.3.3 液压系统的锻造力分级

液压阀组的供油有三种形式:一种不投入增压器,直接用主泵供油,此时系统的最高压力为 31.5MPa;一种为投入增压器,主缸连接到增压器,实现 60MPa 压力下的锻造;一种为投入增压器,主缸连接到增压器,实现 60MPa 压力下的锻造,同时主泵提供一路低压31.5MPa 的液压油不经过增压器而进入到调平缸,调平缸参与加压锻造。主缸锻造力的分级方式如图 4-20 所示,表 4-2 为液压机锻造力和速度分类。

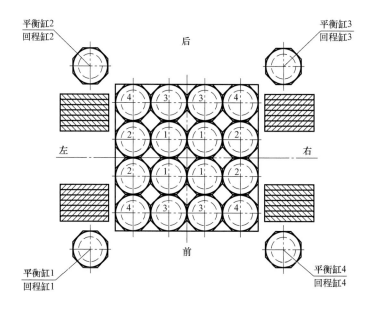

图 4-20 主缸锻造力的分级方式

表 4-2 液压机锻造力和速度分类

序号	吨位/ MN	工作压力/ MPa	出力缸组	速度/ mm/s	备注
1	1800	60+31.5	十六个主缸+四个调平缸	26	主缸 60MPa 调平缸 31.5MPa,不纠偏
2	1600	60	十六个主缸	30	
3	800	60	缸组 1+缸组 3	60	
4	800	60	缸组 1+缸组 4	60	

序号	吨位/MN	工作压力/MPa	出力缸组	速度/mm/s	备注
5	800	60	缸组 2+缸组 3	60	
6	800	60	缸组 2+缸组 4	60	
7	800	31.5	十六个主缸	60	
8	1000	31.5	十六个主缸+四个调平缸	48	不纠偏
9	400	60	缸组 1	60	
10	400	60	缸组 2	60	
11	400	60	缸组 3	60	
12	400	60	缸组 4	60	
13	400	31.5	缸组 1+缸组 3	120	
14	400	31.5	缸组 1+缸组 4	120	
15	400	31.5	缸组 2+缸组 3	120	
16	400	31.5	缸组 2+缸组 4	120	

4.3.4 液压系统的布局

考虑噪声和安全，液压站采用地下设计方案，分为地下 2 层，地面 1 层。液压站分为两部分，对称于液压机布局，布置在液压机 2 侧的车间。每部分的占地面积：长×宽×深 = 100m×36m×15m。液压系统布局如图 4-21 所示。

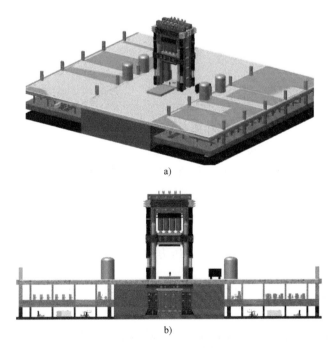

a)

b)

图 4-21　液压系统布局

a）系统布局轴测图　b）系统布局正视图

第5章

超大型多功能液压机的电气自动化系统

5.1 概述

电气控制系统是根据 1600MN 超大型多功能液压机电气系统设备的功能要求及现代控制系统的发展方向进行研究设计的，主要由传动系统、自动化系统和检测系统及信息集控系统组成。

该机组系统的设计思想是：在满足生产工艺以及设备正常运转的前提下，以满足性能价格比最优（尽量降低工程投资）为前提。在设计中不仅考虑工程的一次投资，还要充分考虑以后的生产运行费用，包括生产用备品、备件以及能源损耗等因素。

5.1.1 电气系统具有的装机特点

1）主操作台设置操作的人机界面（HMI）、二级服务器、二级客户机，显示液压机实时数据，接收、处理、发送工艺参数，提高操作效率。

2）系统保护功能较完善，可以更好地保护设备。

3）采用现场总线方式，减少布线，维护方便。

4）设置集控系统，平衡质量、成本和效率之间关系，可实现智能制造。

5.1.2 电气设备组成说明

主机控制设备由高低压传动控制系统、可编程序逻辑控制器（PLC）控制系统、主操作台、HMI 控制系统、控制柜、现场控制箱、压力检测设备、位置检测设备、行程检测设备、锻件温度检测设备等主要部分组成。

辅助电控设备包括设备视频监控系统、语音对讲系统、模锻车间监控、设备信息采集系统等组成。

信息化系统由集控中心、互联网平台、无线通信设备等组成。

5.2 电气自动化系统总体描述

本套系统由高性能工业控制计算机、PLC 及传动控制设备构成，辅以全分布式网络。

整个自动化系统由三级控制系统和两层通信网络构成。

自动化控制系统由电气传动控制系统、HMI与基础自动化控制系统、工厂信息化系统构成，它们分别完成不同的控制功能。

5.3　电气传动系统

电气传动系统主要实现对液压泵电动机的控制。按照液压设备工艺要求，电气传动设备分高压电动机控制和低压电动机控制，非调速设备用普通异步电动机传动。

系统装机容量：

10kV 高压装机容量：约 60000kW

380V 低压装机容量：约 12000kW

总计：约 72000kW

5.3.1　高压电动机传动

高压电动机采用高压直接起动方式。

液压机的高压开关柜为 10kV 高压开关柜。主要控制高压主泵电动机的起动、运行、停止。10kV 高压开关柜采用 KYN28-12 铠装式交流金属封闭开关设备。采用国内成熟产品品牌。

液压机泵站分布于压力机的两侧辅助跨中，因此系统安装配置也按此分为两部分，以便就近控制。

10kV 高压电动机控制单线图如图 5-1 所示。

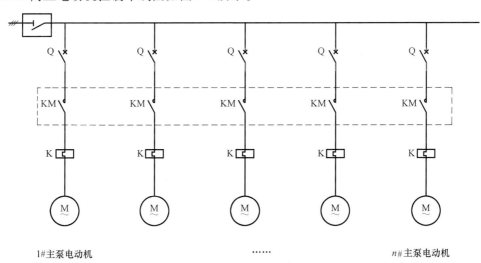

1#主泵电动机　　　　　　　　……　　　　　　　　n#主泵电动机

图 5-1　10kV 高压电动机控制单线图

5.3.2　静止型动态无功补偿装置

1600MN 超大型多功能液压机的动力变压器的供电需要工厂 10kV 母线供电。10kV 主要供液压机主传动泵用。

机组的高压开关柜为 10kV 高压开关柜。10kV 高压开关柜采用 KYN28-12 铠装式交流金属封闭开关设备。

主传动机组起动采用直启方式。为了减轻电动机负荷在生产过程中对电网所产生的不利影响，满足国家标准对电能质量的要求，在异步电动机所在的 10kV 侧设计采用静止型动态无功补偿装置（SVG+FC）对负荷生产时造成的影响进行综合治理，使其满足国家标准要求，如图 5-2 所示。

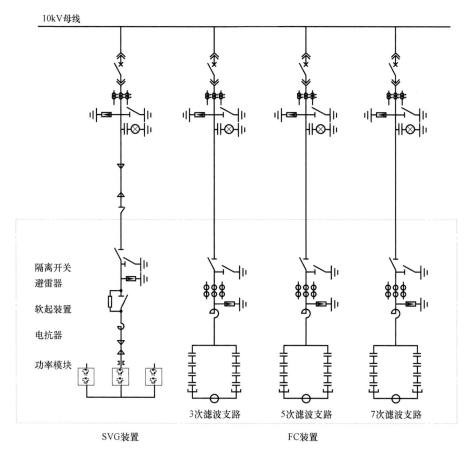

图 5-2　SVG+FC 电气一次主接线图

静止无功发生器（SVG）是一种基于大功率逆变器的无功补偿装置，属于柔性交流输电系统（FACTS）的重要组成部分，既可以用于配电系统的电压稳定及无功控制，也可以用于输电系统的潮流控制。它以大功率三相电压型逆变器为核心，其输出电压通过连接电抗器或变压器接入系统，与系统侧电压保持同频、同相，通过调节其输出电压幅值与系统电压幅值的关系来确定输出功率的性质，当其幅值大于系统侧电压幅值时，输出容性无功，小于系统侧电压幅值时，输出感性无功。

应达到的技术指标：

10kV 母线月平均功率因数 $\cos\phi \geqslant 0.95$，且不过补偿。

按照异步电动机空载起动，至正常运行功率因数约为 0.87，将功率因数补偿到 0.95，所需无功补偿容量为 20Mvar 可以满足要求，其中 SVG 容量为 10Mvar，FC 基波容量为

10Mvar。

考虑异步电动机特征谐波电流含量比，主要补偿 3、5、7 次谐波。

5.3.3 低压电动机传动

低压电动机根据电动机容量可采用软启动器起动（≥75kW）或直接起动方式（≤55kW）（见图 5-3）。所有的软启动器均采用工业网络控制，进入 PLC 控制系统中，对其启动、运行数据进行采集，以便记录分析运行参数，提高系统的可维护性，软启动在电动机起动完成后由旁路接触器将其切除。

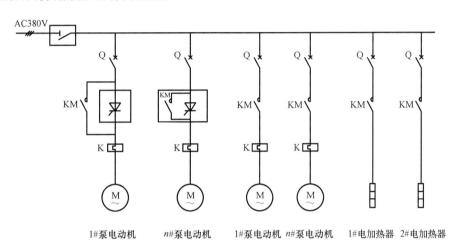

图 5-3　低压传动单线示意图

5.4　基础自动化系统配置及功能

液压机电气自动化系统的总体技术方案是以工业计算机系统（IPC）、PLC 为控制系统核心，采用 PROFINET 工业以太网（或部分 Profibus-DP 网）构成递阶分布式体系结构，如图 5-4 所示。

PROFINET 用于液压机控制器-PLC 和远程分布式 I/O 之间的通信，以及与操作机控制系统的通信。

由于 PLC 控制系统位置分布广，系统变量较多，本系统采用三台 PLC 控制：一台为主控制 PLC，两台为左右泵站控制 PLC。

对那些可拆卸设备如活动横梁移砧装置、挤压筒锁紧缸、顶出器等采用 SSI 接线方式。

自动化系统采用西门子公司生产的 S7-1500 系列 PLC。

S7-1500 系列 PLC 是西门子公司 2012 年推出的专为中高端设备和工厂自动化设计的新一代控制系统，S7-1500 PLC 集成了运动控制、工业信息安全和故障安全功能，采用模块化无风扇设计，适用于对可靠性要求极高的大型复杂的控制系统。

S7-1500 系统通常由电源模块（PS）、中央处理器（CPU）、数字量输入输出（DI/DO）模块、模拟量输入输出（AI/AO）模块、通信模块（CM）、工艺模块（TM）等组成，完成各种控制功能，如图 5-5 所示。

图 5-4　PLC 控制系统网络图

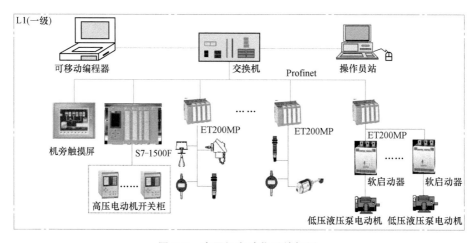

图 5-5　液压机自动化系统框图

5.4.1　PLC

　　主 PLC 初步选用西门子公司 S1500 系列的 CPU1518-4FN/DP，该 CPU 具有 C/C++、同步轴 64 个编程功能，能够满足对大压力下活动横梁变形量、压力机框架弹性变形量等复杂的实时运算需求，同时对伺服变量泵进行轴控制（对与超出 64 台伺服变量泵的多出部分，采用单轴控两台或多台并联高速运行时投入方式），以提高系统的可控性及运行的平稳性。

　　主 CPU 控制主操作站、阀组箱站、上梁充液阀箱站、充液罐箱站、各现场网络检测元件等。

　　左、右泵站控制各采用一台 CPU1516-3PN/DP（与软启动可能需要 Profibus-DP 网），控制各泵站泵电动机的运行，主泵站控制箱站，先导油控制箱站等。

三台控制 CPU 间距离较远，因此考虑用光纤通信，采用光纤交换机，其适用于总线或环形拓扑结构，带有 2 个光纤接口，4 个 RJ45 接口，可与 SCALANCE X400 和 OSM 一起用于 100Mbit/s 光纤冗余环网中；考虑组成环网运行。

5.4.2　PLC 系统远程站

主站 PLC 与分布式从站 ET200MP/ET200SP/ET200eco PN 间采用 PROFINET 网络通信。

5.4.2.1　从站选型

ET200 MP 是新一代分布式 I/O（输入输出）系统，具有体积小、使用灵活、性能突出的特点，ET200 MP 远程 I/O 站可通过 PROFINET 将数字量、模拟量输入输出连接到主站的中央处理器。

SIMATIC ET 200SP 是用户友好，可灵活扩展的新一代分布式 I/O。

PROFINET 总线适配器带来多种连接选择，无需单独的供电模块形成各个负载组，更加节省空间的直插式端子，单手接线无需工具，单线或者多线连接的端子。

SIMATIC ET200eco PN PROFINET 连接的块 I/O，经济型，节省空间的块 I/O，开关量模块，可达 16 通道，模拟量模块，IO-Link 主站模块和负载电压分配模块，PROFINET 连接，每个模块集成 2 口的交换机，通过 PROFINET 的线性或星形拓扑可以实现在工厂中的灵活分布。

5.4.2.2　PROFINET

PROFINET 是一种支持分布式自动化的高级通信系统，其硬件基于以太网通信系统。PROFINET 具有多制造商产品之间的通信能力、自动化和工程模式，并针对分布式智能自动化系统进行了优化。PROFINET 系统集成了基于 PROFIBUS 的系统，也可以集成其他现场总线系统。通过 PROFINET 可以实现控制器与控制器之间、控制器与 I/O 设备以及控制器运动控制系统之间的通信。

由于能够减少接线并提高工厂的可靠性，分布式 I/O 配置在控制技术方面得到了广泛应用。

根据响应时间的不同，PROFINET 支持以下三种通信方式。

1）PROFINET TCP/IP 标准通信。

2）PROFINET 实时（RT）通信。

3）PROFINET 同步实时（IRT）通信。

5.4.2.3　主要远程站

1. 主 PLC 远程站及功能

包括 OP 主操作台 ET200 站、增压器等站：主要采集、控制压力机的锻造操作功能；充液罐等附近设备信息。

2. 左、右泵站 PLC 远程站及功能

主要包括左、右液压站高、低压控制泵站，左、右液压站油箱等控制箱各 ET200 站：主要采集左液压站站内泵、油箱、电动机等参数数据及控制泵的运行。

阀组等控制箱 ET200 站：主要采集增压器阀组、快速开关阀组、增压器行程等阀组信息，并控制各阀组输出运行；MTS 位移传感器，通过 PROFINET 直接连接到 PLC 系统网络中，其位置信息直接传送到 PLC。

左、右液压站操作员 OP、HMI 等 ET200 站：采集、显示、控制整个液压机的各部运行信息及运行控制，并储存需要的信息以便事后分析数据。

工程师控制站：采集、显示整个液压机的各部运行信息及运行控制参数，并允许得到授权的工程师更改运行参数，并储存需要的信息以便事后分析数据。

5.4.2.4 自动化控制柜

分为主控、左泵站控制、右泵站控制。

1）主控：包括进线控制柜、PLC 柜、主操作台、工程师站、阀组站、充液罐、充液阀等。

2）左泵站控制：包括进线控制柜、PLC 柜、主液压站控制箱、先导泵站控制箱、液压站操作箱、工程师站等。

3）右泵站控制：包括进线控制柜、PLC 柜、主液压站控制箱、先导泵站控制箱、液压站操作箱、工程师站等。

5.4.3 人机界面 HMI

主操作室设置有一台触摸屏工控机，一台研华工控机，以及一台工程师站工控机，连接到主 PLC；左泵站设置一台工程师站工控机，左液压站操作箱上设置一台触摸屏工控机，连接到左泵站 PLC 上；右泵站设置一台工程师站工控机，右液压站操作箱上设置一台触摸屏工控机，连接到右泵站 PLC 上。

所有工控机均通过 TCP/IP 以太网与 PLC 系统相连，工程师站通过交换机、各 PLC 站的以太网通信模块连接到一起。

HMI 的典型参考界面如图 5-6 所示。

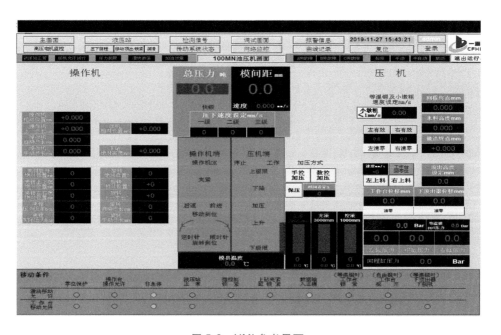

图 5-6　HMI 参考界面

5.4.4 控制设备的功能

5.4.4.1 PLC 的控制功能

1）工作缸、回程缸的位置、压力和速度控制。

2）工作缸无振动精准位移控制。

3）液压站主系统压力控制。

4）移动工作台的位置控制。

5）活动横梁自动纠偏控制。

6）顶出器的位置及逻辑顺序控制。

7）液压、润滑站工作泵、先导泵、前置泵、纠偏泵、循环泵、电加热器的运转控制。

8）油箱的液位及温度控制。

9）液压润滑站各设备运转状态监控及故障报警控制。

5.4.4.2 操作员站（HMI）的控制功能

1）实时监控：显示锻造油压机组工况主画面、液压系统画面、润滑系统画面等，实现对油压机生产过程的实时控制及对设备运行状态的在线监视。

2）人工干预指令：实现机组部分设备的手动控制，对部分设定值进行修改/确认。

3）故障报警管理：故障报警的实时控制及管理，设置单独故障报警画面，显示设备动作的连锁条件。在半自动模式下，设备因故障停机时，主画面会弹出故障窗口，显示发生的故障点或未执行动作的设备。

4）历史曲线显示：锻造力、锻造速度、活动横梁行程、系统工作压力等主要参数的实时显示，并形成历史数据，可在历史曲线画面查询。数据存储时间不低于 1 年。

5）故障诊断：通过对系统变量及 PLC、I/O 点状态的监控，实现快速故障诊断。

6）操作指导：将相关的生产工艺数据以数字或图形的形式在界面上显示，提供给操作员用于生产作业的工艺操作指导，操作员还可以通过 HMI 界面进行工艺参数设定。

7）产品数据配方功能：对生产产品的数据进行保存、调用的功能。

8）设置权限的分级管理：实现多用户的不同操作权限管理。

9）事件记录功能：对致使设备动作的所有操作按钮进行记录和存储，在故障发生之后方便技术人员根据操作记录分析故障原因。

5.5 二级系统

5.5.1 系统描述

二级系统又称为过程自动化系统（以下简称 L2，见图 5-7），L2 实现了接收 MES/ERP 系统数据、设备控制数据和公司工艺参数功能，用于实现设备的工艺控制；L2 还从基础自动化系统（简称 L1）接收实测数据以及设备的工艺运行参数，并将生产实绩上传给 MES/ERP 系统。

整个系统采用服务器/客户机（C/S）的体系结构。

1）服务器运行一些后台进程及数据库，后台进程具有不同的系统资源，进程间的同步

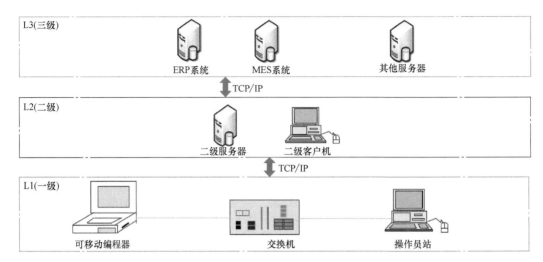

图 5-7 过程自动化系统分级示意

采用事件标识和共享数据库的方式实现。这些应用程序负责生产计划的接收与管理、物料跟踪、数据采集、产品实绩存储与上传、与外部系统（L1、L3 等）通信，以及与 HMI 客户机的通信等功能。

2）HMI 客户端提供人机接口，包括显示产品相关数据（工艺运行参数、设备状态等），根据生产管理的需求生成报表等。

3）通过 L2 下发工艺参数设定值，直接与 L1 通信下发工艺参数设定值，并采集工艺运行参数实测值。

5.5.2 软硬件配置

L2 的硬件由服务器和多台客户机组成，基本构成如下：服务器一台，用于运行数据库和二级程序，放置于计算机室或电气室；在生产线主操作室放置一台客户机作为 HMI。

服务器和客户机之间通信、与一级通信使用同一个以太网网段。L2 与 L3 的通信通过另一个以太网使用标准 TCP/IP 协议进行通信（也可采用共享数据库方式）。

L2 可提供接口，供使用方二次开发；使用方产生的工艺数据归使用方所有。

5.5.3 软件功能

5.5.3.1 生产计划管理

L2 系统可以接收 MES/ERP 系统下发的生产计划信息，包括来料数据如生产计划号、顺序号、锻件号、钢种、锻件尺寸、成品尺寸等。该部分内容是整个模锻油压机生产物料跟踪和相关设定计算的基础。

如果 MES/ERP 系统没有投入或无法正常下发生产计划信息，则 L2 可提供生产计划信息人工输入功能，提供单个生产计划输入或通过 Excel 表格批量导入生产计划的功能。

5.5.3.2 工艺参数管理

L2 系统可直接接收公司的工艺参数数据，工艺参数具体数据内容由用户提供；L2 会将工艺参数数据保存到系统数据库中。

生产过程中，操作员可以根据需要调出相应的工艺参数，确认无误后下发给 L1 系统进行生产，并以此实现设备的工艺控制。

5.5.3.3 生产数据管理

生产过程中，L2 可根据需要实时收集设备的工艺运行数据，具体数据内容由用户提供；可以根据需要将这些数据保存到系统数据库中；还可以根据需要将这些数据远程回传到 MES/ERP 系统。

5.5.3.4 工艺数据回溯

L2 提供质量追溯功能，可以根据工艺参数信息、工件信息和锻造日期三个关键词进行检索，还可以根据其中一个条件筛选出当时产品的锻造工艺参数及生产实绩数据，以进行相关质量追溯。

质量追溯数据可根据需要导出为 Excel 文件，方便技术人员进行数据分析和拷贝。

5.5.3.5 操作权限管理

L2 可以提供操作权限管理功能，上述所有操作都需要具备一定的管理权限；不同的账号具有不同的操作权限，每个账号操作时的所有步骤可追溯。

5.5.3.6 接口数据管理

L2 与其他系统的通信接口都采用基于 TCP/IP 协议的报文格式，可实现以下数据通信：

1）与 MES/ERP 系统通信——接收生产计划数据。

2）与基础自动化通信——发送设定数据、接收生产实绩数据。

3）与公司工艺系统通信——接收公司工艺参数、发送工艺运行数据。

4）与其他基于 TCP/IP 协议的系统通信——根据需要发送、接收数据。

5）也可根据现场实际需要采用其他通信接口方式，如通信双方直接读、写数据库表等。

系统提供独立的支持 FTP 协议通信的客户端程序，可实现 XML、TXT 等文件的传递，具体文件交换方式以使用方 ERP/MES 等系统采用的方式为准。

5.5.3.7 报表管理

可以根据需要生成各种生产报表，一般包括计划报表、生产实绩报表、工艺报表、日报表、月报表、锻件报表等。L2 生产报表可以随时根据操作人员的需要在 L2 计算机上实现预览和打印。

可以根据时间范围、班组、班次等条件查询各个报表，并可以方便地导出为 Excel 文件，方便技术人员进行数据分析和拷贝。

5.5.3.8 人机界面

过程自动化系统的人机界面使用 .NET 进行开发。人机界面包括生产计划管理、锻件跟踪、工艺参数管理、生产实绩管理、系统报警管理、设备状态信息管理、班组管理、报表生成打印等功能。此外，还可根据用户需要定制功能。

5.6 液压机控制模式及相关功能

5.6.1 控制模式

液压机具备三种控制模式，即调试模式、手动控制模式、半自动控制模式。

1）调试模式：液压机慢速点动动作，且没有保护，仅限在调试和设备维护时的非生产状态下的动作。

2）手动控制模式：液压机按照按钮及手柄位置，按程序执行相应的单一动作，具备联锁和保护。

3）半自动控制模式：液压机实现按程序从压下到回程结束的单次锻造动作。

锻造速度可调可控并可实现恒应变速率或变应变速率控制，可满足多种工艺曲线的控制需求，包括对应变速率、压制速度、工艺方式等进行选择；并能够对工艺曲线进行实时调整。

设备具备活动横梁精确定位功能和精确平行控制功能；可实现移动工作台精确定位功能；具备完善的安全保护功能，包括急停、超压保护、超温保护、过流保护、过载保护等；具备紧急抬起上模具功能，保证能在意外断电等情况下取出热工件；具备紧急状态下完成系统泄压和封闭充液罐出油口功能。

5.6.2　配方工艺输入

液压机可设置定压、定程和定速工作，工控机工艺面板具有自定工艺配方功能，操作员可根据液压缸的数量和大小选择分级。

数据处理系统可以记录工艺参数和生产过程实现曲线，支持自定义标签，以标记单个或批量制件工艺和过程曲线，可实现查询、导出、打印，完成锻造数据的可追溯性。

设备设置独立多点红外自动测温系统，可对模具和工件的始锻温度、终锻温度进行自动记录。

5.6.3　数字化工艺管控系统

系统具有收集、保存、远程传输、输入、输出、分析、可视化产品相关数据的功能。系统预留接口支持实时通信接口：TCP 电文、数据库接口表；文件交换方式：XML、TXT 等文件的传递，可与上层网络（ERP/MES 等）连接。设备可以接收远程工艺指令，并授权调用指令实现设备的工艺控制，设备的工艺运行参数可以适时保存与远程回传。

在数据管理功能模块中还包含质量追溯，可以根据工件信息和锻造日期等信息检索栏进行检索，也可以根据其中一个条件筛选出产品的锻造工艺参数。

5.7　集控及智能制造解决方案

5.7.1　概述

质量、成本和效率是决定竞争力的核心要素，而智能制造作为新模式和新业态，有助于企业平衡质量、成本和效率之间的关系，促进质量、成本和效率的持续改善，培育和保持持久的竞争优势。

在互联网、大数据、人工智能、5G、边缘计算、虚拟现实等前沿技术蓬勃发展的智能时代，根据生产线特点、工艺特点，利用新技术改善、变革自身生产体系，可达到提高生产率、降低生产成本、提高产品质量的目标。

5.7.2　系统概述

1600MN 超大型多功能液压机智能制造以"信息化+数字化工厂"为突破口,根据生产线的生产组织特点,构建协同组织、全过程监控、透明化的智能化信息平台;以实时感知、协同优化、动态控制、可视化监控与智能决策等为手段,基于最新的软件体系架构和核心关键技术实施超级液压机的智能制造系统,实时指导生产资源配置和决策,提高生产的快速响应能力和科学经营决策能力。

5.7.3　系统方案

1600MN 超大型多功能液压机智能制造系统方案以工业互联网平台为核心,平台具备开放性和可扩展性的特点,支持用户对后续工厂新增区域、设备的功能拓展。

5.7.3.1　工业互联网平台

本系统采取的工业互联网平台向下对接生产线过程自动化系统、基础自动化系统及智能传感设备等,向上支撑智能优化排产、生产过程质量监控、设备监测、电子巡更、高危场景可视化、产品生产视频一键查询、能源管理等数十个应用子系统;助力生产线数字化和智能化升级,实现极致降本增效提品质。

通过工业互联网平台,将业务系统有机整合,将生产、设备数据进行无缝衔接,可满足生产线的智能化需求。

5.7.3.2　集控中心

集控中心(见图 5-8)可以使工序流程更为顺畅,以人为中心、以效率为目标,对岗位、管理、流程功能进行重构,使一些岗位得以整合,实现协同组织,节省了人力成本;在集控过程中,使现场的自动化水平得到大幅提升,让现场生产更加安全、稳定、高效,实现协同增效降本。

图 5-8　集控中心示意

醒目的大屏幕是集控中心的标志性配置，体现了数据融合和信息综合展示、专业集中管理，而其后支撑的是信息高度融合、应用系统紧密集成。

根据职能可将集控中心划分为两大类，即生产集控、公辅集控。

1. 生产集控

采用数字化技术动态展示生产线生产、设备、能源等与生产相关的总览信息，具体显示生管控信息以及生产过程参数等产线详细信息，如图5-9所示。

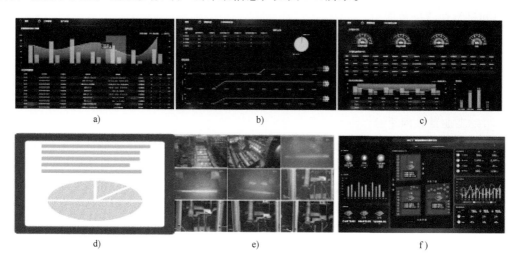

图5-9　生产集控中心大屏

a）生产计划　b）生产线状态　c）生产线设备　d）生产看板　e）生产监控　f）生产能耗

2. 公辅集控

公辅集控系统是顺应工厂少人化、智能化趋势而提出的。生产车间的公辅系统包括供水系统、供配电系统、除尘系统、制冷系统和消防系统等，各系统品牌繁多又不兼容，操作人员监控画面多。辅助设备分布在生产线的各个区域，设备多、范围广、巡检路线长且操作频次高，部分系统阀门操作均为手动操作，日常操作量大。

公辅集控可实现集中监测与控制功能，提升水处理系统、供配电系统及各辅助系统的自动化水平。

5.7.3.3　智能优化排程

采用基于"约束理论"（theory of constraints，TOC）进行排程。TOC的精髓是识别系统瓶颈资源和充分利用系统的瓶颈资源，减少瓶颈工序对生产的制约作用，同时安排好非瓶颈工序的资源配置，然后编制基于关键工序的作业计划，以达到生产管理最优化。

5.7.3.4　生产过程质量监控

提供质量数据的全面采集（采集的信息待具体设计时确认），对质量控制所需的关键数据应能够自动在线采集，以保证产品质量档案的详细与完整；同时应尽可能提高数据采集的实时性，为质量数据的实时分析创造条件，如图5-10所示。

基于实时采集海量质量数据所呈现出的总体趋势，利用以预防为主的质量预测和控制方法对潜在质量问题发出警告，以避免质量问题的发生。

以生产批号或唯一编码作为追溯条件，基于产品质量档案，以文字、图片和视频等方

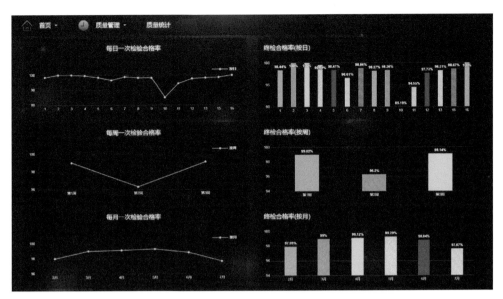

图 5-10　生产过程质量监控

式，追溯产品生产过程中的所有关键信息，如用料批次、供应商、锭节号、作业人员、作业地点（车间、工序、工位等）、加工工艺、加工设备信息、作业时间、质量检测及判定、不良处理过程、最终产品等。

5.7.3.5　设备健康管理 EHM

设备健康管理将统一在 EHM 设备管理系统上进行管控，其整合了生产线数据采集、设备管理、数据分析、前端看板显示等多种功能，让用户能更直观地了解设备信息的状况，如图 5-11 所示。

图 5-11　设备健康管理

5.7.3.6　生产视频系统

随着视频技术的不断发展与迭代，生产视频系统早已不再仅仅局限于完成生产设备监控，而是逐渐充当了工厂"眼睛"和"鼻子"的角色，如图 5-12 所示。

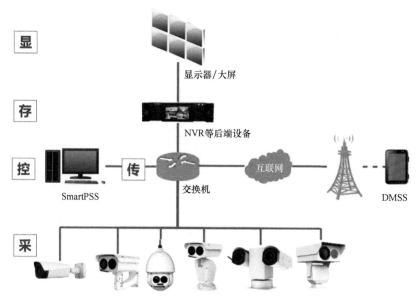

显示器/大屏

NVR等后端设备

SmartPSS　　　　交换机　　　互联网　　　　　DMSS

图 5-12　生产视频系统

生产视频系统具备以下功能：

1）生产视频"一键查询"功能。

2）产线视频安全监视系统。

3）厂区边界红外对射监视系统。

4）生产设备高质量视频监控。

5）电气室视频监控。

6）电气室温度环境、烟尘、火点感知预警。

7）高压设备区域侵入预警。

生产视频网络与自动化网络完全物理隔离。

5.7.3.7　能源管理 EMS

本项目的能源管理系统，依据国家相关标准进行能源数据采集，完成生产线的电、水、气体介质、液压油等能源计量数据的采集及配置，规范客户能耗在线监测管理，实现生产线能源数据的可视化、数字化、实时监控、分析、异常预警及节能改善，实现能耗分级管理、数字化指标化管理，提升能源利用率。能源管理 EMS 可直观呈现热锻车间的地理分布及用能排行；提供能源看板，呈现工厂全部能源消耗情况以及电、水、气、冷、新能源等各类能源设施的运行状况，支持大屏展示。

1. 能耗监控

能耗监控如图 5-13 所示。

2. 能耗管理

支持实时能耗数据的展示与查询，按结构树的状态展示采集上来的实时能源数据，按照主要能耗种类展示水、电、气、化学品等分类。

支持多维度能耗分析，包括各系统、各设备环比能耗分析、单耗分析、班组用能分析、能耗转换效率分析等。

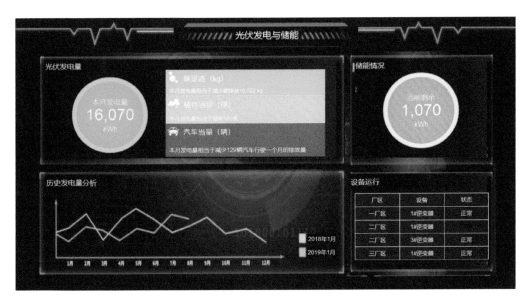

图 5-13　能耗监控

能耗管理如图 5-14 所示。

图 5-14　能耗管理

3. 能耗分析

通过分类分项统计、需量管理、三项不平衡分析、负载分析、能耗告警等一系列用户用电情况进行信息化管理，以理清用户的用电构成，挖掘潜在的节能空间，预测用能趋势，提供节能优化建议等，如图 5-15 所示。

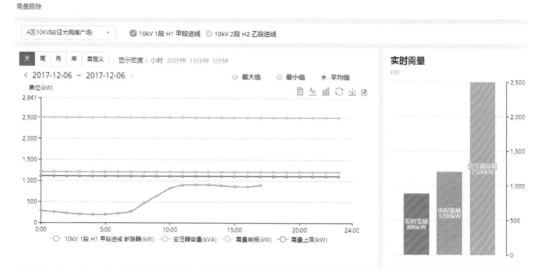

图 5-15　能耗分析

4. 运维管理

提供水、电、气能耗监测点的设备台账信息，以及其他如空压机等大型能耗设备的台账信息，支持管理员新建台账信息及管理等。

5. 采购管理

支持采购电、水、气、化学品等类型的采购合同、用量统计，支持自定义拓展，支持表单导出等，如图 5-16 所示。

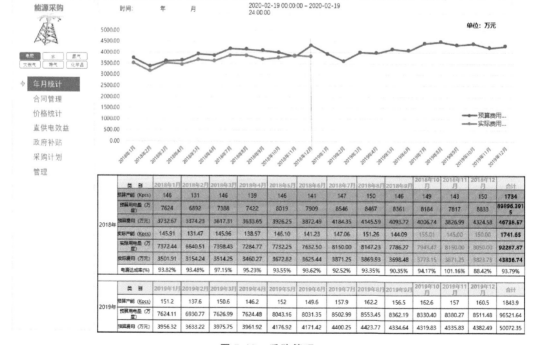

图 5-16　采购管理

6. 绩效管理

通过能耗在线监测系统的计划过程、平衡统计、各主要设备能源生产和消耗情况的监控与分析，可实现能源设备成本核算，并将企业设备的用能成本进行分类，将用能转换为实际成本，建立客观的以数据为依据的能源成本消耗评价体系。

5.7.3.8 网络数据安全

智能集控系统作为融合了信息化系统、工控系统、安防系统等多种类型的智能系统，必须在系统安全方面实施基础性保障，为其保驾护航。

1. 网络数据安全方案

网络数据安全是以工控系统安全的视角，针对工控系统对可靠性、稳定性、业务连续性的严格要求，以及工控系统软件和设备更新不频繁，通信和数据较为特定的特点，提出了建立工控系统安全生产与运行的"可信网络白环境"以及"软件应用白名单"概念，进而构筑工业控制系统的网络安全环境：

1）只有可信任的设备，才能接入控制网络。

2）只有可信任的消息，才能在网络上传输。

3）只有可信任的软件，才允许被执行。

网络数据安全拓扑图如图 5-17 所示。

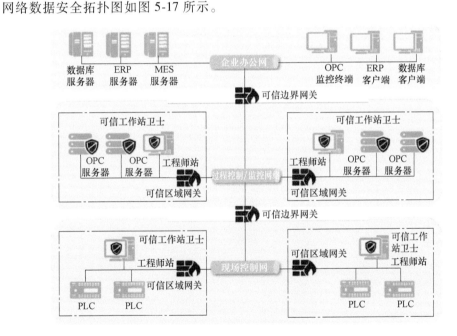

图 5-17　网络数据安全拓扑

2. 网络数据安全组成

可信边界网关：产品用来保护工控网络安全。

可信区域网关：产品用来保护工控网络安全区域的边界，阻止来自安全区域外的安全威胁。

可信工作站卫士：作为软件产品，用来保护工控系统工作站（工程师站、操作员站等）的安全。

可信服务器卫士：作为软件产品，用来保护工控系统服务器（应用服务器、实时数据服务器、历史数据服务器、OPC 服务器等）的安全。

5.7.4　集控室建设

集控室主要包括：显示大屏、集控操作台（见图 5-18），实际布置按最终需要处理。

图 5-18　集控中心示意

第6章

基于多学科建模的超大型多功能液压机结构与设计验证

 6.1 不同受载工况下的强度、刚度分析与优化

1600MN 超大型多功能液压机的研制是一个庞大而复杂的系统工程，是世界首创的吨位最大、锻造功能最全面、高度自动化和信息化的巨型高端装备，是弥补现有模锻压力机空间尺寸小、挤压机功能单一、自由锻液压机吨位较小等"短板"的关键战略装备。该设备的研制属于国际空白，无成功经验可以借鉴，研制风险极大。同时，由于设备尺寸巨大、结构复杂，受力情况十分复杂，其力学性能直接关系到液压机的使用性能，因此为最大限度降低液压机的研制开发风险，有必要在已进行常规计算的基础上，采用国际上著名的有限元分析软件，建立更为接近实际结构的模型，对其本体结构进行尽可能详尽的强度、刚度分析计算和校核。

1. 技术难点

（1）液压机整体模型结构复杂，前处理工作量大　由于液压机的装配模型零部件数量多且尺寸跨度较大，设计师所提供的三维模型无法直接用于仿真计算，需要进行深度的前处理准备工作，具体包括上百个零部件的结构修补、干涉检查、模型简化以及重新归类分组等，直至处理成可以用于计算的完整模型。

（2）接触对和接触类型多样，网格数量级大　由于超大型多功能液压机整体模型中大部分结构通过拉杆进行连接，大大增加了模型的接触对，同时液压机模型中的上梁、活动横梁和下梁均为分体结构组成，也存在大量的接触关系，除此之外还需根据零部件的具体装配关系对每个接触对的接触位置和接触类型进行梳理分析。在有限元模型的计算过程中需要对接触对的设置和网格不断进行调试，最终得到收敛结果。此外，由于液压机模型巨大，其有限元模型的网格数量达到千万以上，给模型的调试带来了极大困难，同时也大大增加了调试和计算时间。

（3）仿真收敛性差、调试难度大　由于在有限元分析中的接触为典型的结构非线性问题，模型中大量的接触给求解的收敛性带来极大的困难，在分析过程中需要不断调整模型和相关求解器的设置，以最终得到收敛结果。

2. 典型工况

（1）中心载荷镦粗

载荷大小：	1800MN
工作液压缸：	16 个主缸+4 个调平缸
载荷作用区域：	ϕ7000mm
活动横梁行程位置：	1000/3000/5000mm（3 个位置）
偏心距：	0mm
调平缸是否参与活动横梁平行控制：	否

（2）偏心载荷镦粗

载荷大小：	1600MN
工作液压缸：	16 个主缸
载荷作用区域：	ϕ7000mm
活动横梁行程位置：	1000/3000/5000mm（3 个位置）
偏心距：	300mm（左右/前后/45°，3 个方向）
调平缸是否参与活动横梁平行控制：	是/否（2 种工况）

（3）挤压成形工艺

载荷大小：	800/1000MN（2 种载荷）
工作液压缸：	16 个主缸（800MN 时）
	16 个主缸+4 个调平缸（1000MN 时）
载荷作用区域：	ϕ6000mm
活动横梁行程位置：	1000/3000/5000mm（3 个位置）
偏心距：	100mm（左右/前后/45°，3 个方向）
调平缸是否参与活动横梁平行控制：	是/否（2 种工况）

3. 数值模拟分析计算所用的软件平台

计算中交替运用了三个大型结构分析软件 ANSYS、ABAQUS 和 MSC.Marc。三维实体造型采用 Inventor 软件。网格划分采用 ANSYS、Hypermesh＋MSC.Patran 软件。通过对不同分析软件计算结果的比对分析获得最终的计算结果，以确保分析结果的真实性。

4. 液压机的结构特征

1600MN 超大型多功能液压机机身为整体式板框结构，采用 16 个等径主缸上传动形式，活动横梁对角分别设有 4 个回程缸和 4 个调平缸，其三维设计模型如图 6-1 所示。

6.1.1 整机结构强度、刚度分析校核

通过对不同工况有限元初步计算结果的分析，发现在挤压成形过程中，设备各零部

a)   b)

图 6-1　1600MN 液压机三维设计模型

a）立体图　b）主视图

件的应力和变形状况均小于中心载荷和偏心载荷工况。因此，在进行详细的有限元分析时，将此忽略，只针对中心载荷和偏心载荷工况进行了计算分析。为便于记录，分析中对液压机的典型工况进行了分类归纳，共得到 22 种计算工况，见表 6-1。

表 6-1　液压机有限元分析计算工况

工况编号	载荷状态	载荷大小/MN	有无纠偏	活动横梁行程/mm	偏心方向	偏心距/mm
1	预紧状态	拉杆预紧力	无	1000	—	—
2	中心载荷	1800	无	1000	无偏心	0
3	中心载荷	1800	无	3000	无偏心	0
4	中心载荷	1800	无	5000	无偏心	0
5	偏心载荷	1600	无	1000	左右偏	300
6	偏心载荷	1600	有	1000	左右偏	300
7	偏心载荷	1600	无	1000	前后偏	300
8	偏心载荷	1600	有	1000	前后偏	300
9	偏心载荷	1600	无	1000	45°偏	300
10	偏心载荷	1600	有	1000	45°偏	300
11	偏心载荷	1600	无	3000	左右偏	300
12	偏心载荷	1600	有	3000	左右偏	300
13	偏心载荷	1600	无	3000	前后偏	300
14	偏心载荷	1600	有	3000	前后偏	300
15	偏心载荷	1600	无	3000	45°偏	300
16	偏心载荷	1600	有	3000	45°偏	300
17	偏心载荷	1600	无	5000	左右偏	300
18	偏心载荷	1600	有	5000	左右偏	300
19	偏心载荷	1600	无	5000	前后偏	300
20	偏心载荷	1600	有	5000	前后偏	300
21	偏心载荷	1600	无	5000	45°偏	300
22	偏心载荷	1600	有	5000	45°偏	300

除了以上计算工况，还利用数值模拟方法对 1600MN 超大型多功能液压机整机进行了模态分析，得到了液压机整机的振动频率及振型。

6.1.1.1　超大型多功能液压机数值仿真模型的建立

1. 网格划分

有限元分析模型是在液压机原始三维模型上修改完成的，并根据零部件之间的装配关系对零部件的组别进行调整，按分析需要划分不同的单元网格，对不参与该工况的结构进行抑制，建立关键结构连接部位的接触关系。图 6-2 所示为处理后的有限元模型。

为保证计算结果的真实性，计算中交替运用了 ANSYS、ABAQUS 和 MSC. Marc 三个大型结构分析软件，网格划分采用六面体和四面体两种单元，其中采用六面体单元的网格划分，如图 6-3 所示。考虑到结构的对称性，在进行中心载荷工况下的应力、应变与刚度分析时，采用整体模型的 1/2 或 1/4 进行分析；在进行偏心载荷工况下的应力、应变与刚度分析时，取完整的模型进行分析。

图 6-2　1600MN 液压机
有限元分析三维模型

DL_DaoxiangGang
DL_DaoxiangZhusai
DL_DianLiang
DL_Gongzuotai
DL_Henglagan
DL_HuichengGang
DL_HuichengZhusai
DL_Suomogang
DL_Zhongliang
DL_Zonglagan
Jichuliang
Paifang
SL_BDL_Heng
SL_BDL_Lagan
SL_BDL_Zong
ZhuGang_Dianban
ZGDianban_Lagan
XL_Banti
XL_Gongzuotai
XL_Henglagan
XL_Qianliang
XL_Zonglagan
Zhugang_Gangti
Zhugang_Zhusai
XL_Banti_Lagan
DL_Huicheng_Dian
Zhugang_Zhusaidian

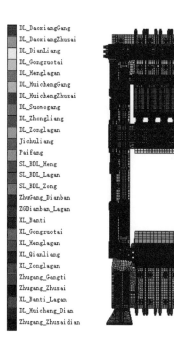

图 6-3　有限元网格模型（含接触体的定义）

2. 材料属性

液压机设计的基本要求为结构在最大受力情况下不产生屈服应力，且满足一定的安全裕度要求。分析中所有材料均采用弹塑性本构模型，依据材料本身特性定义其屈服应力。

液压机主机部分材料主要有三种：铸钢件、钢板和不同的钢锻件，材料的基本属性见表 6-2。

表 6-2　材料的基本属性

材料	弹性模量 E/GPa	泊松比 μ	密度 $\rho/(\mathrm{t/m^3})$
铸钢件	200	0.3	7.8
钢板	206	0.3	7.85
钢锻件	206	0.3	7.85

3. 拉杆预紧载荷

由于液压机尺寸、质量巨大，受加工制造装备能力的限制，其上的零部件大量采用了组合结构，构成组合结构的各零部件间通过不同的拉杆预紧连接成一个整体。由于拉杆规格多、数量庞大，为保证分析结果的真实性，必须将各拉杆的预紧情况合理地施加到分析模型中，不同规格拉杆的预紧力见表 6-3。

6.1.1.2　超大型多功能液压机整机分析结果

1. 预紧工况

当液压机所受载荷仅为拉杆预紧力及重力时，整体的应力和变形情况如图 6-4 所示。最大等效应力为 171.3MPa，发生在板框钩头前后拉杆预紧连接部位；整体最大变形为 10.58mm，发生在上部横梁拉杆处；其他各预紧部位预紧后最大应力约 170MPa。

超大型多功能液压机

106

表 6-3 不同规格拉杆的预紧力

序号	拉杆直径/mm	单根预紧力/MN	备注
1	160	3.0	
2	200	4.5	
3	250	5.5、8	其中框架板拉杆预紧力为 8MN,其余为 5.5MN
4	300	8.5、11	其中框架板拉杆预紧力为 11MN,其余为 8.5MN
5	350	13	
6	400	16	
7	450	23	
8	500	26	
9	550	30	

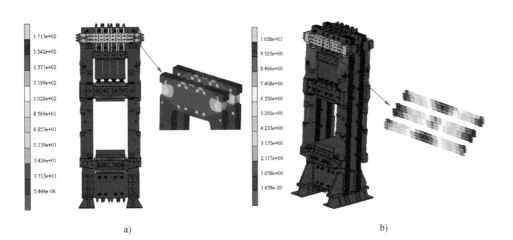

a)   b)

图 6-4 预紧工况下整机有限元计算结果

a) 整机等效应力的分布情况 b) 整机变形情况

2. 中心载荷工况

1600MN 超大型多功能液压机可承受 1800MN 中心载荷工况,是液压机的极限载荷工况,该工况的目的是为了充分发挥设备的潜在能力,用于一些超极限加工能力需求的锻件生产,这些锻件批量需求很小,因此液压机在 1800MN 中心载荷工况下分析校核的重点是设备变形满足产品生产前提下的强度问题。

图 6-5 所示为液压机整机结构在承受 1800MN 中心载荷工况下等效应力的分布结果及产生塑性变形的区域。从图 6-5 可以看出:

1) 整机结构最大等效应力为 349.5MPa,最大应力部位为主缸柱塞压杆根部,经核算后安全系数达 1.688(压杆材料屈服强度为 590MPa),满足设计要求。

2) 除去主缸柱塞以外的其他结构,最大等效应力为 196.3MPa,经核算后安全系数达 1.375(材料屈服强度最小值按 270MPa 计),满足设计要求。

图 6-6 所示为液压机整机结构在承受 1800MN 中心载荷工况下的整体变形结果;图 6-7 所示为整机在 X、Y、Z 三个方向的变形结果。从图 6-6 和图 6-7 可以看出:

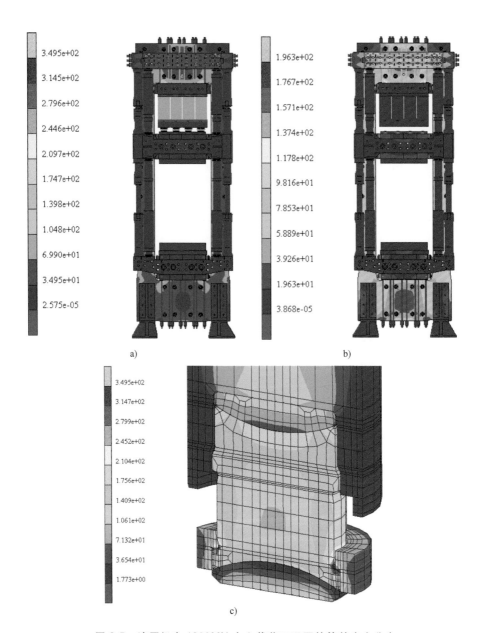

图 6-5　液压机在 1800MN 中心载荷工况下的等效应力分布

a）整机的等效应力分布　b）去除主缸压杆后整机的等效应力分布　c）主缸压杆处的等效应力分布

1）整机最大变形为 24.39mm。

2）整机最大变形为 Y 向变形，即沿着锻压方向，为 24.39mm；X 方向（左右方向）的最大变形为 10.87mm，Z 方向（前后方向）的最大变形为 4.776mm。

3. 偏心载荷工况

偏心载荷工况是 1600MN 超大型多功能液压机模锻生产过程中最常见的载荷工况，设计中须保证液压机在最大偏心载荷工况下具备足够的强度和刚度，以保证设备能够生产出合格的产品。针对 1600MN 超大型多功能液压机不同锻造工艺的偏心载荷特点，将偏心载荷工况分解成了 18 种计算工况（工况 5～工况 22），对每种工况都进行了有限元分析，并根据计算

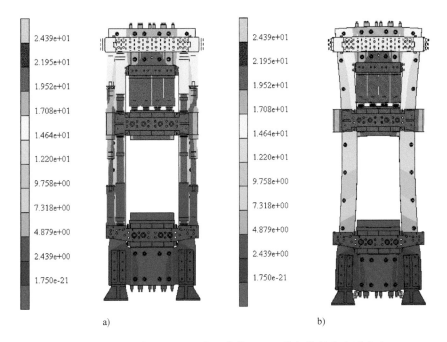

图 6-6 液压机在 1800MN 中心载荷工况下整机的总体变形分布

a）整机的总体变形分布 b）整机的总体变形分布（放大 100 倍）

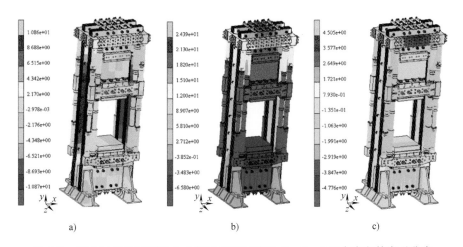

图 6-7 液压机在 1800MN 中心载荷工况下整机 X、Y、Z 三个方向的变形分布

a）整机 X 方向的变形分布 b）整机 Y 方向的变形分布 c）整机 Z 方向的变形分布

结果对设备各零部件结构进行了多次优化设计。通过对不同工况下计算结果的对比，发现经优化设计的液压机结构强度、刚度均满足设计要求。以下仅摘录偏心载荷 1800MN、45°偏转方向的极端偏心状态下的校核计算结果进行重点阐述。

图 6-8 所示为液压机整机结构在承受 1800MN 偏心载荷工况下等效应力的分布结果及产生塑性变形的区域。从图 6-8 可以看出：

1）整机结构最大等效应力为 355.2MPa，最大应力部位为主缸柱塞压杆根部，经核算后安全系数达 1.675（压杆材料屈服强度为 590MPa），满足设计要求。

2）除去主缸柱塞以外的其他结构，最大等效应力为 241.8MPa，经核算后安全系数为 1.117（材料屈服强度最小值按 270MPa 计），满足设计要求。

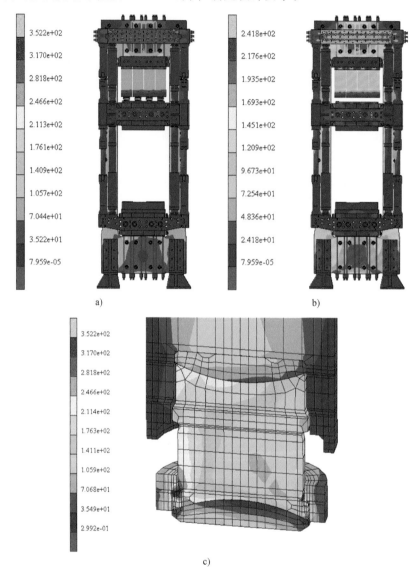

图 6-8　液压机在 1800MN 偏心载荷工况下的等效应力分布

a）整机的等效应力分布　b）去除主缸压杆后整机的等效应力分布　c）主缸压杆处的等效应力分布

图 6-9 所示为液压机整机结构在承受 1800MN 偏心载荷工况下的整体变形结果；图 6-10 所示为整机在 X、Y、Z 三个方向的变形结果。从图 6-9 和图 6-10 可以看出：

1）整机最大变形为 67.35mm，最大变形发生在活动横梁导向柱。

2）活动横梁受偏心载荷的影响发生了较大的偏转（见图 6-9b），最大变形为 58.08mm（见图 6-9d）；机架等其他部件的最大变形为 50.45mm（见图 6-9e）。

3）整机最大变形为 Y 向变形，即沿着锻压方向，为 54.59mm；X 方向（左右方向）的最大变形为 19.79mm，Z 方向（前后方向）的最大变形为 42.06mm。

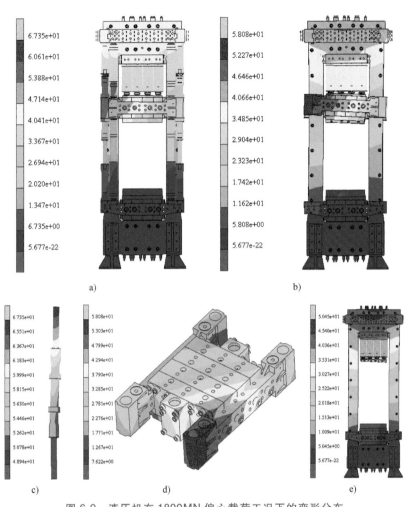

图 6-9 液压机在 1800MN 偏心载荷工况下的变形分布

a）整机的总体变形分布 b）活动横梁偏转（放大 20 倍） c）导向柱的变形分布

d）活动横梁的变形分布 e）机架及其他部件的变形分布

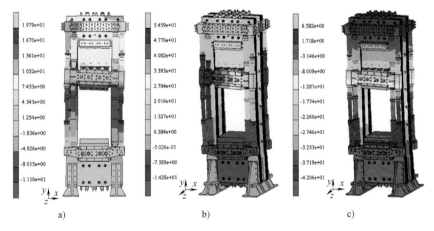

图 6-10 液压机在 1800MN 偏心载荷工况下整机 X、Y、Z 三个方向的变形分布

a）整机 X 方向的变形分布 b）整机 Y 方向的变形分布 c）整机 Z 方向的变形分布

6.1.2 关键结构强度、刚度分析校核及优化设计

为保证 1600MN 超大型多功能液压机结构设计的合理性，采用不同的分析软件对液压机在不同工况下进行了详细的有限元分析，并通过相应的优化设计技术，综合考虑加工制造的工艺性，对设备各零部件结构进行了多次优化设计。通过对不同工况下计算结果的对比，发现对设备关键结构强度、刚度影响最大的是 1800MN 中心载荷工况，因此下面仅对设备在 1800MN 中心载荷工况以及偏心载荷 1800MN、45°偏转方向的极端偏心状态下的校核计算结果进行重点阐述。

6.1.2.1 板框结构

1. 预紧工况

图 6-11 所示为在承受拉杆预应力作用下液压机板框结构的等效应力结果与变形分布。从图 6-11 可以看出：

1) 在最大预紧力作用下，板框结构的最大等效应力为 77.84MPa，发生在框架板与拉杆预紧处；最大变形为 1.007mm，发生在框架板与上部横梁连接的部位。

2) φ250mm 拉杆的最大等效应力为 171.3MPa，最大变形为 3.585mm。

3) φ300mm 拉杆的最大等效应力为 164.3MPa，最大变形为 3.606mm。

2. 中心载荷工况

图 6-12 所示为液压机板框结构在承受 1800MN 中心载荷工况下等效应力的分布结果。从图 6-12 可以看出：

1) 板框结构满足强度要求，最大等效应力为 169.10MPa，发生在框架板与主缸上垫梁接触部位；框架板与上部横梁连接钩头部位的最大等效应力为 97.54MPa。

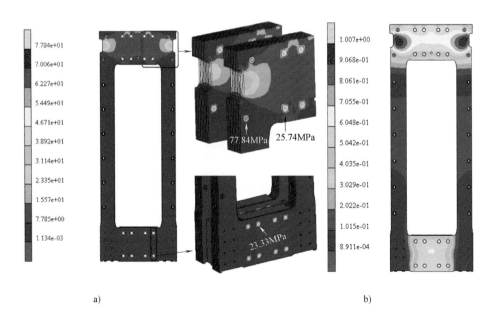

a)   b)

图 6-11 预紧工况下液压机板框结构的等效应力与变形分布

a）板框的等效应力分布　b）板框的变形分布

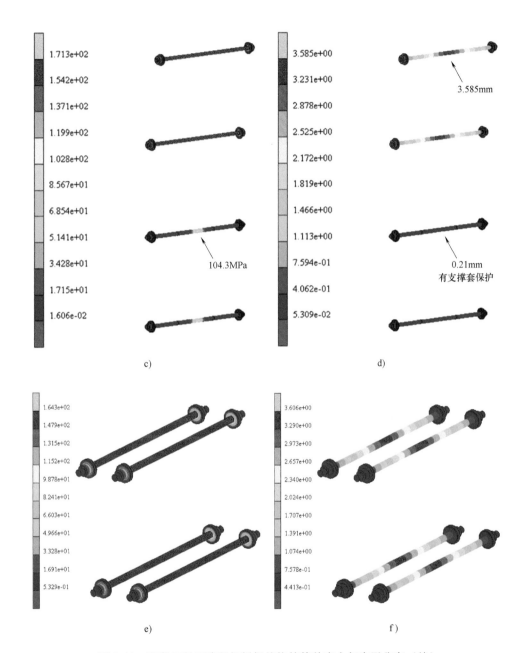

图 6-11 预紧工况下液压机板框结构的等效应力与变形分布（续）
c）φ250mm 拉杆的等效应力分布　d）φ250mm 拉杆的变形分布
e）φ300mm 拉杆的等效应力分布　f）φ300mm 拉杆的变形分布

2）板框结构中 φ300mm 拉杆的最大等效应力为 184.3MPa，φ250mm 拉杆的最大等效应力为 162.6MPa，都满足强度设计要求。

图 6-13 所示为液压机板框结构在承受 1800MN 中心载荷工况下的整体变形及其在 X、Y、Z 三个方向的变形结果。由图 6-13 分析可知：

1）板框结构的最大变形为 20.01mm；其最大变形方向为 Y 向，即锻压方向；最大变形部位为框架板上部中央位置。

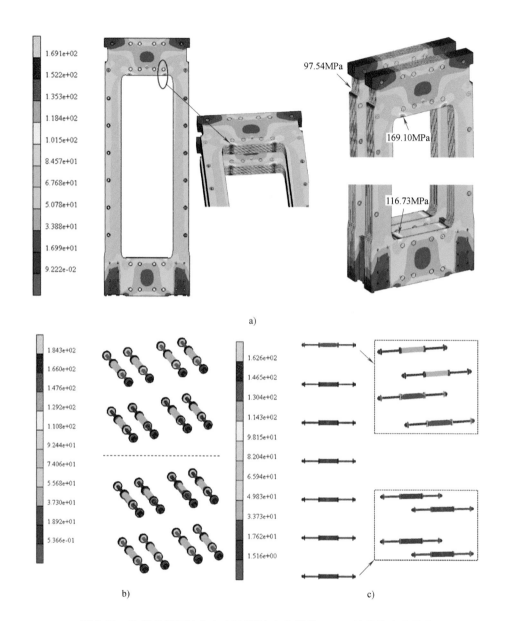

图 6-12　液压机板框结构在 1800MN 中心载荷工况下的等效应力分布

a）板框的等效应力分布　　b）ϕ300mm 拉杆的等效应力分布　　c）ϕ250mm 拉杆的等效应力分布

2）板框结构沿 X、Z 方向的变形分别为 10.86mm 和 1.33mm。

3. 偏心载荷工况

图 6-14 所示为液压机板框结构在承受 1800MN 偏心载荷工况下等效应力的分布结果。从图 6-14 可以看出：

1）板框结构满足强度要求，最大等效应力为 254.3MPa，发生在板框预紧螺栓垫片处；除垫片外，其余部位最大等效应力为 166.28MPa。

2）板框结构中 ϕ300mm 拉杆的最大等效应力为 185.4MPa，ϕ250mm 拉杆的最大等效应力为 167.5MPa，都满足强度设计要求。

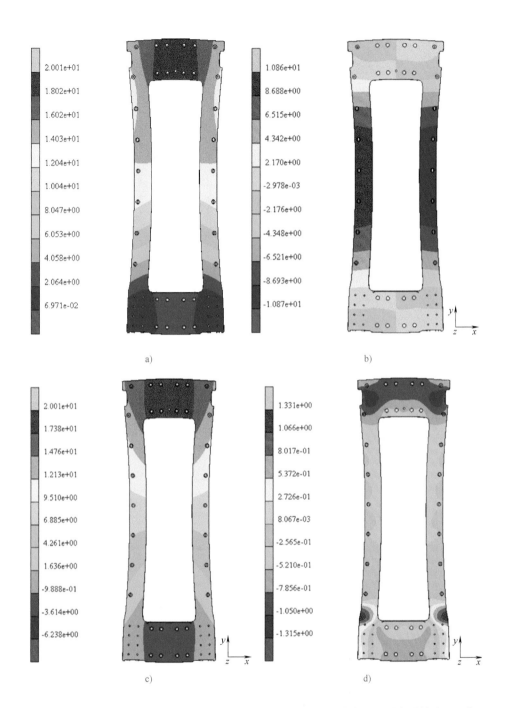

图 6-13　液压机板框结构在 1800MN 中心载荷工况下的变形分布（显示变形放大 100 倍）

a）板框的整体变形分布　b）板框 X 方向的变形分布　c）板框 Y 方向的变形分布　d）板框 Z 方向的变形分布

图 6-15 所示为液压机板框结构在承受 1800MN 偏心载荷工况下的整体变形及其在 X、Y、Z 三个方向的变形结果。由图 6-15 分析可知：

1）板框结构的最大变形为 46.92mm，其最大变形方向为 Z 向，即前后方向；最大变形部位为框架板上部中央位置。

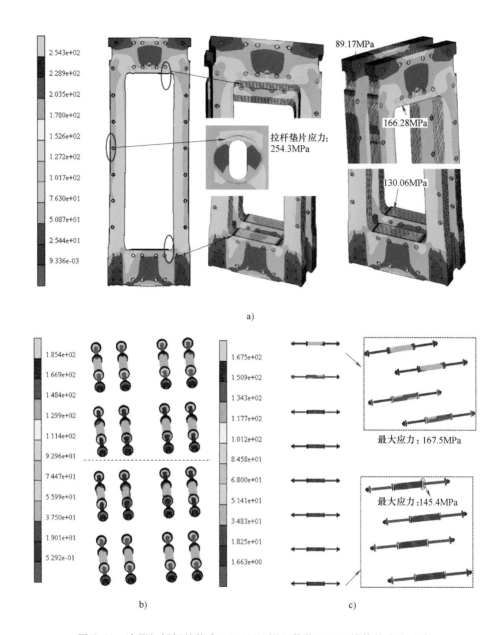

拉杆垫片应力：
254.3MPa

89.17MPa

166.28MPa

130.06MPa

最大应力：167.5MPa

最大应力：145.4MPa

a)

b)   c)

图 6-14   液压机板框结构在 1800MN 偏心载荷工况下的等效应力分布

a）板框的等效应力分布   b）ϕ300mm 拉杆的等效应力分布   c）ϕ250mm 拉杆的等效应力分布

2）板框结构沿锻压方向的最大变形为 23.18mm，沿 X 方向的最大变形为 17.95mm，受偏心载荷的影响，施加偏心载荷方向板框的 X 方向的变形远远大于非受力方向的变形（7.99mm）。

6.1.2.2　上部横梁

1. 预紧工况

图 6-16 所示为液压机在承受拉杆预应力作用下上部横梁结构等效应力的分布结果与变形分布。从图 6-16 可以看出：

1）在最大预紧力作用下，上部横梁拉杆的最大等效应力为 158.1MPa，最大变形为 10.58mm。

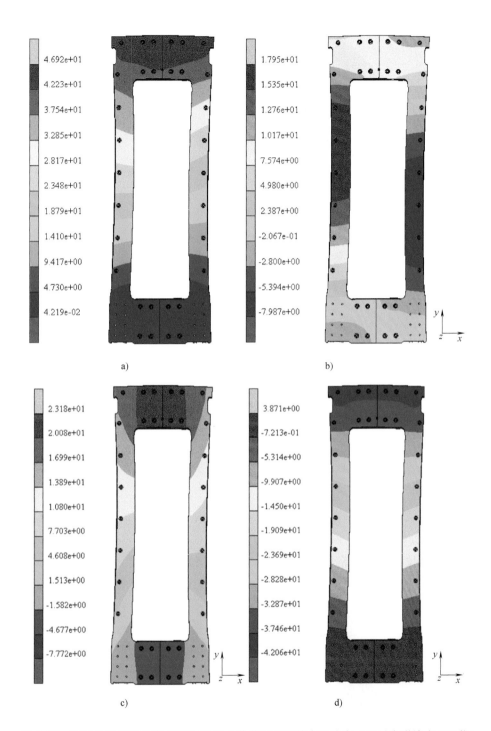

图 6-15　液压机板框结构在 1800MN 偏心载荷工况下的变形分布（显示变形放大 100 倍）

a）板框的整体变形分布　b）板框 X 方向的变形　c）板框 Y 方向的变形分布　d）板框 Z 方向的变形分布

2）在最大预紧力作用下，上部横梁纵梁和横梁结构的最大等效应力为 133.8MPa，最大变形为 3.178mm。

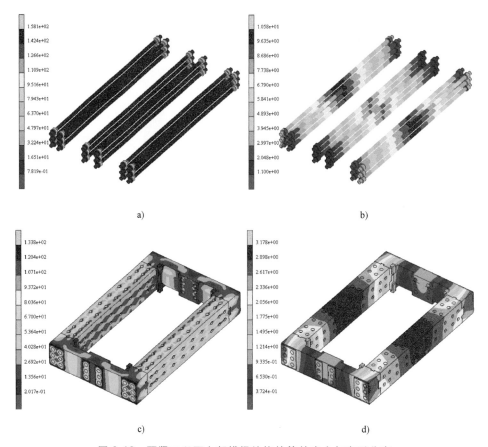

a)　　　　　　　　　　　　　　　b)

c)　　　　　　　　　　　　　　　d)

图 6-16　预紧工况下上部横梁结构的等效应力与变形分布

a）上部横梁拉杆的等效应力分布　b）上部横梁拉杆的变形分布　c）上部横梁的等效应力分布　d）上部横梁的变形分布

2. 中心载荷工况

图 6-17 所示为液压机上部横梁结构在承受 1800MN 中心载荷工况下等效应力的分布结果。从图 6-17 可以看出：

1）上部横梁拉杆的最大等效应力为 171.3MPa，满足强度设计要求。

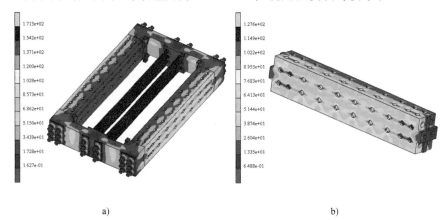

a)　　　　　　　　　　　　　　　b)

图 6-17　液压机上部横梁结构在 1800MN 中心载荷工况下的等效应力分布

a）上部横梁的整体等效应力分布　b）前后横梁的等效应力分布

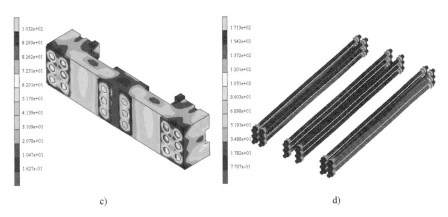

c)   d)

图 6-17　液压机上部横梁结构在 1800MN 中心载荷工况下的等效应力分布（续）

c）左右横梁的等效应力分布　d）上部横梁拉杆的等效应力分布

2）前后横梁的最大等效应力为 127.6MPa，左右横梁的最大等效应力为 103.2MPa，均满足强度设计要求。

图 6-18 所示为液压机上部横梁结构在承受 1800MN 中心载荷工况下的整体变形及其在

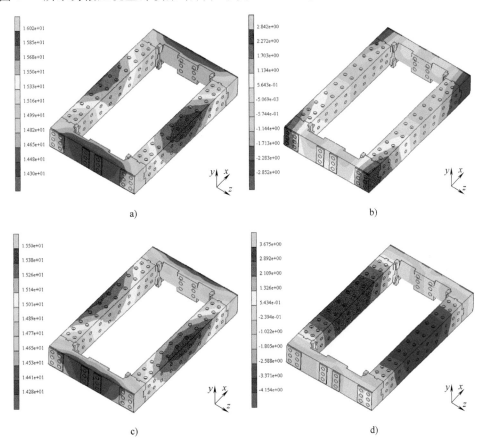

a)   b)

c)   d)

图 6-18　液压机上部横梁结构在 1800MN 中心载荷工况下的变形分布

a）上部横梁的整体变形分布　b）上部横梁 X 方向的变形分布

c）上部横梁 Y 方向的变形分布　d）上部横梁 Z 方向的变形分布

X、Y、Z 三个方向的变形结果。由图 6-18 分析可知：

1）上部横梁结构的最大变形为 16.02mm；其最大变形方向为 Y 向，即锻压方向，为 15.50mm。

2）上部横梁结构沿 X、Z 方向的变形分别为 2.842mm 和 3.675mm。

3. 偏心载荷工况

图 6-19 所示为液压机上部横梁结构在承受 1800MN 偏心载荷工况下等效应力的分布结

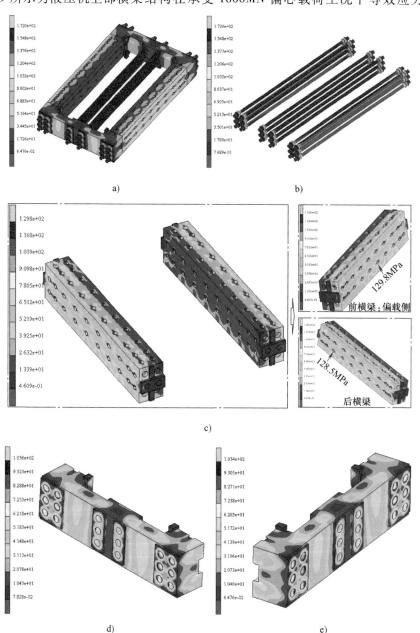

图 6-19　液压机上部横梁结构在 1800MN 偏心载荷工况下的等效应力分布

a）上部横梁整体的等效应力分布　b）上部横梁拉杆的等效应力分布　c）前后横梁的等效应力分布

d）左横梁（偏心端）的等效应力分布　e）右横梁的等效应力分布

果。从图 6-19 可以看出：

1）上部横梁拉杆的最大等效应力为 172MPa，满足强度设计要求。

2）前后横梁的最大应力分别为 129.8MPa 和 128.5MPa，偏载施加方向所产生的应力增大约 1.5MPa，均满足强度设计要求。

3）上部横梁左右梁的最大等效应力分别为 103.6MPa 和 103.4MPa，均满足强度设计要求。

图 6-20 所示为液压机上部横梁结构在承受 1800MN 偏心载荷工况下的整体变形及其在 X、Y、Z 三个方向的变形结果。由图 6-20 分析可知：

1）上部横梁结构的最大变形为 47.97mm；其最大变形方向为 Z 向，即前后方向，为 41.80mm。

2）上部横梁结构沿 X、Y 方向的变形分别为 19.79mm 和 19.12mm。

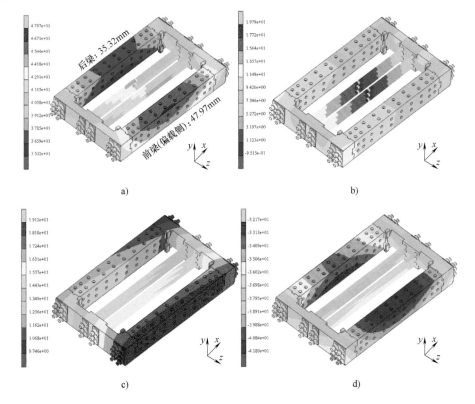

a）

b）

c）

d）

图 6-20　液压机上部横梁结构在 1800MN 偏心载荷工况下的变形分布

a）上部横梁的整体变形分布　b）上部横梁 X 方向的变形分布
c）上部横梁 Y 方向的变形分布　d）上部横梁 Z 方向的变形分布

6.1.2.3　活动横梁

1. 预紧工况

图 6-21 所示为液压机在承受拉杆预应力作用下活动横梁结构等效应力的分布结果与变形分布。从图 6-21 可以看出：

1）在最大预紧力作用下，活动横梁前后梁拉杆的最大等效应力为 135.5MPa，最大变形为 4.677mm。

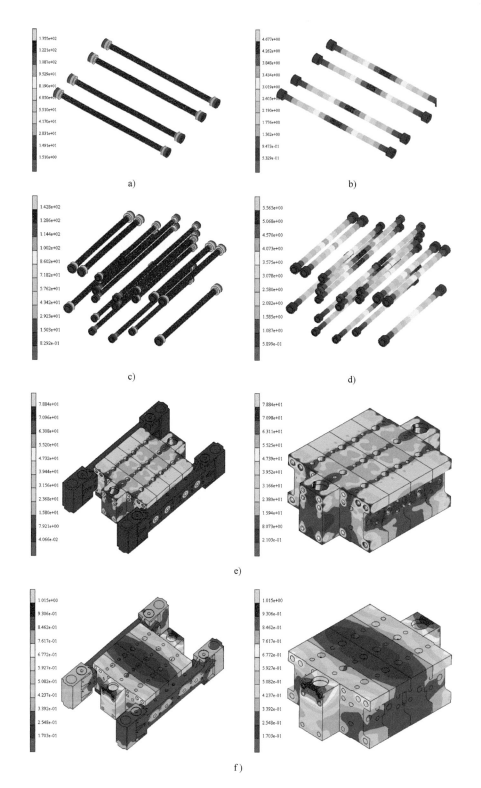

图 6-21 预紧工况下活动横梁结构的等效应力与变形分布

a）活动横梁前后拉杆的等效应力分布 　b）活动横梁前后拉杆的变形分布 　c）活动横梁左右拉杆的等效应力分布
d）活动横梁左右拉杆的变形分布 　e）活动横梁其余部分的等效应力分布 　f）活动横梁其余部分的变形分布

2）在最大预紧力作用下，活动横梁左右拉杆组拉杆的最大等效应力为 142.8MPa，最大变形为 5.565mm。

3）在最大预紧力作用下，除拉杆外，活动横梁其余部分的最大等效应力为 78.84MPa，最大应力发生在前后横梁与预应力拉杆的连接部位；最大变形为 1.015mm，沿着拉杆预应力方向。

2. 中心载荷工况

图 6-22 所示为液压机活动横梁结构在承受 1800MN 中心载荷工况下等效应力的分布结

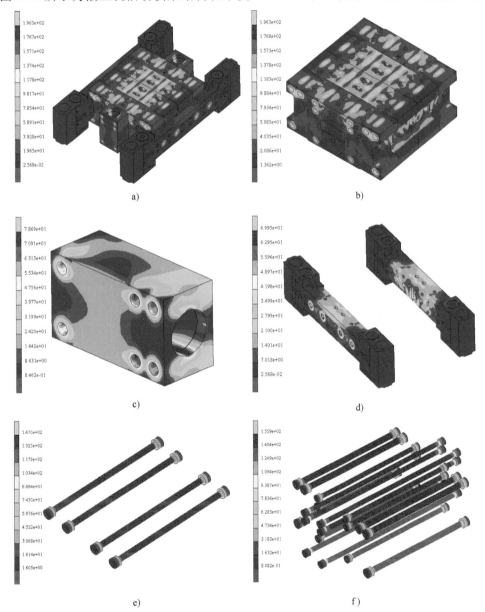

图 6-22　液压机活动横梁结构在 1800MN 中心载荷工况下的等效应力分布

a）活动横梁整体的等效应力分布　b）中部横梁的等效应力分布　c）锁模缸梁的等效应力分布
d）前后横梁的等效应力分布　e）前后横梁拉杆的等效应力分布　f）左右拉杆组的等效应力分布

果。从图 6-22 可以看出：

1）活动横梁的最大等效应力为 196.3MPa，最大应力部位为中部横梁键槽根部、拉杆孔及出砂孔处，没超过材料的屈服应力，经核算后安全系数为 1.38，满足强度设计要求。

2）活动横梁锁模缸梁的最大等效应力为 78.69MPa，满足强度设计要求。

3）活动横梁前后横梁的最大等效应力为 69.95MPa，满足强度设计要求。

4）活动横梁前后横梁拉杆的最大等效应力为 147MPa，左右拉杆组拉杆的最大等效应力为 155.9MPa，均满足强度设计要求。

图 6-23 所示为液压机活动横梁结构在承受 1800MN 中心载荷工况下的整体变形及其在 X、Y、Z 三个方向的变形结果。由图 6-23 分析可知：

1）活动横梁结构的最大变形为 23.92mm；其最大变形方向为 Y 向，即锻压方向；最大变形部位为中心载荷施加部位。

2）活动横梁结构沿 X、Z 方向的变形分别为 0.696mm 和 0.836mm。

3）Y 向位移较大，是因为活动横梁整体产生了刚体位移，横梁相对变形满足刚度设计要求。

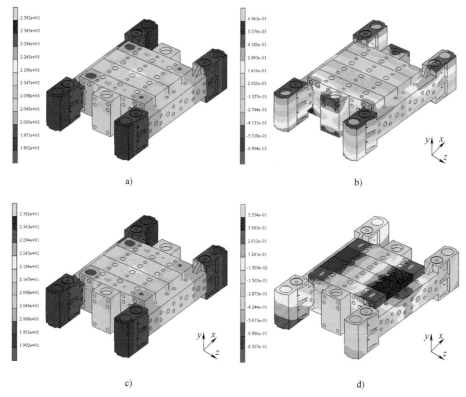

图 6-23　液压机活动横梁结构在 1800MN 中心载荷工况下的变形分布
a）活动横梁的整体变形分布　b）活动横梁 X 方向的变形分布
c）活动横梁 Y 方向的变形分布　d）活动横梁 Z 方向的变形分布

3. 偏心载荷工况

图 6-24 所示为液压机活动横梁结构在承受 1800MN 偏心载荷工况下等效应力的分布结果。从图 6-24 可以看出：

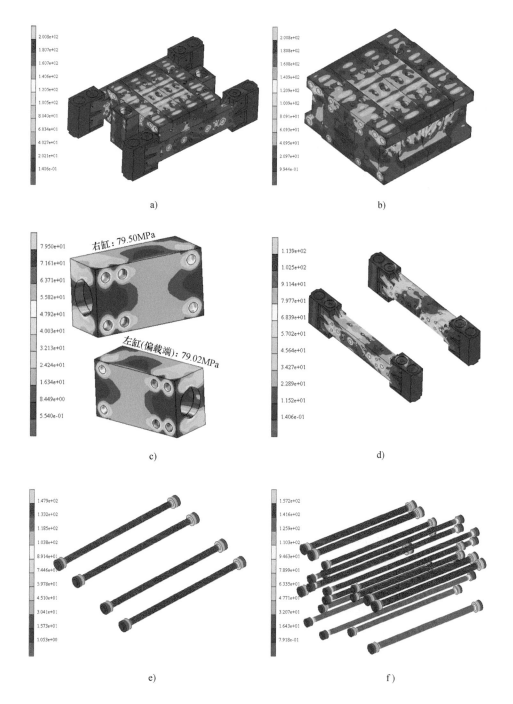

图 6-24 液压机活动横梁结构在 1800MN 偏心载荷工况下的等效应力分布

a）活动横梁整体的等效应力分布　b）中部横梁的等效应力分布　c）锁模缸梁的等效应力分布
d）前后横梁的等效应力分布　e）前后横梁拉杆的等效应力分布　f）左右拉杆组的等效应力分布

1）活动横梁的最大等效应力为 200.8MPa，最大应力部位为中部横梁键槽根部、拉杆孔及出砂孔处，没超过材料的屈服应力，经核算后安全系数为 1.34，满足强度设计要求。

2）活动横梁锁模缸梁左右两梁的最大等效应力分别为 79.02MPa 和 79.50MPa，均满足强度设计要求。

3）活动横梁前后横梁的最大等效应力为 113.9MPa，活动横梁前后横梁拉杆的最大等效应力为 147.9MPa，左右拉杆组拉杆的最大等效应力为 157.2MPa，均满足强度设计要求。

图 6-25 所示为液压机活动横梁结构在承受 1800MN 偏心载荷工况下的整体变形及其在 X、Y、Z 三个方向的变形结果。由图 6-25 分析可知：

1）活动横梁结构的最大变形为 58.08mm；其最大变形方向为 Y 向，即锻压方向，最大变形为 54.59mm；最大变形部位为偏心载荷施加侧动梁导向柱与活动横梁前梁的连接部位。受偏心力的作用，活动横梁发生了较大的偏转变形。

2）活动横梁结构沿 X、Z 方向的变形分别为 5.459mm 和 22.45mm。

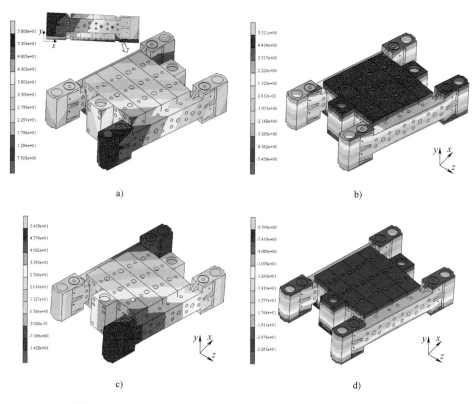

a)   b)

c)   d)

图 6-25　液压机活动横梁在 1800MN 偏心载荷工况下的变形分布
a）活动横梁的整体变形分布　b）活动横梁 X 方向的变形分布
c）活动横梁 Y 方向的变形分布　d）活动横梁 Z 方向的变形分布

6.1.2.4　下横梁

1. 预紧工况

图 6-26 所示为液压机在承受拉杆预应力作用下下横梁结构等效应力的分布结果与变形分布。从图 6-26 可以看出：

1）在最大预紧力作用下，下横梁前后梁拉杆的最大等效应力为 135.1MPa，最大变形为 4.672mm。

2）在最大预紧力作用下，下横梁左右拉杆组拉杆的最大等效应力为 142.3MPa，最大变形为 4.097mm。

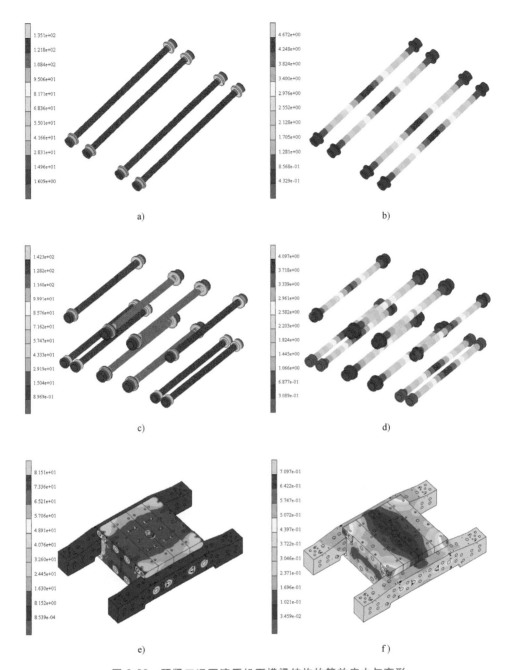

a)   b)

c)   d)

e)   f)

图 6-26　预紧工况下液压机下横梁结构的等效应力与变形

a）下横梁前后拉杆的等效应力分布　b）下横梁前后拉杆的变形分布　c）下横梁左右拉杆的等效应力分布
d）下横梁左右拉杆的变形分布　e）下横梁其余部分的等效应力分布　f）下横梁其余部分的变形分布

3）在最大预紧力作用下，下横梁其余部分的最大等效应力为 81.51MPa，最大变形为 0.71mm。

2. 中心载荷工况

图 6-27 所示为液压机下横梁结构在承受 1800MN 中心载荷工况下等效应力的分布结果。从图 6-27 可以看出：

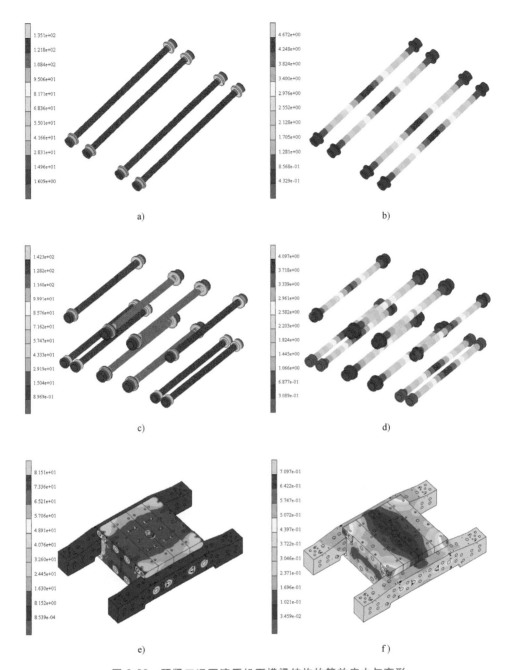

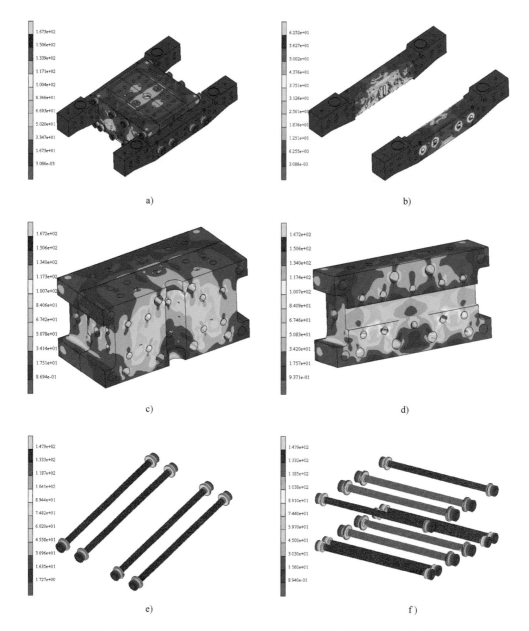

图 6-27 液压机下横梁结构在 1800MN 中心载荷工况下的等效应力分布

a）下横梁整体的等效应力分布 b）前后横梁的等效应力分布 c）中部横梁的等效应力分布
d）中部横梁应力集中区 e）前后横梁拉杆的等效应力分布 f）左右拉杆组的等效应力分布

1）下横梁结构整体的最大等效应力为 167.3MPa，最大应力位置为拉杆孔及出砂孔处。下横梁的总体应力水平较低，结构强度满足设计要求。

2）下横梁前后横梁的最大等效应力为 62.52MPa，满足强度设计要求。

3）下横梁前后横梁拉杆的最大等效应力为 167.2MPa，左右拉杆组拉杆的最大等效应力为 147.9MPa，均满足强度设计要求。

图 6-28 所示为液压机下横梁结构在承受 1800MN 中心载荷工况下的整体变形及其在 X、

Y、Z 三个方向的变形结果。由图 6-28 分析可知：

1）下横梁结构的最大变形为 6.58mm；其最大变形方向为 Y 向（锻压方向），最大变形部位为中心载荷施加部位。

2）下横梁结构沿 X、Z 方向的变形分别为 0.625mm 和 0.507mm。

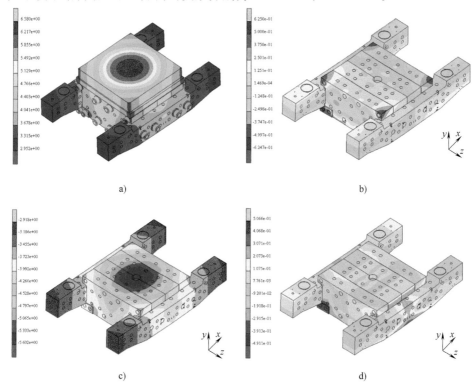

图 6-28　液压机下横梁结构在 1800MN 中心载荷工况下的变形分布

a）下横梁的整体变形分布　b）下横梁 X 方向的变形分布　c）下横梁 Y 方向的变形分布　d）下横梁 Z 方向的变形分布

3. 偏心载荷工况

图 6-29 所示为液压机下横梁结构在承受 1800MN 偏心载荷工况下等效应力的分布结果。从图 6-29 可以看出：

1）下横梁结构整体的最大等效应力为 225.8MPa，最大应力位置为拉杆孔及出砂孔处，没超过材料的屈服应力，经核算后安全系数为 1.2，满足强度设计要求。

2）下横梁前后横梁的最大等效应力为 64.41MPa，中间横梁从左（偏心载荷施加策）到右的最大等效应力分别为 225.8MPa、173.7MPa、156.2MPa 和 163.5MPa，均满足强度设计要求。最大应力位置均位于拉杆孔及出砂孔孔边处。

3）下横梁前后横梁拉杆、左右拉杆组的最大等效应力都为 148.9MPa，均满足强度设计要求。

图 6-30 所示为液压机下横梁结构在承受 1800MN 偏心载荷工况下的整体变形及其在 X、Y、Z 三个方向的变形结果。由图 6-30 分析可知：

1）下横梁结构的最大变形为 7.105mm；其最大变形方向为 Y 向（锻压方向），最大变形部位为中心载荷施加部位。

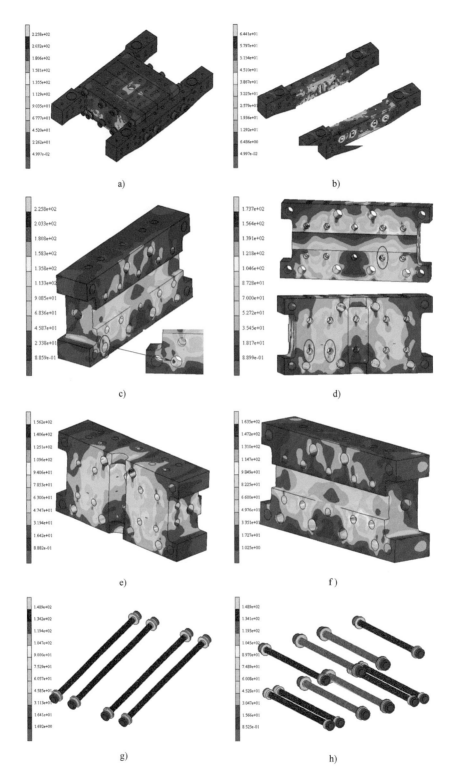

图 6-29　液压机下横梁结构在 1800MN 偏心载荷工况下的等效应力分布

a）下横梁整体的等效应力分布　b）前后横梁的等效应力分布　c）~f）中部横梁从左（偏载端）
到右 4 片横梁的等效应力分布　g）前后横梁拉杆的等效应力分布　h）左右拉杆组的等效应力分布

2）下横梁结构沿 X、Z 方向的变形分别为 4.241mm 和 5.628mm。

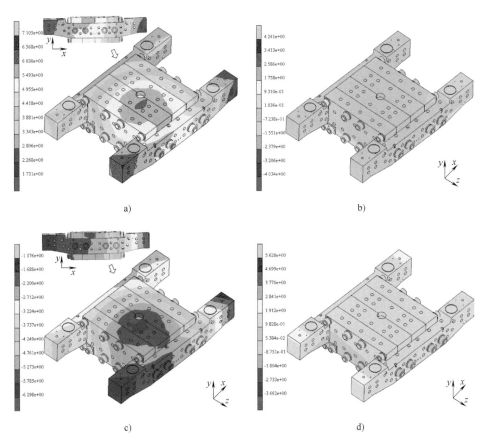

a)　　　　　　　　　　　　　　　b)

c)　　　　　　　　　　　　　　　d)

图 6-30　液压机下横梁结构在 1800MN 偏心载荷工况下的变形分布

a）下横梁的整体变形分布　b）下横梁 X 方向的变形分布　c）下横梁 Y 方向的变形分布　d）下横梁 Z 方向的变形分布

6.1.2.5　主缸垫板

1. 预紧工况

图 6-31 所示为液压机在承受拉杆预应力作用下主缸垫板结构等效应力的分布结果与变形分布。从图 6-31 可以看出：

1）在最大预紧力作用下，主缸垫板拉杆的最大等效应力为 145.6MPa，最大变形为 4.785mm。

2）在最大预紧力作用下，主缸垫板吊杆的最大等效应力为 125.7MPa，最大变形为 2.792mm。

3）在最大预紧力作用下，主缸垫板的最大等效应力为 79.08MPa，最大应力为吊杆与垫板连接部位；最大变形为 0.412mm。

2. 中心载荷工况

图 6-32 所示为液压机主缸垫板结构在承受 1800MN 中心载荷工况下等效应力的分布结果。从图 6-32 可以看出：

1）主缸垫板结构整体的最大等效应力为 111.4MPa，最大应力部位为吊杆与主缸垫板

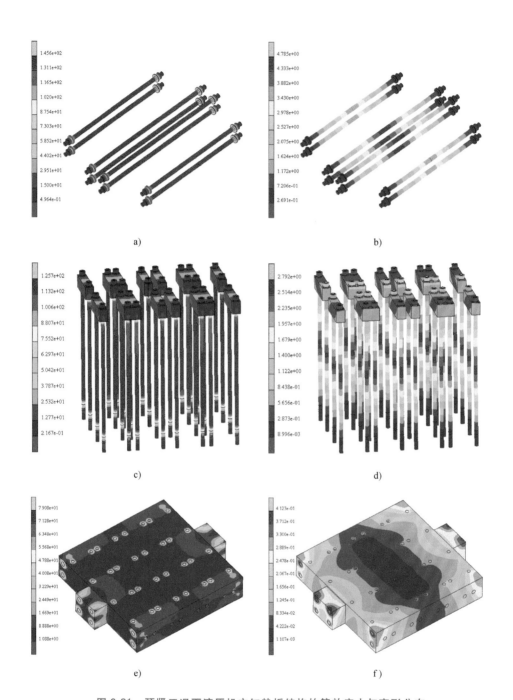

图 6-31 预紧工况下液压机主缸垫板结构的等效应力与变形分布

a）主缸垫板拉杆的等效应力分布　b）主缸垫板拉杆的变形分布　c）主缸垫板吊杆的等效应力分布
d）主缸垫板吊杆的变形分布　e）主缸垫板的等效应力分布　f）主缸垫板的变形分布

连接的部位、主缸进油孔道内部。主缸垫板的总体应力水平较低，结构强度满足设计要求。

2）主缸垫板吊杆的最大等效应力为 101.2MPa，主缸垫板拉杆的最大等效应力为 149.8MPa，均满足强度设计要求。

图 6-33 所示为液压机主缸垫板结构在承受 1800MN 中心载荷工况下的整体变形及其在

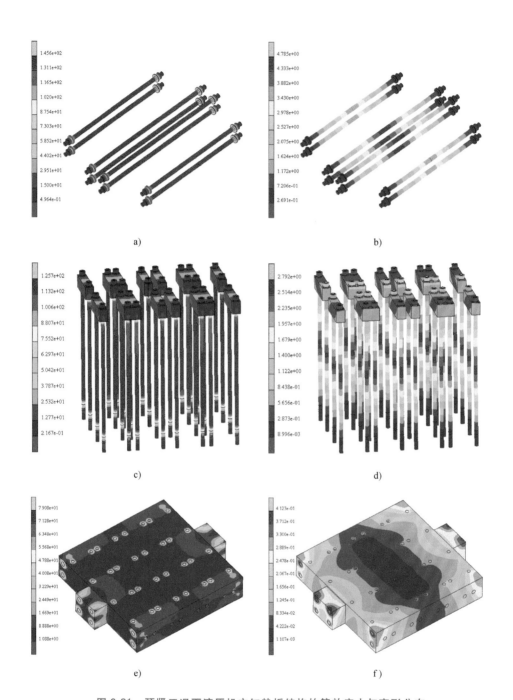

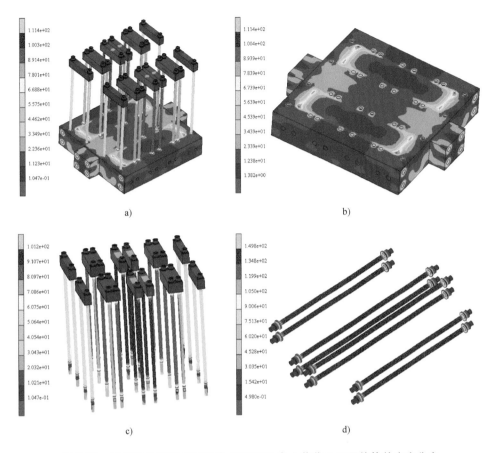

a)　　　　　　　　　　　　　　b)

c)　　　　　　　　　　　　　　d)

图 6-32　液压机主缸垫板结构在 1800MN 中心载荷工况下的等效应力分布

a）主缸垫板结构整体的等效应力分布　b）主缸垫板本体的等效应力分布

c）主缸垫板吊杆的等效应力分布　d）主缸垫板拉杆的等效应力分布

X、Y、Z 三个方向的变形结果。由图 6-33 分析可知：

1）主缸垫板结构的最大变形为 20.59mm，其最大变形方向为 Y 向，即锻压方向。主缸垫板 Y 向变形主要为刚体位移，本身相对变形不大，满足刚度设计要求。

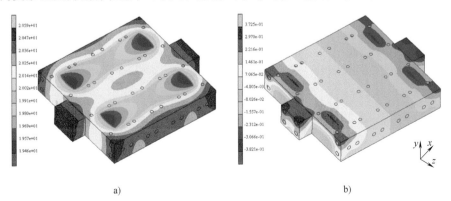

a)　　　　　　　　　　　　　　b)

图 6-33　液压机主缸垫板结构在 1800MN 中心载荷工况下的变形分布

a）主缸垫板整体变形分布　b）主缸垫板 X 方向的变形分布

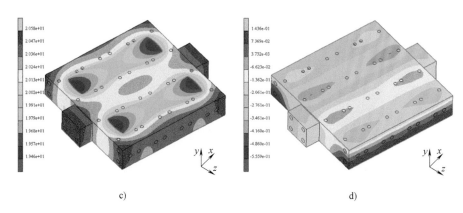

c)   d)

图 6-33　液压机主缸垫板结构在 1800MN 中心载荷工况下的变形分布（续）

c）主缸垫板 Y 方向的变形分布　　d）主缸垫板 Z 方向的变形分布

2）主缸垫板沿 X、Z 方向的变形分别为 0.382mm 和 0.556mm。

3. 偏心载荷工况

图 6-34 所示为液压机主缸垫板结构在承受 1800MN 偏心载荷工况下等效应力的分布结果。从图 6-34 可以看出：

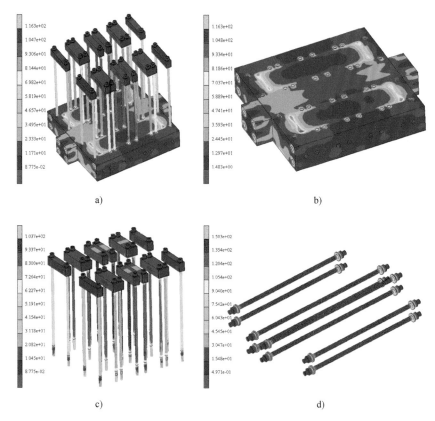

a)   b)

c)   d)

图 6-34　液压机主缸垫板结构在 1800MN 偏心载荷工况下的等效应力分布

a）主缸垫板结构整体的等效应力分布　　b）主缸垫板本体的等效应力分布

c）主缸垫板吊杆的等效应力分布　　d）主缸垫板拉杆的等效应力分布

1）主缸垫板结构整体的最大等效应力为 116.3MPa，最大应力部位为吊杆与主缸垫板连接的部位、主缸进油孔道内部。主缸垫板的总体应力水平较低，结构强度满足设计要求。

2）主缸垫板吊杆的最大等效应力为 103.7MPa，主缸垫板拉杆的最大等效应力为 150.3MPa，均满足强度设计要求。

图 6-35 所示为液压机主缸垫板结构在承受 1800MN 偏心载荷工况下的整体变形及其在 *X*、*Y*、*Z* 三个方向的变形结果。由图 6-35 分析可知：

1）主缸垫板结构的最大变形为 42.16mm，其最大变形方向为 *Z* 向；主缸垫板沿 *X*、*Y* 方向的变形分别为 9.392mm 和 24.70mm。

2）主缸垫板变形主要为偏转引起的刚体位移，本身相对变形不大，满足刚度设计要求。

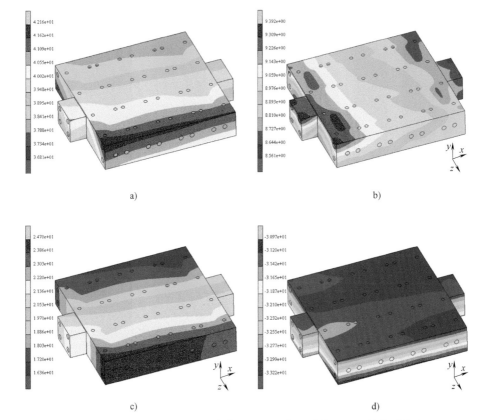

图 6-35　液压机主缸垫板结构在 1800MN 偏心载荷工况下的变形分布

a）主缸垫板的整体变形分布　b）主缸垫板 *X* 方向的变形分布
c）主缸垫板 *Y* 方向的变形分布　d）主缸垫板 *Z* 方向的变形分布

6.1.2.6　主缸结构

1600MN 超大型多功能液压机主缸的最大极限载荷发生在液压机最大极限载荷时，即主缸内压达到 60MPa 极限压力时，16 个主缸共同对外产生 1600MN 的能力输出。

1. 中心载荷工况

图 6-36 所示为液压机主缸结构在承受 1800MN 中心载荷工况下，最大极限压力为 60MPa 时等效应力的分布结果。从图 6-36 可以看出：

1）主缸缸体结构满足强度要求，最大等效应力为 179.8MPa。

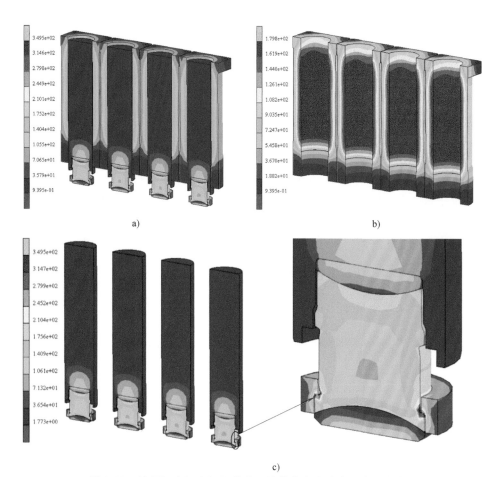

a)   b)

c)

图 6-36　液压机主缸在极限载荷下的等效应力分布（中心载荷）

a）主缸结构整体的等效应力分布　b）主缸缸体的等效应力分布　c）主缸柱塞
部分的等效应力分布（放大部分为主缸柱塞压杆应力集中区）

2）主缸柱塞压杆根部区域产生较大的应力集中，最大等效应力为 349.5MPa，经核算后安全系数为 1.688（压杆屈服强度为 590MPa），满足设计要求。

图 6-37 所示为液压机主缸结构在承受 1800MN 中心载荷工况下，最大极限压力为

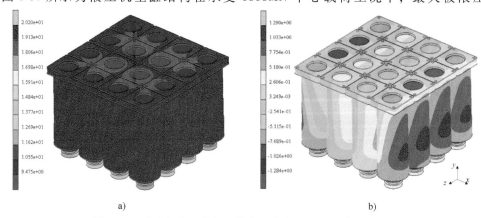

a)   b)

图 6-37　液压机主缸在极限载荷下的变形分布（中心载荷）

a）主缸组整体变形分布　b）主缸组 X 方向的变形分布

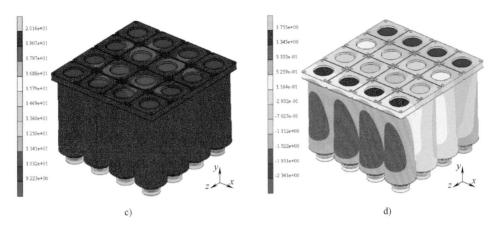

c)   d)

图 6-37   液压机主缸在极限载荷下的变形分布（中心载荷）（续）

c）主缸组 Y 方向的变形分布   d）主缸组 Z 方向的变形分布

60MPa 时的整体变形结果及其在 X、Y、Z 三个方向的变形结果。由图 6-37 分析可知：

1）主缸结构的最大变形为 20.2mm，其最大变形方向为 Y 向，即锻压方向。

2）主缸结构沿 X、Z 方向的变形分别为 1.29mm 和 2.34mm。

3）主缸结构所产生的主要位移为刚体位移，本身变形不大，满足刚度设计要求。

2. 偏心载荷工况

图 6-38 所示为液压机主缸结构在承受 1800MN 偏心载荷工况下，最大极限压力为

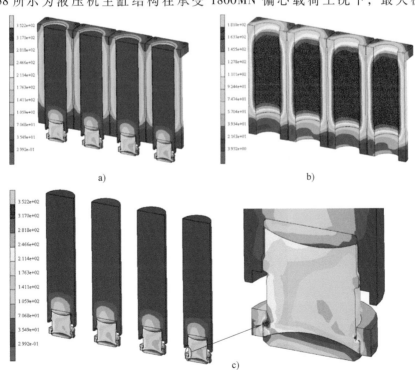

图 6-38   液压机主缸在极限载荷下的等效应力分布（偏心载荷）

a）主缸结构整体的等效应力分布   b）主缸缸体的等效应力分布

c）主缸柱塞部分的等效应力分布（放大部分为主缸柱塞压杆应力集中区）

60MPa 时等效应力的分布结果。从图 6-38 可以看出：

1）主缸缸体结构满足强度要求，最大等效应力为 181MPa。

2）主缸柱塞压杆根部区域产生较大的应力集中，最大等效应力为 352.2MPa，经核算后安全系数为 1.675（压杆材料屈服强度为 590MPa），满足设计要求。

图 6-39 所示为液压机主缸结构在承受 1800MN 偏心载荷工况下，最大极限压力为 60MPa 时的整体变形结果及其在 X、Y、Z 三个方向的变形结果。由图 6-39 分析可知：

1）主缸结构的最大变形为 47.72mm，其最大变形方向为 Z 向，即前后方向。

2）主缸结构沿 X、Y 方向的变形分别为 11.21mm 和 34.54mm。

3）主缸结构所产生的主要位移为刚体位移，本身变形不大，满足刚度设计要求。

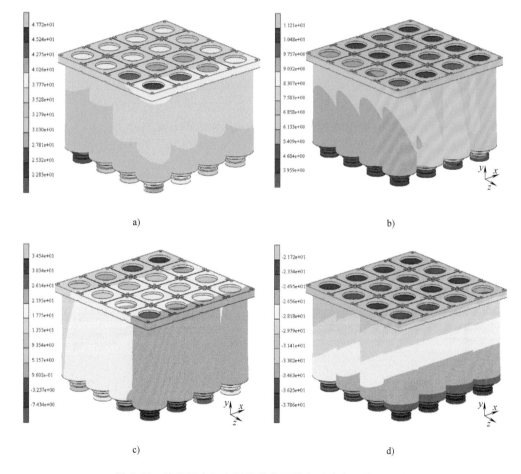

图 6-39　液压机主缸在极限载荷下的变形分布（偏心载荷）

a）主缸组的整体变形分布　b）主缸组 X 方向的变形分布
c）主缸组 Y 方向的变形分布　d）主缸组 Z 方向的变形分布

6.1.2.7　基础梁结构

1. 中心载荷工况

图 6-40 所示为液压机基础梁在承受 1800MN 中心载荷工况下等效应力的分布结果。从图 6-40 可以看出：基础梁满足强度设计要求，内、外侧肋板的最大等效应力均未超

图 6-40　液压机基础梁在极限载荷下的等效应力分布（中心载荷）

过 100MPa。

图 6-41 所示为液压机基础梁结构在承受 1800MN 中心载荷工况下的整体变形及其在 X、Y、Z 三个方向的变形结果。由图 6-41 分析可知：

1）基础梁结构的最大变形为 2.327mm，最大变形部位为基础梁与牌坊的连接部位。

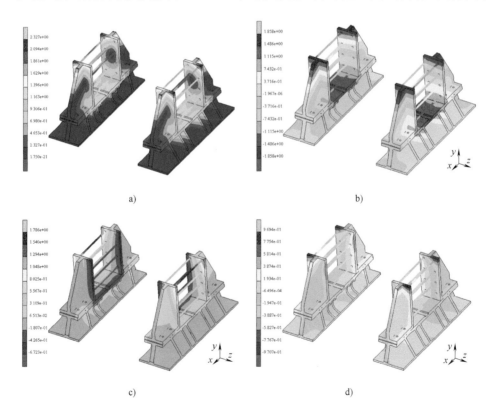

a)

b)

c)

d)

图 6-41　液压机基础梁在极限载荷下的变形分布（中心载荷）

a）基础梁部件的整体变形分布　b）基础梁部件 X 方向的变形分布

c）基础梁部件 Y 方向的变形分布　d）基础梁部件 Z 方向的变形分布

2）基础梁结构沿 X、Y、Z 三个方向的变形分别为 1.858mm、1.786mm 和 0.971mm。

2. 偏心载荷工况

图 6-42 所示为液压机基础梁在承受 1800MN 偏心载荷工况下等效应力的分布结果。从图 6-42 可以看出：基础梁满足强度设计要求，内、外侧肋板的最大等效应力均未超过 105MPa。

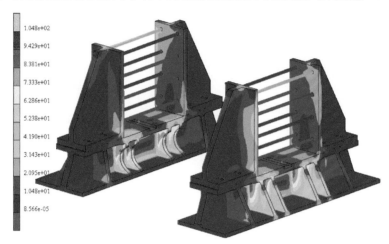

图 6-42　液压机基础梁在极限载荷下的等效应力分布（偏心载荷）

图 6-43 所示为液压机基础梁结构在承受 1800MN 偏心载荷工况下的整体变形及其在 X、Y、Z 三个方向的变形结果。由图 6-43 分析可知：

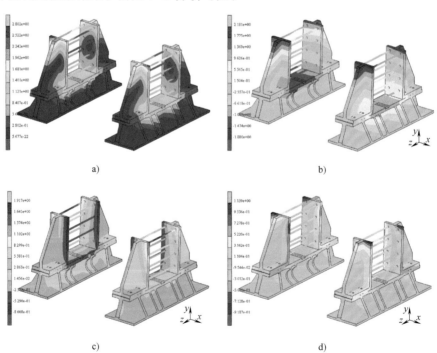

图 6-43　液压机基础梁在极限载荷下的变形分布（偏心载荷）
a）基础梁部件的整体变形分布　b）基础梁部件 X 方向的变形分布
c）基础梁部件 Y 方向的变形分布　d）基础梁部件 Z 方向的变形分布

1）基础梁结构的最大变形为 2.802mm，最大变形部位为基础梁与牌坊的连接部位。

2）基础梁结构沿 X、Y、Z 三个方向的变形分别为 2.181mm、1.917mm 和 1.139mm。

6.2 机-液耦合系统动力学建模及仿真

6.2.1 总目标

建立液压机机械系统和液压系统联合仿真模型，实现物理系统仿真与映射，验证机-液系统设计方案及参数设计的合理性，为实际运行的精确控制提供优选参数匹配，保障液压机设备的高效交互与精确控制并提出控制系统的优化建议。

6.2.2 液压系统及机械系统动力学建模仿真

6.2.2.1 大流量高压力多回路液压系统的 AMESim 建模

1. 前置泵建模

主泵前置泵装置的液压原理如图 6-44 所示，AMESim 建模如图 6-45 所示。

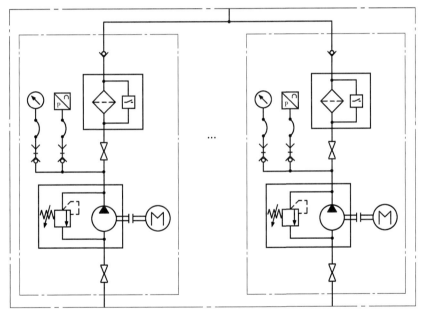

图 6-44　主泵前置泵装置的液压原理

2. 主工作泵装置建模

主工作泵装置的液压原理如图 6-46 所示，AMESim 建模如图 6-47 所示。

3. 增压器控制阀组建模

增压器控制阀组的液压原理如图 6-48 所示，AMESim 建模如图 6-49 所示。

4. 先导控制液压站建模

先导控制液压站的液压原理如图 6-50 所示，AMESim 建模如图 6-51 所示。

5. 充液罐装置建模

充液罐装置的液压原理如图 6-52 所示，AMESim 建模如图 6-53 所示。

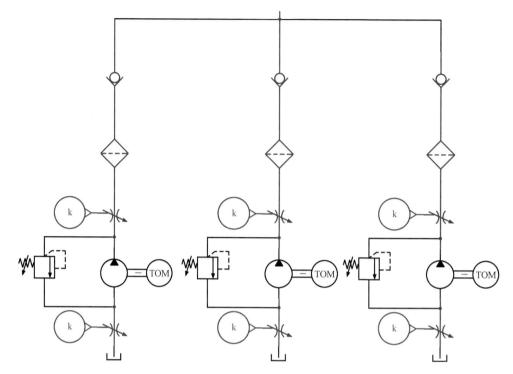

图 6-45　主泵前置泵装置的 AMESim 建模

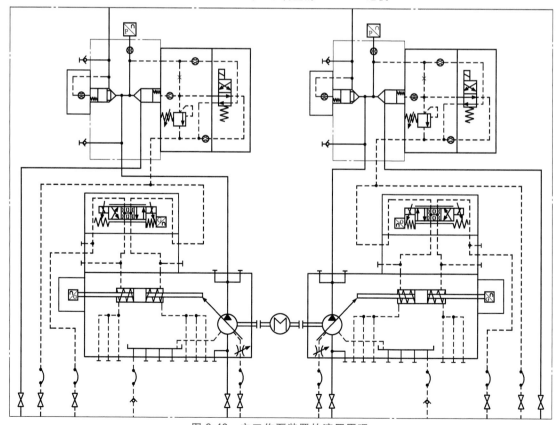

图 6-46　主工作泵装置的液压原理

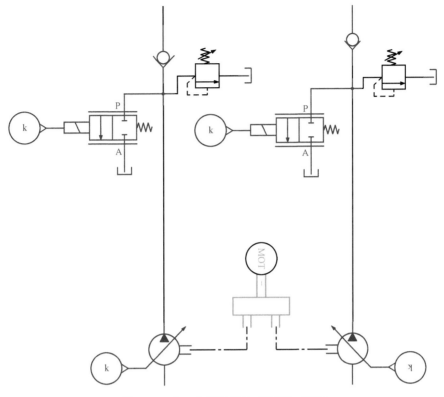

图 6-47　主工作泵装置的 AMESim 建模

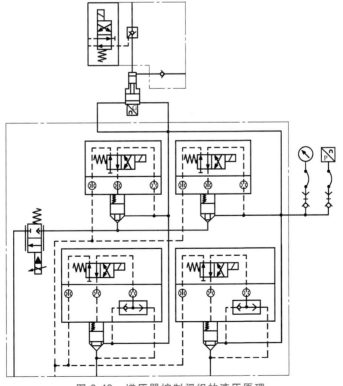

图 6-48　增压器控制阀组的液压原理

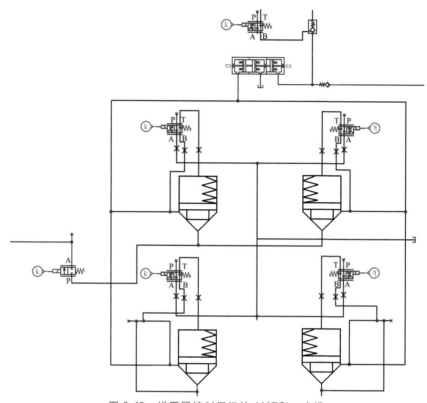

图 6-49　增压器控制阀组的 AMESim 建模

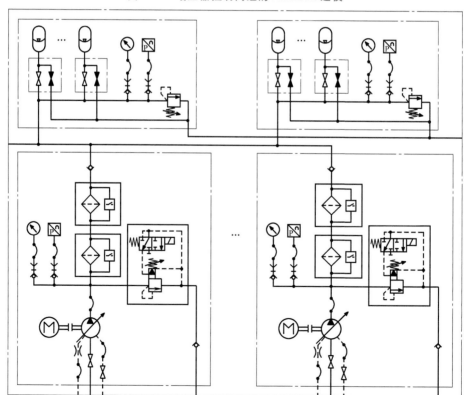

图 6-50　先导控制液压站的液压原理

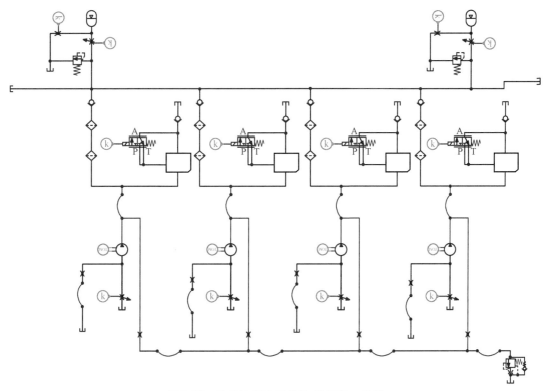

图 6-51　先导控制液压站的 AMESim 建模

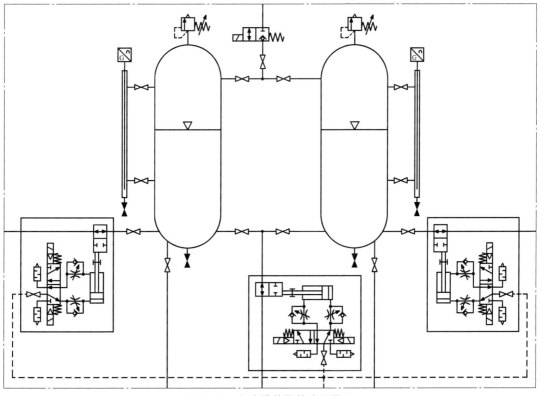

图 6-52　充液罐装置的液压原理

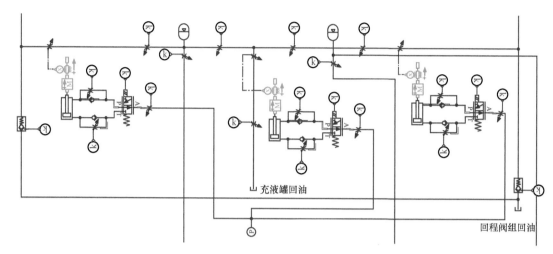

图 6-53　充液罐装置的 AMESim 建模

6. 充液阀控制单元建模

充液阀控制单元的液压原理如图 6-54 所示，AMESim 建模如图 6-55 所示。

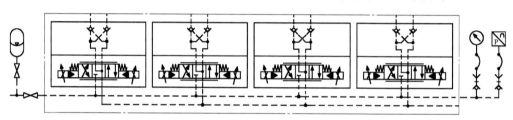

图 6-54　充液阀控制单元的液压原理

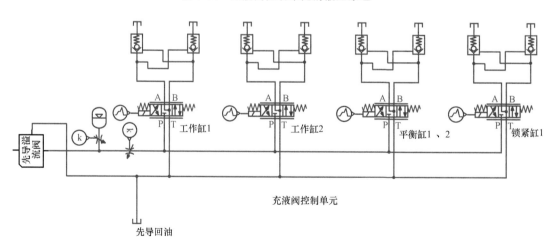

图 6-55　充液阀控制单元的 AMESim 建模

7. 工作缸组控制单元建模

工作缸组控制单元的液压原理如图 6-56 所示，AMESim 建模如图 6-57 所示。

8. 调平缸控制单元建模

调平缸控制单元的液压原理如图 6-58 所示，AMESim 建模如图 6-59 所示。

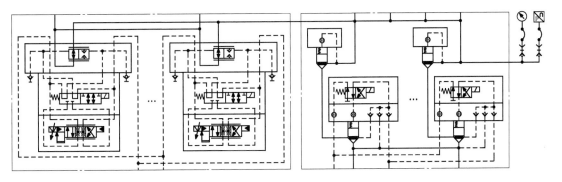

图 6-56 工作缸组控制单元的液压原理

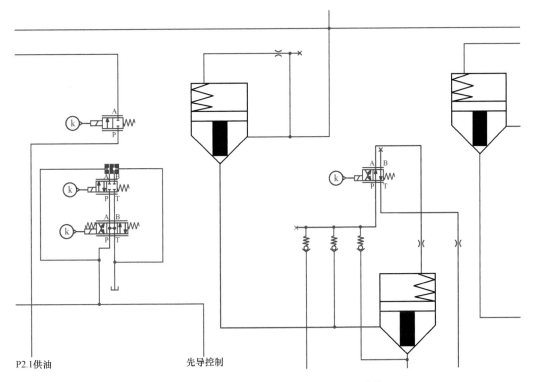

P2.1供油   先导控制

图 6-57 工作缸组控制单元的 AMESim 建模

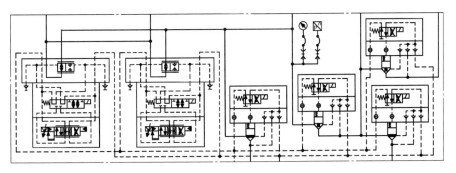

图 6-58 调平缸控制单元的液压原理

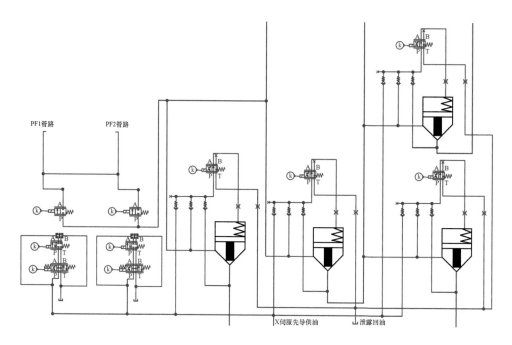

图 6-59　调平缸控制单元的 AMESim 建模

9. 回程缸控制单元建模

回程缸控制单元的液压原理如图 6-60 所示，AMESim 建模如图 6-61 所示。

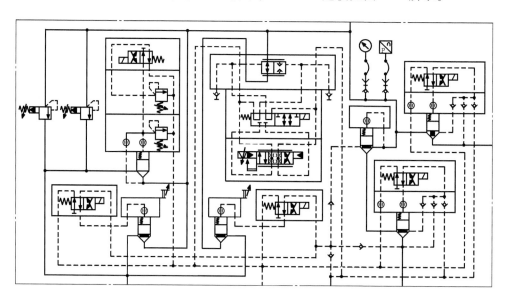

图 6-60　回程缸控制单元的液压原理

10. 回程缸、调平缸纠偏控制单元建模

回程缸、调平缸纠偏控制单元的液压原理如图 6-62 所示，AMESim 建模如图 6-63 所示。

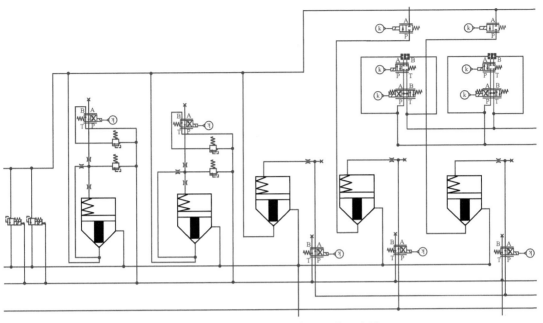

图 6-61　回程缸控制单元的 AMESim 建模

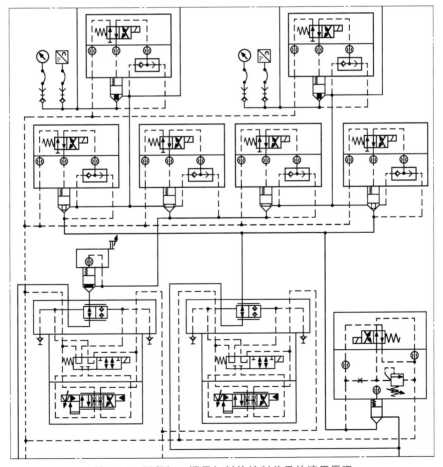

图 6-62　回程缸、调平缸纠偏控制单元的液压原理

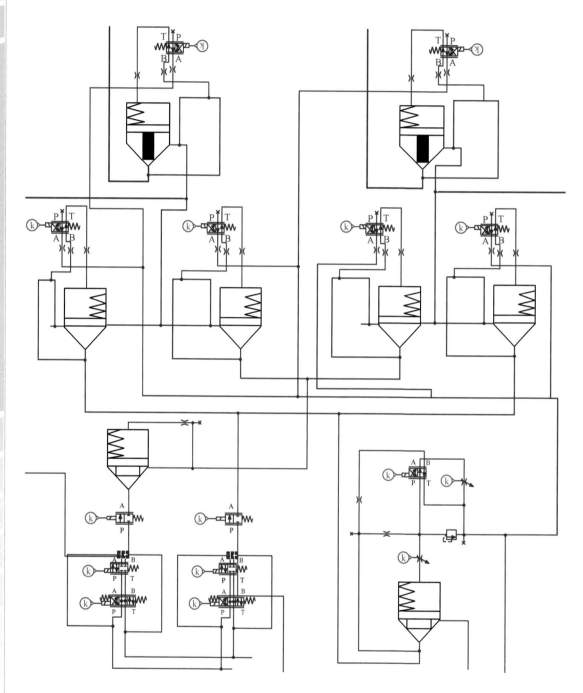

图 6-63　回程缸、调平缸纠偏控制单元的 AMESim 建模

11. 液压机本体部分建模

　　建立液压机本体仿真模型时，需考虑上部横梁和活动横梁质量、导向柱等效弹性系数、动摩擦力、静摩擦力、黏滞摩擦力等因素。

　　通过液压机的三维模型可以看出，活动横梁和导向柱是固定在一起的，导向柱跟上下套筒间存在着摩擦力和黏滞力，将活动横梁和导向柱看作一个整体。选择子模型 MAS004，如

图 6-64 所示，设置质量、导向柱与立柱套筒的动摩擦力和静摩擦力、黏滞力。

在液压机本体结构中，上部横梁、下横梁、牌坊等在大载荷力的作用下，都易发生弹性形变。为正确仿真弹性形变对油路系统压力的影响，把上述结构的形变量通过集中参数的形式表示出来。牌坊在整个液压机结构中，形变量较大，因此通过牌坊的弹性形变来表示整个机架的弹性形变，如图 6-65 所示。

液压机在加压时，由一般锻件变形抗力曲线可知，锻件在形变量小于 S1 时，变形抗力始终为 Fb0；形变量大于 S1 时，变形抗力 Fb 与形变量成正比关系。为正确仿真锻件的变形抗力，选择子模型 MCLSPL00AA 较为合适，如图 6-66 所示。该子模型可设置预载力 Fb0 和达到预载力的形变量 S1；当形变量大于 S1 时，则通过弹簧弹性形变与受力的关系表示锻件形变与变形抗力的关系。

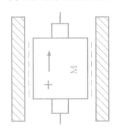
图 6-64 活动横梁的 AMESim 建模

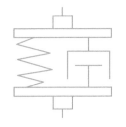
图 6-65 牌坊的 AMESim 建模

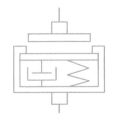
图 6-66 锻件的 AMESim 建模

液压机本体仿真模型中不考虑活动横梁发生偏斜的情况，因此各类型缸内压力相同，并且立柱受到的拉力也相同；把上部横梁、活动横梁、下横梁看作刚体；把牌坊看作弹性阻尼系统；把模具及锻件看作弹性阻尼系统；把下横梁和牌坊下端当作固定端，0 自由度；工作缸、调平缸与上部横梁相连接，上部横梁固定在牌坊上，因此上部横梁的位移量等于单牌坊的形变量；上、下模具间的初始状态有一定间隙，当上、下模具相碰时，弹性阻尼系统起作用。

由于工作缸固定在牌坊上，当机架发生弹性形变时，工作缸相对于地面是运动的。为了正确表示工作缸、调平缸因弹性形变而发生运动的情况，使用子模型 BRP18，它的柱塞及缸体都可以产生位移。工作缸是柱塞缸，而子模型 BRP18 只能表示活塞杆，因此设置工作缸、调平缸活塞杆直径为 1mm，远小于缸的直径，使其等效于柱塞缸。

根据液压机本体部分的液压原理（见图 6-67）建立机架的 AMESim 仿真模型（见图 6-68）。

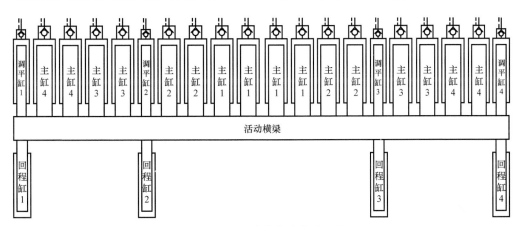
图 6-67 液压机本体部分的液压原理

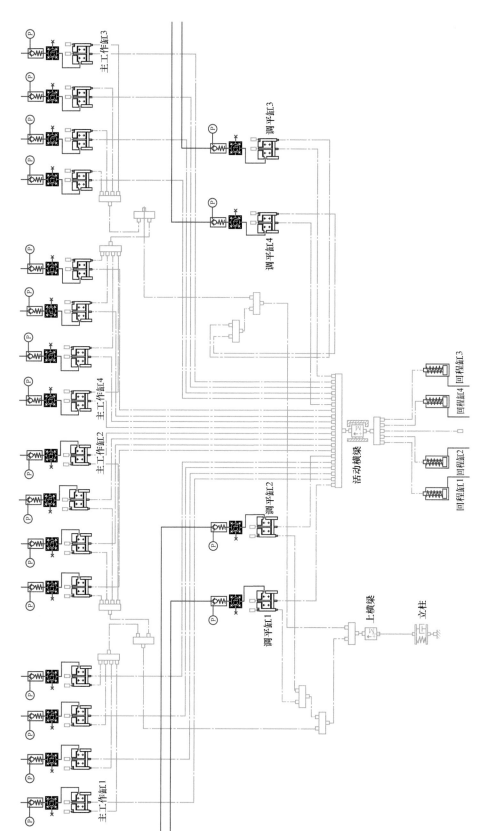

图 6-68 液压机机架的 AMESim 建模

超大型多功能液压机

主工作缸3

调平缸3

调平缸4

主工作缸4

主工作缸2

调平缸2

调平缸1

主工作缸1

活动横梁

上横梁

立柱

回程缸3

回程缸4

回程缸1

回程缸2

6.2.2.2 液压系统大压力、多回路、多缸协同的实时仿真

1. 液压机液压系统 AMESim 整体仿真模型

在上述 AMESim 建模的基础上，液压机设备整体的仿真模型如图 6-69 所示。

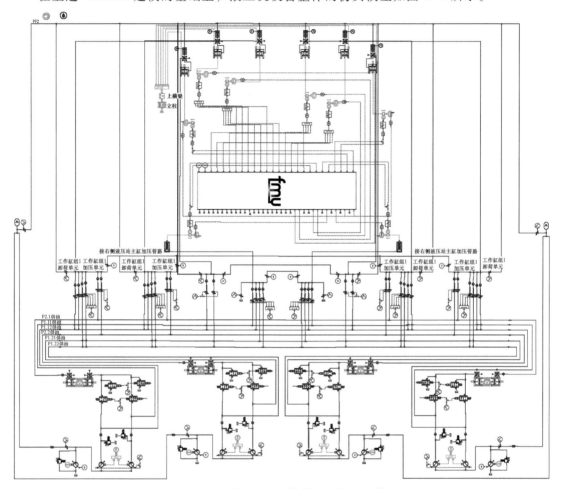

图 6-69 液压机设备整体 AMESim 建模

2. 液压机典型动作的初步仿真

（1）空行程下降状态 工作缸进油阀关闭，工作缸排油阀开启；回程缸进油阀关闭，回程缸排油阀开启；此时回程缸内为低压油液，活动横梁在重力的作用下下降，使工作缸内的压力低于充液罐压力，在压差作用下，充液阀开启，使工作缸充低压油液。

由图 6-70 的仿真结果可见，在 0~3s，活动横梁先快速下降，然后震荡调整，最大超调约为 0.135m/s，再逐步趋于稳定；在 3~8s，活动横梁的速度稳定在 0.117m/s，此运动情况符合液压机实际运行状态。

（2）加压状态 工作缸进油阀开启，工作缸排油阀关闭；回程缸进油阀关闭，回程缸排油阀开启；此时回程缸内充低压油液，工作缸内充高压油液，活动横梁带动模具开始对工件加压，加压过程活动横梁的速度如图 6-71 所示。

由图 6-71 可知，在 0~0.15s，活动横梁的速度迅速增加到 0.057m/s，并且几乎没有超调；在 0.15~3.8s，活动横梁始终保持以 0.057m/s 的速度下降；在 3.8s 左右，活动横梁移

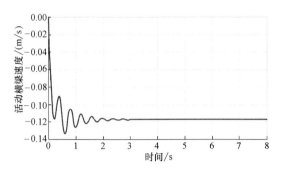

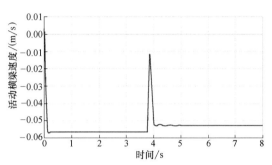

图 6-70　空行程下降的活动横梁的速度　　　　　图 6-71　加压过程活动横梁的速度

动 200mm，开始碰到工件，在此后极短时间内，活动横梁的速度急剧降低，经过液压系统调节后，又在极短时间内恢复到 0.052m/s，整个过程经历了 0.2s 左右，表明液压系统具有较强的调节能力，在突然受到载荷作用时，可以迅速地做出调整，保证系统的正常运行；此后活动横梁速度稳定在 0.052m/s 左右，均匀为工件施加压力。

（3）提升状态　工作缸进油阀关闭，工作缸排油阀、充液阀开启；回程缸进油阀开启，回程缸排油阀关闭；此时回程缸内充高压油液，工作缸内充低压油液，活动横梁在回程缸作用下向上提升，提升过程活动横梁速度如图 6-72 所示。

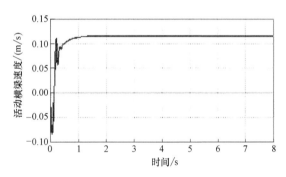

由图 6-72 可知，在 0~1s，由于回程缸初始阶段还没足够的压力支撑运动部件，活动横梁先急速下降，然后在 0.1s 左右，受到回程缸较大的支撑力开始逐渐向上运动，经过震荡调整，达到稳定值 0.12m/s；在 1~8s，活动横梁的速度稳定在 0.12m/s，逐步提升。

图 6-72　提升过程活动横梁的速度

3. 液压系统整体仿真分析

（1）下降-停止阶段液压系统仿真分析　下降-停止阶段液压系统的仿真结果如图 6-73 所示，液压机活动横梁在 20s 时开始下降；20~30s 为活动横梁下降阶段，此时回程缸排油阀和主缸充液阀开启，其中 20~27s 回程缸排油阀开口由 0 逐渐增加到 0.19mm，保证活动横梁缓缓下降，27~30s 回程缸排油阀开口保持 0.19mm 不变；30s 时回程缸排油阀关闭，控制关闭时间约为 200ms。

由图 6-73 可以看出，工作缸、调平缸、回程缸的压力在 20s 时由于阀门突然开启，产生一定的液压冲击，分别达到了 16bar、17.5bar 和 190bar（1MPa＝10bar），在此后 15s 内降到平稳值 10bar、10bar 和 150bar 附近，此后下降过程中压力值略微下降；在 20~27s，回程缸排油流量随着回程缸排油阀开口逐渐增大而增大，达到 11800L/min，活动横梁最终速度达到最大值 0.12m/s，此后 27~30s 速度值稳定在 0.12m/s，排油流量稳定在 11800L/min。

30s 时下降过程完成，转为停止状态。在 30~35s，活动横梁速度从 0.4s 减为 0，此后一直处于静止状态；工作缸、调平缸、回程缸压力达到稳定值 9.8bar、9.8bar、167bar，回程缸的液压冲击略大。

超大型多功能液压机

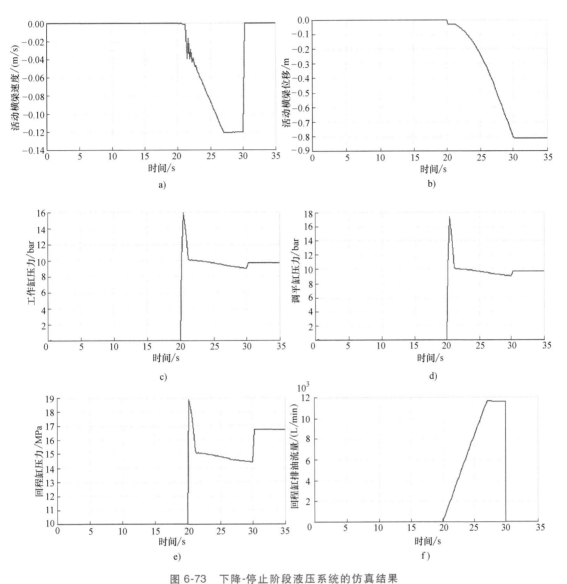

图 6-73 下降-停止阶段液压系统的仿真结果

a) 活动横梁速度 b) 活动横梁位移 c) 工作缸压力 d) 调平缸压力 e) 回程缸压力 f) 回程缸排油流量

经过分析可知，在活动横梁开始下降的初始阶段，工作缸、回程缸和调平缸压力冲击较大，因此在液压机开始运动阶段应该设置较为平稳的阀口开启曲线，以此来减小液压冲击。

（2）提升-停止阶段液压系统仿真分析　提升-停止阶段液压系统的仿真结果如图 6-74所示，0~10s 为活动横梁的提升阶段，此阶段回程缸进油阀、工作缸排油阀、工作缸充液阀打开；10s 时回程缸进油阀关闭，控制关闭时间约为 200ms。

由图 6-74 可知，0~10s 液压机位于提升阶段时，在 0.5s 内，活动横梁的速度迅速达到最大值 0.12m/s，回程缸的压力迅速增加到 30MPa，工作缸压力达到了 25bar，调平缸压力达到了 74bar，此后均在最大值附近小幅度震荡。10s 时提升状态结束，转为停止状态。活动横梁速度经过 1s 的惯性运动后，最终变为 0，位移比提升阶段结束多了 0.06m，最终运动位移为 1.23m；工作缸和调平缸压力在动作停止后 0.8s 内逐渐下降到 11.2bar 左右，和充液

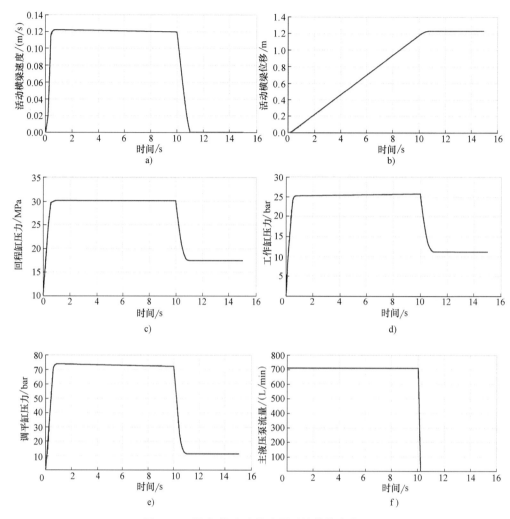

图 6-74　提升-停止阶段液压系统的仿真结果

a）活动横梁速度　b）活动横梁位移　c）回程缸压力　d）工作缸压力　e）调平缸压力　f）主液压泵流量

罐内压力基本一致；回程缸的压力逐渐降到 173bar，此后稳定在此压力值。

（3）加压阶段液压系统仿真分析（不使用增压器）　通常情况下，液压机在离工件还有一段距离时，活动横梁会继续下降；当活动横梁接触到工件时，工件的抵抗变形力使得活动横梁速度减为 0，工作缸开始加压，当压力达到一定值时，活动横梁开始挤压工件，工件逐渐变形，加压到最大压力 31.5MPa 时，压力不能再增加，工件停止变形。

工件的参数设置：与活动横梁初始间距设置为 200mm，刚度为 15GN/m，预载力设为 40MN，弹簧阻尼 10MN/（m/s），仿真结果如图 6-75 所示。

由图 6-75 可以看出，在 0~2s，活动横梁未接触到工件，以 0.1m/s 的速度下降，此时工作缸并未开始加压，回程缸的压力逐渐稳定在 90bar 左右，在 1.9~2s，活动横梁位移达到 200mm，开始碰到工件，此时二者之间的接触力开始增加。

在 2~3.5s，活动横梁初始时出现向上运动的震荡情况，推测原因是下降状态活动横梁速度较大，突然接触到工件产生反向力导致的，此后活动横梁速度保持为 0；回程缸在此阶

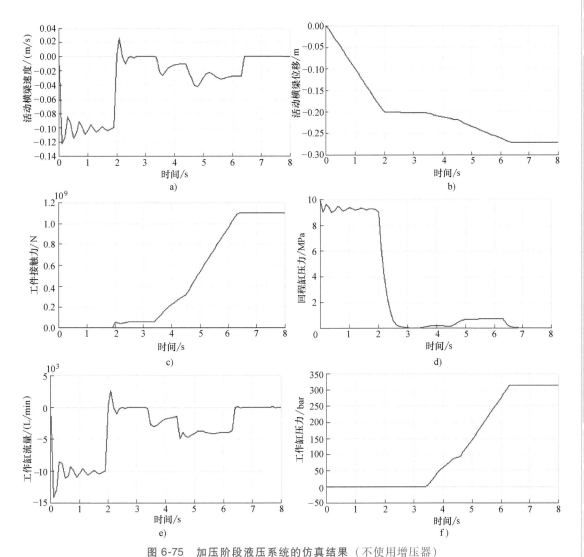

图 6-75　加压阶段液压系统的仿真结果（不使用增压器）

a) 活动横梁速度　b) 活动横梁位移　c) 工件接触力　d) 回程缸压力　e) 工作缸流量　f) 工作缸压力

段卸荷，在 2.7s 左右，回程缸压力卸为 0；工作缸处于加压响应阶段，暂未开始加压，此时工件受到的压力近似等于活动横梁的重力。

在 3.5s 左右，工作缸开始逐渐加压，活动横梁向下运动开始挤压工件，使得工件被挤压成形；在 6.3s 左右，工作缸压力加到最大值 315bar，此时工件被挤压 70mm，由于工作缸不能继续加压，此时活动横梁的重力、工作缸压力和工件的抵抗变形力达到动态平衡，活动横梁停止运动，工件此时处于压不动状态，此后 6.3~8s 一直维持此状态。

由上述分析可知，当活动横梁初始下降速度较大时，接触到工件时的速度震荡就会相当大，并且需要较长的调整时间，需要设计合适的初始下降速度。

（4）加压阶段液压系统仿真分析（使用增压器）　通常情况下，液压机在离工件还有一段距离时，活动横梁会继续缓慢下降；当活动横梁接触到工件时，工件的抵抗变形力使得活动横梁速度减为 0，第一阶段增压器 1、4 增压，工作缸开始加压，当压力达到一定值时，活动横梁开始挤压工件，工件逐渐变形，第二阶段当 1、4 增压器运动到底部后，2、3 增压器开始增压，此时 1、4 增压器逐渐复位，如此循环往复增压，直至加压过程结束。

工件的参数设置：与活动横梁初始间距设置为 40mm，刚度为 20GN/m，预载力设为 40MN，弹簧阻尼 10MN/(m/s)，仿真结果如图 6-76 所示。

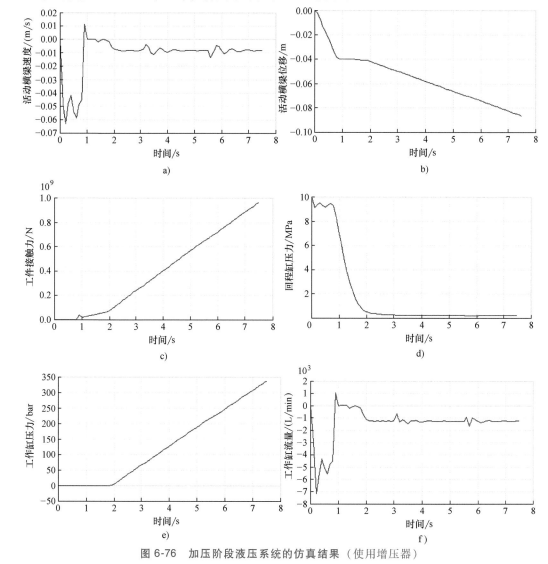

图 6-76　加压阶段液压系统的仿真结果（使用增压器）

a）活动横梁速度　b）活动横梁位移　c）工件接触力　d）回程缸压力　e）工作缸压力　f）工作缸流量

由图 6-76 可以看出，在 0~0.9s，活动横梁未接触到工件，处于震荡调整下降状态，此时工作缸并未开始加压，回程缸的压力逐渐稳定在 93bar 左右。在 1s 左右，活动横梁位移达到 40mm，开始碰到工件，此时二者之间的接触力开始增加。

在 0.9~1.1s，活动横梁初始时出现向上运动的震荡情况，推测原因是下降状态活动横梁速度较大，突然接触到工件产生反向力导致的，此后活动横梁速度保持为 0；回程缸在此阶段压力降低，在 2.3s 左右逐渐达到稳定值 1bar；在 1.8s 左右，工作缸开始逐渐加压，活动横梁向下运动开始压制工件；2~3s 时，活动横梁速度逐渐稳定在 0.01m/s，工作缸压力逐渐增大，工件和活动横梁之间的接触力也逐渐增大。

在 3s 左右，增压器 1、4 位移达到工作行程，停用增压器 1、4，开始用使用增压器 2、3，同时将增压器 1、4 复位；在 3~5.5s，工作缸压力继续增加，活动横梁速度出现波动，此过程刚好是增压器的换用时刻，但最终仍稳定在 0.1m/s。在 5.5~7.5s，工作缸压力继续增加，活动横梁速度也出现波动，此过程仍是增压器的换用时刻。

由上述分析可知，当活动横梁初始下降速度较大时，接触到工件时的速度震荡就会相当大，并且需要较长的调整时间，需要设计合适的初始下降速度；增压器往复运动切换时，应设计合适的切换控制策略。

6.2.3　ADAMS 与 AMESim 联合仿真

6.2.3.1　活动横梁、关联部件及整机系统动力学 ADAMS 有限元建模

1. 液压机三维模型简化处理

为方便对液压机的机械结构进行动力学 ADAMS 有限元建模，将液压机三维模型按照以下方式进行简化处理：

1）将牌坊、上部横梁、下横梁、活动横梁等多块连接结构等效为一个整体。

2）省略部分连接牌坊、上部横梁、下横梁、活动横梁的连接拉杆。

3）将回程缸柱塞与连接件合并为一个整体，将调平缸柱塞与连接件合并为一个整体，将导向柱外面的保护套省去。

简化处理前后的三维模型如图 6-77 和图 6-78 所示。

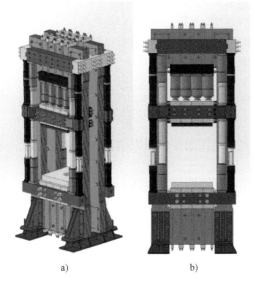
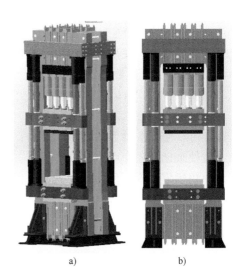

图 6-77　原始三维模型 　　　　　　　　　图 6-78　简化后的三维模型
a）立体图　b）主视图 　　　　　　　　　　a）立体图　b）主视图

2. 液压机 ADAMS 建模设置

（1）主要运动副设置

1）在导向柱与套筒之间建立轴套力。

2）在工作缸柱塞、调平缸柱塞、回程杠柱塞与活动横梁之间创建球副。

3）工作缸、调平缸、回程缸分别采用双向作用力驱动。

4）在工作缸和工作缸柱塞之间、调平缸和调平缸柱塞之间、回程缸和回程缸柱塞之间设置移动副。

5）下横梁、牌坊、基础支架、连接拉杆、上部横梁、工作缸、调平缸、回程缸、工作台等采用固定副。

将三维模型导入 ADAMS 后，约有 150 个零件。建模过程中施加的约束约 200 个，添加的力约 60 个，创建的变量约 60 个，创建的测量 50 个，输入、输出共 60 个。

（2）联合仿真接口设置

1）联合仿真使用 Fortran 进行编译转换。

2）ADAMS 中输入量为各工作缸、调平缸、回程缸受到的压力及负载作用力。

3）ADAMS 中输出量为各工作缸、调平缸、回程缸的位移，以及活动横梁速度与 XYZ 六自由度的变化情况、活动横梁的偏转情况。

3. 液压机 ADAMS 快速建模方法

ADAMS 具有很强的二次开发功能，包括 ADAMS/View 界面的用户化设计，利用 cmd 语言实现自动建模和仿真控制，通过编制用户子程序满足用户的某些特定需求，甚至拓展 AD-AMS 的功能。

宏命令实际上是一组命令集，它可以执行一连串的 ADAMS/View 命令。创建宏命令时，首先按顺序列出想执行的 ADAMS/View 命令的清单，然后就可以将这些命令写成宏命令的形式。在宏命令中，也可以使用参数。每次使用宏命令时，都将通过参数将数据传给宏。当执行带有参数的宏命令时，ADAMS/View 将所提供的值替代到宏命令中。

ADAMS/View 对宏命令与其他的 ADAMS/View 命令一样，可以在命令窗口中输入宏命令，从命令向导中选择它；也可将它包含在其他的宏命令中，或者从自己的定制菜单、对话框或按钮中执行它。使用宏命令可以实现以下功能：

1）自动完成重复性的工作。

2）为 ADAMS/View 建立模型数据交换功能。

3）快速建立机械系统的多个变量。

通常可以使用 3 种方式创建宏命令：记录方式、使用宏编辑器来编辑和创建宏命令、通过导入文件来创建宏命令。

为加快建模速度，使用第一种方式记录命令来快速建立液压机 ADAMS 模型。

6.2.3.2 ADAMS 模型验证

选取空行程下降过程，将 AMESim 中单独仿真的结果导入到 ADAMS 中进行仿真验证。AMESim 的仿真结果如图 6-79 所示。

将工作缸、回程缸、调平缸的力导出到 Excel 表中，按照 ADAMS 中数据要求的格式调整后，再导入到 ADAMS 样条曲线中，做 ADAMS 的单独仿真，仿真结果如图 6-80 所示。

对比 AMESim 和 ADAMS 中单独仿真的结果，活动横梁的速度和位移变化情况基本一致，验证了 ADAMS 模型的正确性。

6.2.3.3 ADAMS 与 AMESim 联合仿真模型的建立

1. 联合仿真接口设置

联合仿真接口设置是联合仿真中最重要的一个环节，它是 2 个软件进行数据交换的路径，有了联合仿真接口，才能真正地将液压机的机械系统与电液控制系统紧密连接在一起。

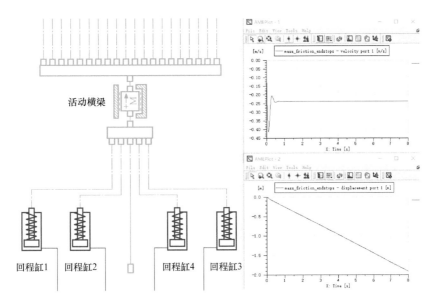

图 6-79　AMESim 的仿真结果

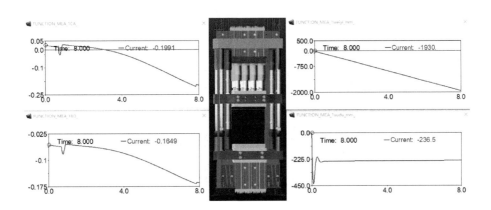

图 6-80　ADAMS 的仿真结果

首先，在 ADAMS/Control 模块中建立软件接口。使用其创建接口功能创建 ADAMS 与 AMESim 软件的仿真接口，在 ADAMS/Control 中选择输入、输出变量后，当前文件目录下会产生 3 个文件，AMESim 所需的所有重要信息均保存在这 3 个文件中；接下来在 AMESim 中导入联合仿真接口。在 AMESim 草图模式下，选择 Modeling - Interface blocke - Import ADAMS Model 导入 ADAMS 接口模块，如图 6-81 所示。

2. ADAMS-AMESim 联合仿真模型

将设置好的联合仿真接口与构建好的 AMESim 电液控制系统模型进行连接，完成最终的机-电-液控制系统联合仿真模型，如图 6-82 所示。

VARIABLE_1pingheng1	VARIABLE_102ED_mm
VARIABLE_2pingheng2	VARIABLE_101DA_mm
VARIABLE_3pingheng3	VARIABLE_100CA_mm
VARIABLE_4pingheng4	VARIABLE_99SA_mm
VARIABLE_5huicheng1	VARIABLE_98xuanzhuanZ
VARIABLE_6huicheng2	VARIABLE_97xuanzhuanY
VARIABLE_7huicheng3	VARIABLE_96xuanzhuanX
VARIABLE_8huicheng4	VARIABLE_95weiyiZ_mm
VARIABLE_9gongzuo1	VARIABLE_94weiyiX_mm
VARIABLE_10gongzuo2	VARIABLE_93weiyi_mm
VARIABLE_11gongzuo3	VARIABLE_48gongzuo16Y
VARIABLE_12gongzuo4	VARIABLE_47gongzuo15Y
VARIABLE_13gongzuo5	VARIABLE_46gongzuo14Y
VARIABLE_14gongzuo6	VARIABLE_45gongzuo13Y
VARIABLE_15gongzuo7	VARIABLE_44gongzuo12Y
VARIABLE_16gongzuo8	VARIABLE_43gongzuo11Y
VARIABLE_17gongzuo9	VARIABLE_42gongzuo10Y
VARIABLE_18gongzuo10	VARIABLE_41gongzuo9Y
VARIABLE_19gongzuo11	VARIABLE_40gongzuo8Y
VARIABLE_20gongzuo12	VARIABLE_39gongzuo7Y
VARIABLE_21gongzuo13	VARIABLE_38gongzuo6Y
VARIABLE_22gongzuo14	VARIABLE_37gongzuo5Y
VARIABLE_23gongzuo15	VARIABLE_36gongzuo4Y
VARIABLE_24gongzuo16	VARIABLE_35gongzuo3Y
VARIABLE_90zhengza1	VARIABLE_34gongzuo1Y
VARIABLE_91p1anza1	VARIABLE_30huicheng3Y
	VARIABLE_29huicheng1Y
	VARIABLE_28pingheng4Y
	VARIABLE_27pingheng3Y
	VARIABLE_26pingheng2Y
	VARIABLE_25pingheng1Y

图 6-81　ADAMS-AMESim 联合仿真接口

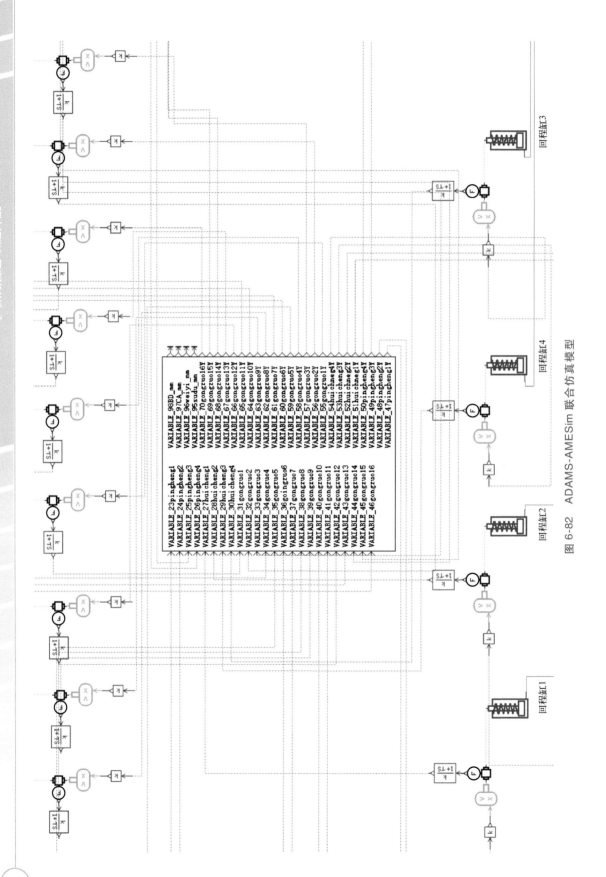

图 6-82 ADAMS-AMESim 联合仿真模型

3. 加压时的 ADAMS 模型

在 AMESim 模型中（见图 6-83）加压时，由一般锻件变形抗力曲线可知，锻件在形变量小于 S1 时，变形抗力始终为 Fb0；形变量大于 S1 时，变形抗力 Fb 与形变量成正比关系。

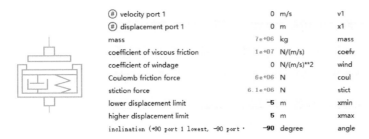

图 6-83　AMESim 中的工件模型及参数设置

为了正确仿真锻件的变形抗力，选择子模型 MCLSPL00AA 较为合适。该子模型可设置预载力 Fb0 和达到预载力的形变量 S1；当形变量大于 S1 时，则通过弹簧弹性形变与受力的关系表示锻件形变与变形抗力的关系。

根据 AMESim 锻件子模型的设计方法，在 ADAMS 中使用弹簧代替锻件，如图 6-84 所示。

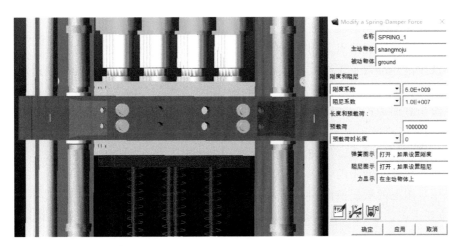

图 6-84　ADAMS 中的工件模型及参数设置

利用四根弹簧代替锻件，可用来模拟锻件和活动横梁之间面接触的情况；由于活动横梁偏转使锻件各个方向受力不均的情况，可以在 AMESim 中观测到四根弹簧的变形量也各不相同。初步设定弹簧和活动横梁之间的间距为 1mm，其他刚度、阻尼、预载荷的参数如图 6-84 所示，在联合仿真接口中增加四根弹簧的变形量和弹簧力。

6.2.3.4　大惯量机械系统对液压回路的冲击仿真分析

1. 液压冲击现象、原因与控制方法

液压冲击现象在液压系统里普遍存在。当管道中的阀门突然关闭或开启时，管内液体压力发生急剧交替升降的波动过程称为液压冲击。此过程为非恒定流动过程，流动参数产生阶跃变化的过程中，液压冲击的峰值往往比正常工作压力高几倍，且压力升降频率较高，为此常伴有巨大的振动和噪声，使液压系统产生温升，导致一些液压元件、密封装置或管件损坏，或使某些元件产生误动作，导致设备损坏，它对液压系统的正常工作和可靠性具有极大的危害。

液压冲击的本质是阀门突然关闭时使管道中流动的液体动能瞬时转变为压力能。液压冲击产生的原因主要有以下几种类型：

1）液流通道迅速关闭或液流迅速换向使液流速度的大小或方向突然变化时，由于液流的惯性引起的液压冲击。

2）运动的工作部件突然制动或换向时，因工作部件的惯性引起的液压冲击。

3）液压系统的执行元件（马达或液压缸）带载起动时，由于短时间克服较大负载所引起的液压冲击。

根据液压冲击产生的原因，可采用多种方法减小液压冲击。

对于阀口突然关闭产生的液压冲击，可采取以下方法排除或减小：

1）减慢换向阀的关闭速度，即延长换向时间。例如，采用直流电磁阀比采用交流电磁阀的液压冲击小，采用带阻尼的电液换向阀可通过调节阻尼以及控制通过先导阀的压力和流量来减缓主换向阀阀芯的换向速度。

2）增大管径，减小流速，从而可以减小流速的变化值，以减小缓冲压力；缩短管长，避免不必要的弯曲。

3）在滑阀完全关闭前减缓液体的流速。

4）在液压缸的行程终点采用减速阀，由于缓慢关闭油路而缓解了液压冲击。

5）在液压缸端部设置缓冲装置（如单向节流阀）控制液压缸端部的排油速度，使活塞运动到缸端停止时平稳无冲击。

6）在液压缸回油控制油路中设置平衡阀和背压阀，以控制快速下降或水平运动的前冲冲击，并适当调高背压压力。

7）采用橡胶软管吸收液压冲击能量。

8）在易产生液压冲击的管路上设置蓄能器，以吸收冲击压力。

9）采用带阻尼的液压换向阀，并调大阻尼值，即关小两端的单向节流阀。

10）重新选配活塞或更换活塞密封圈，并适当降低工作压力，可减轻或消除液压冲击现象。

2. 大惯量机械系统对液压回路的冲击特性

除了液压系统本身特性对液压冲击的影响，液压机活动横梁的巨大惯性也是液压冲击产生的重要原因。

在大惯量机械系统中运动部件突然制动或换向时，由于负载惯量大，由工作部件惯性及负载引起的液压冲击也较大。对于大惯量的活动横梁，其液压冲击值与活动横梁质量成正比，与回程柱塞面积成反比，与活动横梁速度的调节时间成反比。在大型液压机的液压执行机构中，最大的液压冲击一般发生在活动横梁空行程-停止状态的转换过程，因此对活动横梁空行程-停止状态转换过程进行了仿真，仿真结果如图6-85所示。

在活动横梁空行程下降停止过程中，活动横梁会对回程缸管路造成液压冲击。从仿真结果来看，活动横梁在0.1s内由空行程转为停止状态，回程缸管路压力由于液压冲击出现持续波动现象，波动幅度在10bar左右。

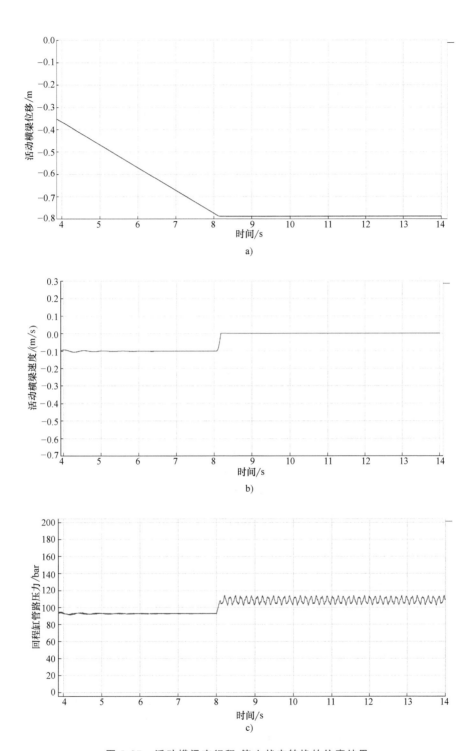

图 6-85　活动横梁空行程-停止状态转换的仿真结果
a）活动横梁位移-时间曲线　b）活动横梁速度-时间曲线　c）回程缸管路压力-时间曲线

6.2.3.5　大压力、多回路、多缸协同过程特性研究

由于结构和控制的需要，液压机主驱动系统采用多缸冗余驱动，若动态特性不良，易产

生驱动系统载荷分配不均、能量积聚产生振动冲击等现象。此外，作为一种典型的电液伺服系统，液压机驱动系统要求具有较好的稳定性、响应特性和控制精度，因此开展大压力、多回路、多缸协同过程动态特性的研究尤为必要。

以往的研究方法对模型进行的简化忽略了实际物理意义，无法全面反映和衡量参数间耦合作用的规律；另一方面，因未全面考虑泄漏、负载及自身惯量特点对动态特性的影响，无法为高品质控制提供理论支撑。

为克服以往研究方法的缺点，拟根据实际物理模型，建立更加准确具体的 AMESim 液压系统仿真模型，对大压力、多回路、多缸协同过程动态特性进行仿真分析，对黏性阻尼系数、油液有效弹性模量、管道内径、运动部件质量（惯量）以及负载刚度等因素对动态性能的影响规律进行仿真分析，并基于动态特性分析就液压机大压力、多回路、多缸协同过程中有可能出现的问题进行合理预测，进而为液压机全行程平顺性控制提供指导。

1600MN 超大型多功能液压机主驱动液压缸的布置情况如图 6-86 所示，中间 16 个液压缸为主缸，四角的 4 个液压缸位置处为回程缸和调平缸，其中回程缸位于活动横梁下部，调平缸位于活动横梁上部。在活动横梁 A、B、C、D 四角位置分别设有位移传感器，用于实时检测活动横梁的四角位移数值。

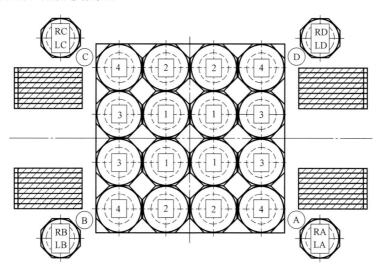

图 6-86　主驱动液压缸的布置情况

1. 空行程下降过程

通常情况下，液压机在开始运动前都是停止在某个位置的，因此需要设置回程缸的初始压力，以此来保证在开始仿真阶段液压机不会突然下落。回程缸初始压力值设定为 9.5MPa，活动横梁 CA 位移差值初为 0.0256mm，BD 的位移差值初始为 -0.056mm。在下降过程中，工作缸和调平缸处于充液状态，对于运动部件的速度和活动横梁偏转的影响都很小，几乎可以忽略不计。空行程下降过程的仿真结果如图 6-87 所示。

由图 6-87 的仿真结果可知，活动横梁在初始 0~0.15s 下降时，活动横梁由于惯性大，下落速度增加得很快，此时回程缸提供的压力由初始设置的 9.5MPa 逐渐减小，液压油被压缩；在 0.15~0.5s，液压油受到压缩后，回程缸内的压力逐渐增加，活动横梁的速度逐渐减小，在 0.5s 左右，运动部件的重力、立柱套筒的摩擦力、回程缸的压力达到初步平衡，活

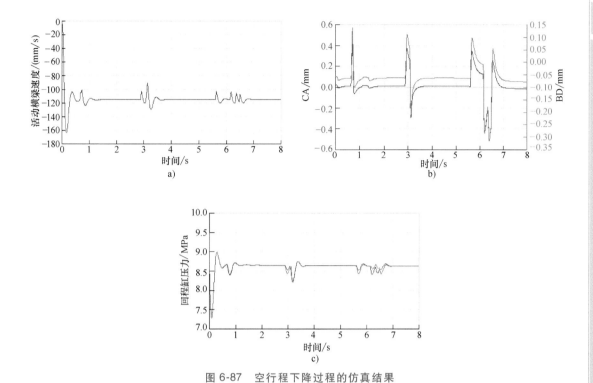

图 6-87　空行程下降过程的仿真结果

a）活动横梁速度曲线　b）活动横梁 CA、BD 位移差值曲线　c）回程缸压力曲线

动横梁速度趋于稳定；在 0.5~8s，活动横梁速度稳定在 116mm/s，回程缸的压力稳定在 8.67MPa，但在 0.5~1.2s、2.85~3.55s、5.5~6.8s 出现了三次速度波动的时间段，同时活动横梁发生了偏转，CA 的位移差值在 -0.6mm~0.6mm 之间，BD 的位移差值在 -0.3mm~0.1mm 之间；经分析可知，在每次速度发生波动的时间段，回程缸 1、2 和回程缸 3、4 的压力都产生了不同程度的差值，其主要原因在于，回程缸组 1、2 和 3、4 的管道长度和沿程阻力不同。

2. 加压过程

（1）施加阶跃力信号的仿真　施加阶跃力信号的仿真结果如图 6-88 所示。

由图 6-88 结果分析可知，在 0~0.1s，活动横梁在重力的作用下急速下降；在 0.1~1s，回程缸内的液压油受到压缩，随后产生较大的支撑力，在工作缸、调平缸、回程缸的压力和立柱摩擦力、活动横梁重力作用下速度逐渐稳定在 60mm/s；在 1s 时，施加正载阶跃力 10MN，活动横梁的速度瞬间减小到 32mm/s，此时活动横梁 CA、BD 的位移差第一次出现较大的变化，CA 差值达到 0.65mm，BD 差值达到 0.1mm；在 1~1.7s，工作缸、调平缸压力逐渐增大，使得活动横梁的速度逐渐恢复到施加力之前；在 1.7~8s，活动横梁速度在 55mm/s 左右波动，其中出现了几次速度波动情况，CA 最大差值达到了 1.1mm 和 -0.9mm，BD 最大差值达到了 0.48mm 和 -0.49mm。在此过程中，虽然 1s 时突然施加阶跃的负载力造成了活动横梁速度突然减小，但在工作缸、调平缸的加压作用下，迅速恢复到了初始值，表明液压系统的响应较快。

（2）施加斜坡力信号的仿真　施加斜坡力信号的仿真结果如图 6-89 所示。

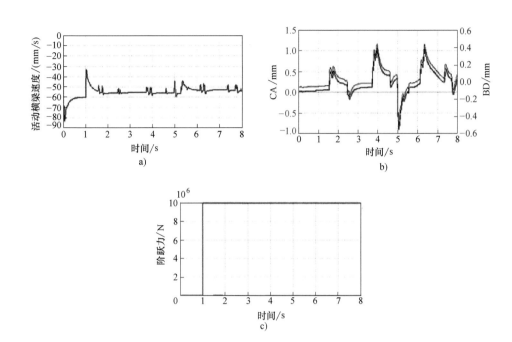

图 6-88　加压过程的仿真结果（施加阶跃力信号）

a）活动横梁速度曲线　b）活动横梁 CA、BD 位移差值曲线　c）施加的阶跃力曲线

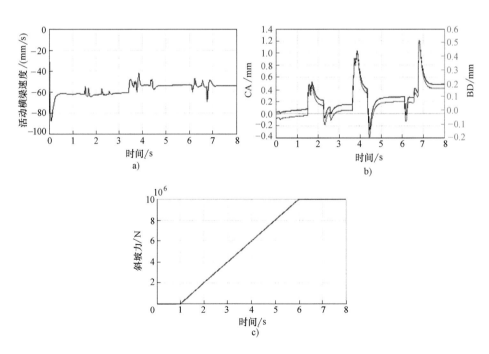

图 6-89　加压过程的仿真结果（施加斜坡力信号）

a）活动横梁速度曲线　b）活动横梁 CA、BD 位移差值曲线　c）施加的斜坡力曲线

超大型多功能液压机

168

与施加阶跃负载力不同，当施加阶梯负载力时，活动横梁的速度并未出现突变，更加符合实际的加压过程，活动横梁 CA 的差值达到 1.2mm 和 -0.3mm，BD 的差值达到 0.5mm 和 -0.2mm。

（3）施加斜坡力信号（偏载 X 正方向 300mm）的仿真　施加斜坡力信号（偏载 X 正方向 300mm）的仿真结果如图 6-90 所示。

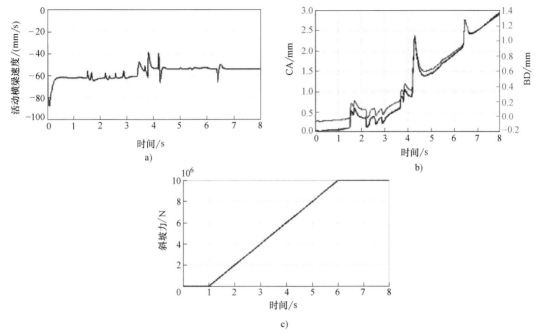

图 6-90　加压过程的仿真结果（施加偏载 X 正方向 300mm 的斜坡力信号）
a）活动横梁速度曲线　b）活动横梁 CA、BD 位移差值曲线　c）施加的斜坡力曲线

当施加的斜坡负载力为偏离活动横梁中心 X 正方向 300mm 时，活动横梁的速度波动比正载时的波动增加，同时 CA、BD 的位移差值在 3s 开始呈直线增加，分别达到了 3mm 和 1.5mm，并且不能自动回归平衡状态。因此，对于偏载的情况，纠偏控制是必不可少的。

3. 提升过程

提升过程的仿真结果如图 6-91 所示。

由图 6-91 的仿真结果可知，液压机在 0~0.5s，速度逐渐增大，并达到初步稳定值 92mm/s，回程缸此时处于加压状态，压力值逐渐增加到 31MPa，工作缸、调平缸处于卸荷状态，液压油受到压缩，压力逐渐增大，分别达到 55bar 和 33bar；在 0.5~8s，工作缸、调平缸、回程缸提供的压力，立柱受到的摩擦阻尼，以及运动部件的重力达到近似平衡状态，活动横梁速度在 92mm/s 上下波动，在 3.5s 之后波动增大较多，并且随着活动横梁速度的波动，CA、BD 之间的位移差值也逐渐增大，尤其是在 3.5s 之后，偏转情况几乎无法自动恢复，偏转加剧，最终在 8s 时，CA 位移差值达到了 4mm，BD 位移差值达到了 1.85mm。

通过观察工作缸、回程缸、调平缸的压力变化曲线可知，引起活动横梁速度波动的原因在于工作缸、调平缸压力的波动，引起活动横梁偏转的主要原因在于调平缸压力大小不一样。

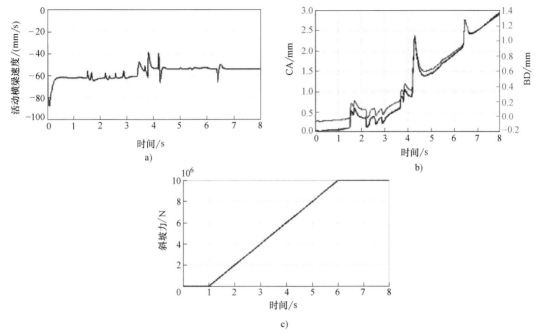

169

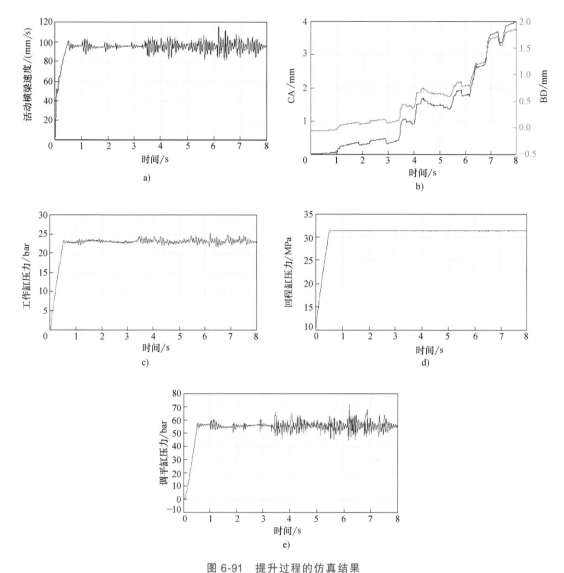

图 6-91 提升过程的仿真结果

a）活动横梁速度曲线　b）活动横梁 CA、BD 位移差值曲线　c）工作缸压力曲线
d）回程缸压力曲线　e）调平缸压力曲线

6.2.3.6　液压同步系统的动态平衡能力及同步效率研究

对于液压同步系统的研究主要集中在不平衡负载工况下，多缸协同工作的动态平衡能力及同步效率的研究。

1600MN 超大型多功能液压机活动横梁采用对角调平方式，即将同步调平系统的四个调平缸与四个回程缸对角布置在活动横梁的四个导向柱旁，并通过测量、比较活动横梁四个角方向的偏转位移反馈值，通过控制系统来调节同步调平系统的工作。调平时，两对角调平缸与回程缸的两腔分别交叉联通，形成容积相等的两腔。当活动横梁并未发生偏转时，调平缸与回程缸上下两腔的容积不会发生变化，此时具有相同的基准压力；当活动横梁由于受到外界偏心负载作用而发生偏转时，检测系统将检测到的活动横梁的偏转位移差值送入到调平缸与回程缸的纠偏控制单元部分，纠偏泵向纠偏控制阀组供油，纠偏控制阀组根据设置的控制策略，将用于纠偏的液压油充液到对应的缸体中，从而控制调平缸与回程缸容腔的压力，以产生合适的反向平衡力矩，达到阻止活动横梁进一步偏转并最终将活动横梁校正回原来水平位置的目的。

同步调平系统纠偏控制单元的液压模型如图 6-92 所示。

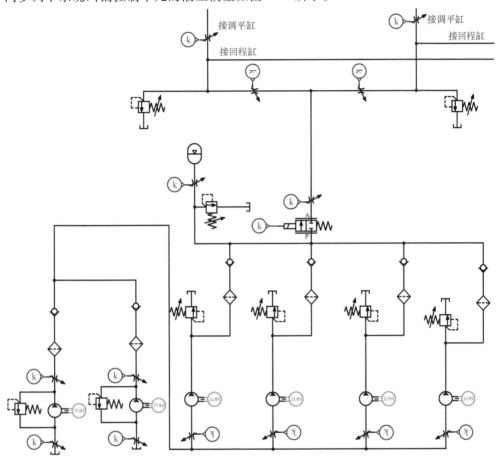

图 6-92　同步调平系统纠偏控制单元的液压模型

纠偏过程中，对活动横梁竖直方向 CA、BD 两对角之间的位移差值进行实时测量，并根据偏差值的实际数值采用相应的控制策略。活动横梁的偏移有四种情况（δ 表示位移偏差的起控点）：

1）｜CA｜<δ、｜BD｜<δ，不纠偏。

2）｜CA｜>δ、｜BD｜<δ，CA 需要纠偏。

3）｜CA｜<δ、｜BD｜>δ，BD 需要纠偏。

4）｜CA｜>δ、｜BD｜>δ，CA、BD 都需要纠偏。

在实际建模中，设定 δ 值为 0.1mm，选用 PID 控制，在 AMESim 中建立的纠偏控制模型如图 6-93 所示。

根据以上同步控制方法，通过 AMESim 与 ADAMS 联合仿真可比较同步调平能力，图 6-94 所示为未加同步调平控制的 CA、BD 的位移偏差，图 6-95 所示为纠偏系统工作后的动态调平效果。从图中可以看出，液压同步调平系统参与控制后，CA、BD 的位移差明显减小。

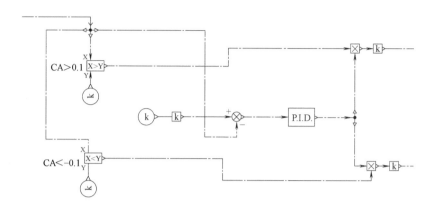

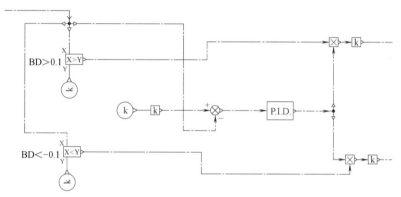

图 6-93　纠偏控制模型

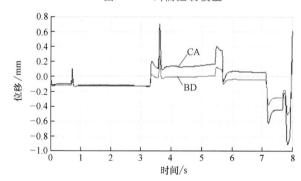

图 6-94　未加同步调平控制的 CA、BD 的位移偏差

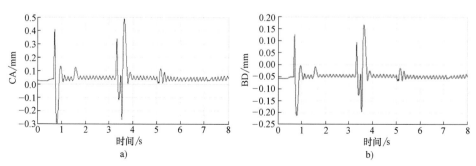

a)　　　　　　　　　　　　b)

图 6-95　加同步调平控制后的 CA、BD 的位移偏差

a）CA 偏差　b）BD 偏差

6.3 ADAMS 与 MATLAB、AMESim 联合建模仿真研究

6.3.1 联合仿真建模方法

1. 联合仿真模型的建立

模型建立时，首先应考虑联合仿真模型的稳定性，因此选择 ADAMS2005、MATLAB2012a、AMESim R13、Visual Studio 2010 四个软件进行联合仿真模型的接口配置，由于不同仿真软件之间的专用接口相比于通用接口（一般为 FMI 协议接口）在数据交互时更加稳定，且联合仿真配置不易出错，低版本 ADAMS 设有 AMESim 软件的专用联合仿真接口，而高版本 AD-AMS 对此接口进行了删除，因此选择 ADAMS2005 与 AMESim R13 两个版本进行联合仿真的配置；AMESim 与 MATLAB 之间的专用联合仿真接口（cosim）在版本更新中一直有保留，因此根据 AMESim R13 版本选择 MATLAB2012a，并选择 Visual Studio 2010 作为 AMESim R13 与 MATLAB2012a 之间唯一的编译器。

2. 考虑锻压过程中加工对象实际受力状态的液压机 ADAMS 仿真设置

活动横梁部分的受力分析如图 6-96 所示。

6.3.2 不同液压控制参数条件下的系统液压冲击特性研究

针对存在液压冲击最大的活动横梁空行程-停止状态转换过程，在不同的液压控制参数条件下进行比较分析，分析结果如图 6-97 所示。

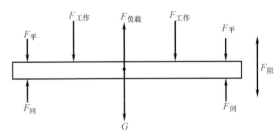

图 6-96　活动横梁部分的受力分析

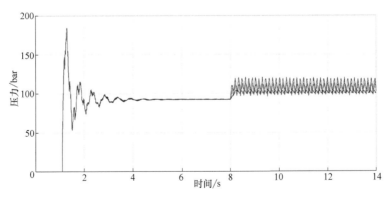

图 6-97　空行程-停止状态回程缸管路压力-时间曲线

转换时间分别为 0.05s、0.1s、0.3s，由仿真结果可知，转换时间越长，则液压冲击造成的管路压力波动越小。

6.3.3 活动横梁调平控制策略选择及设计参数可行域分析

活动横梁调平系统是大型模锻液压机与自由锻造液压机的一个重要区别，其作用在于防

止活动横梁在承受偏心载荷时发生倾斜，为锻造出高精度的锻件提供保障，同时也有利于改善机架的受力状况，提高设备的使用寿命。

巨型模锻液压机活动横梁同步纠偏控制方法主要有两种，一种是通过调整各驱动缸的进（排）液流量方式，称为节流方式；第二种方式是在模锻液压机活动横梁上设置专用的同步调平系统。

节流式同步方法由于主工作缸的尺寸相同（或对称缸缸径相同），要想克服偏心负载作用，保持活动横梁水平，可以调节进入液压缸的油液压力，使进入各个缸的油液压力不同，从而产生相应的平衡力矩来抵消偏心负载。通过在工作缸的进油管中加入受控的节流装置，即可达到此目的。

第二种纠偏方式是在模锻液压机活动横梁上设置专用的同步调平系统，由于具体的压机类型各不相同，它们同步调平控制系统的形式也存在一定的差别，大体上，此类同步控制系统可以分为封闭型、补偿型、溢流补偿型三种：

1）封闭型同步调平系统。封闭型同步调平系统属于有差调节系统，它利用活动横梁在发生偏转时受压缩腔和拉伸腔产生的压差形成反向偏矩来抵消外加偏载作用，其实是利用液体的体积弹性模量产生变形抗力而形成力矩。封闭型同步系统在外加偏载消失之前，活动横梁是无法自动回复到平行位置的，因此只适用于同步精度要求不高的场合。

2）补偿型同步调平系统。补偿型同步调平系统是封闭型的改进，根据产生调平力矩的需要，通过阀控或泵控系统向需增压的管道及其连接的两腔补液。在补偿型同步调平系统中，同步缸压力的增加不是靠活动横梁倾斜造成的同步缸容积变化产生，而是主要依靠补偿液。因此，补偿型系统的平行精度有很大的提高。实质上，封闭型系统仅是补偿型系统补偿流量为零时的一种特殊情况。因此，同步调平系统的基本类型可以归纳为节流型和补偿型两种。尽管这两者目的相同，但控制本质却完全不同。

3）溢流补偿型同步调平系统。溢流补偿型同步调平系统是补偿型系统的一种改进，目前已用于我国 300MN 模锻液压机的同步系统中，它在活动横梁发生偏转后通过向压缩腔补液的同时对拉伸腔进行溢流，增加了对位置偏移时液压缸非压缩腔的溢流控制，使系统可以通过降低非压缩腔的压力来获得更大的压差。

上述两种纠偏方式中，节流法实际上是控制主缸柱塞所在点的速度，因此节流型系统是速度控制系统；而采用独立调平系统的方式进行纠偏，一般是通过控制交叉连接两同步缸的总容积来实现，而与活动横梁的运动速度无关，因此它属于位置控制。

由于采用节流法的能量损耗较大，设置独立的同步系统在控制性能与质量指标，以及空程可控性、液压机稳健性方面具有较明显的优势。所以各国的巨型模锻液压机均采用独立的同步调平系统。

1. 液压机主工作缸节流纠偏控制方式研究

选取空行程下降的运动过程，依次分析不加纠偏控制和加纠偏控制条件下，活动横梁的偏转情况，如图 6-98 和图 6-99 所示。

在不加纠偏控制时，活动横梁在开始阶段偏转较小，0～3.25s 都趋于稳定，波动较小；在 3.25～8s，出现了两次波动剧烈的状态，分别在 3.5s 左右和 8s 左右，CA 的峰值达到了 0.7mm 和 -0.9mm，BD 的峰值达到了 0.28mm 和 -0.5mm，并且在第二次剧烈波动时，调节 1s 左右仍有较大的偏转，表明液压机的纠偏控制是必不可少的。

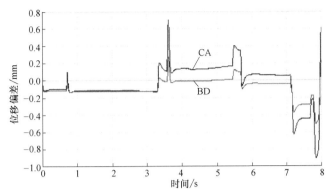

图 6-98　未加同步调平控制的 CA、BD 的位移偏差

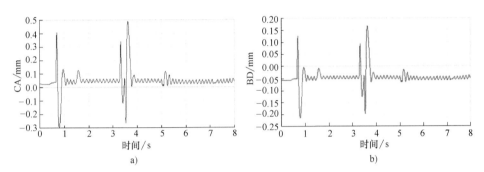

图 6-99　加同步调平控制后的 CA、BD 的位移偏差

a）CA 偏差　b）BD 偏差

由图 6-99 可知，在添加 PID 纠偏控制模型后，CA、BD 的位移差值明显减小，仅在 0.65～1.2s、3.35～3.9s 两个时间段有较大的波动，波动的区间分别为−0.3～0.5mm 和 −0.2～0.17mm，并且较快地恢复到初始值附近。其他时刻，活动横梁震荡增加，但始终在较小的范围内波动，影响不大。对比 CA、BD 的峰值可以看出，经过 PID 纠偏控制后，活动横梁的偏转明显减小，并且偏转调整时间较短，控制效果较好。

2. 液压机专用调平系统纠偏控制方式研究

被动同步调平是一套单独的同步调平系统，目前应用比较普遍，我国西南铝的 300MN 模锻液压机和中国二重的 800MN 模锻液压机采用的都是这种同步系统。其机械结构原理如图 6-100 所示，调平系统通常是在压机四角增加四个双杆活塞缸，两对角缸为一组，每组中一缸的上腔与另一缸的下腔连通，补充给两腔不同容量的液体便可控制两腔的不同压力，从而产生所需的平衡力矩，因此通常称为补偿型同步平衡系统。

根据 1600MN 超大型多功能液压机的纠偏液压模型，将对角的调平缸和回程缸油腔连接起来，组成纠偏控制模型。经过仿真，活动横梁的

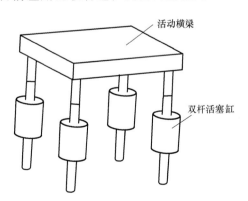

图 6-100　同步调平系统机械结构原理

偏转情况如图 6-101 所示。

由图 6-101 可知,在添加纠偏控制模型后,CA、BD 的位移差值明显减小,在 $0.65 \sim 1s$、$3.35 \sim 3.9s$、$6 \sim 8s$ 三个时间段有较大的波动,波动的区间分别为 $-0.42 \sim 0.3mm$ 和 $-0.28 \sim 0.18mm$,在 6s 时,活动横梁的偏转急剧增加,但恢复变慢,并且在 8s 时,位置距离初始值仍有较大的偏差。对比 CA、BD 的峰值可以看出,添加同步调平系统纠偏控制模型后,活动横梁的偏转明显减小,但在结束阶段偏转恢复相对较慢。

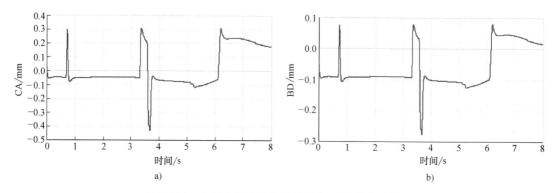

图 6-101 加同步调平控制后的 CA、BD 的位移偏差

a) CA 偏差 b) BD 偏差

第7章
主要自动化装置及配套设备

7.1 大型液压机主要配套自动化装置

由于超大型锻造液压机的模具（砧具）及锻件质量都很大，因此液压机必须配套相应的自动化装置来实现相应的辅助操作，从而保证液压机能够顺利完成相应锻造工序的操作。

对于大型模锻液压机，最基础同时也是最重要的自动化装置是上模座（上砧座）快速夹紧装置、工作台锁紧装置和各种顶出器。

7.1.1 上模座快速夹紧装置

1600MN 超大型多功能液压机的上模座体积大、质量大，同时上模座与活动横梁的连接部位还要承受回程时的拔模力，因此需要夹紧装置必须具备足够的夹紧力。为保证上模座快速夹紧装置能够完全满足工作要求，1600MN 超大型多功能液压机共设置了两种多套夹紧装置，以保证夹紧操作的可靠性，以及获得足够的夹紧力。两种夹紧装置分别是旋转夹紧装置和楔块式夹紧装置。旋转夹紧装置均布安装在活动横梁内部，楔块式夹紧装置均布安装在活动横梁下垫板左右两侧，通过两种夹紧装置共同实现对上模座的自动快速夹紧操作，同时保证连接结构能够满足大吨位的承载要求。

1. 上模座旋转夹紧装置

上模座旋转夹紧装置插入安装于活动横梁内部，通过上部法兰固定，用于从模座上面将模座快速锁紧固定在活动横梁下垫板上。

图 7-1 所示为一种上模座旋转夹紧装置，由拉杆组件、缸体、弹簧组件、驱动组件和锁紧块等组成。旋转夹紧装置的夹紧通过碟簧实现，松开操作由液压缸完成，旋转夹紧装置的旋转由摆动缸驱动完成。当上模座与活动横梁下垫板完成定位贴合后，旋转夹紧装置开始工作，首先液压缸进油压缩碟簧带动拉杆向下运动，使拉杆端部的 T 形头进入模座的锁紧块中；然后摆动缸带动 T 形头旋转 90°进入锁紧位置；T 形头进入锁紧位后液压缸泄压排油，T 形头在碟簧的带动下向上移动，完成对模座的锁紧操作。旋转夹紧装置的松开操作按照锁紧操作的相反过程进行即可。

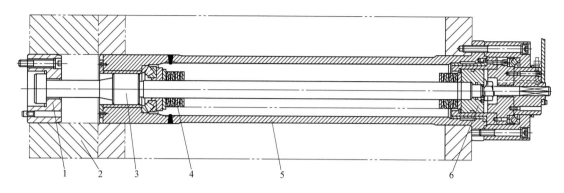

图 7-1　一种上模座旋转夹紧装置

1—锁紧块　2—活动横梁下垫板　3—拉杆组件　4—弹簧组件　5—缸体　6—驱动组件

2. 上模座楔块式夹紧装置

上模座楔块式夹紧装置安装于活动横梁下垫板左右两侧，用于从侧面将模座快速锁紧固定在活动横梁下垫板上。

图 7-2 所示为一种上模座楔块式夹紧装置，由楔式卡爪、驱动杆、安装支架和驱动缸等组成。楔式卡爪可在驱动缸的带动下沿活动横梁下垫板上的 T 形槽前后移动，通过卡爪下部的斜楔面实现对模座的锁紧操作。

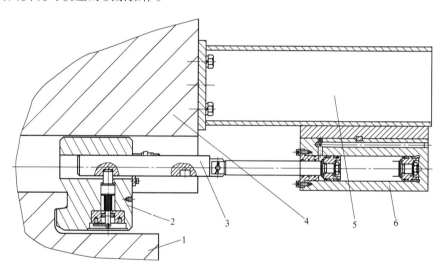

图 7-2　一种上模座楔块式夹紧装置

1—上模座　2—楔式卡爪　3—驱动杆　4—活动横梁下垫板　5—安装支架　6—驱动缸

7.1.2　工作台锁紧装置

工作台锁紧装置的作用是将移动式工作台在液压机工作过程中可靠地锁紧在工作位置，并在活动横梁回程时承载拔模力，以及承受顶出器等产生的其他工作载荷。

大型液压机工作台所需的锁紧力一般都很大，工作台锁紧装置通常采用两种结构形式：楔块式锁紧装置和压紧式（千斤顶式）锁紧装置。在 1600MN 超大型多功能液压机的设计中，根据综合比较采用了压紧式锁紧装置。

1. 楔块式锁紧装置

工作台楔块式锁紧装置在结构原理上与上模座的楔块式夹紧装置是一样的，差别在于详细的结构设计，两者在设计中均需对应不同锁紧对象的结构特点进行设计。

图 7-3 所示为一种工作台楔块式锁紧装置，主要由楔式锁紧销、驱动液压缸杆和安装支座组成。楔式锁紧销在驱动缸的带动下销孔前后移动，通过锁紧销前端的楔面实现对工作台的锁紧操作。

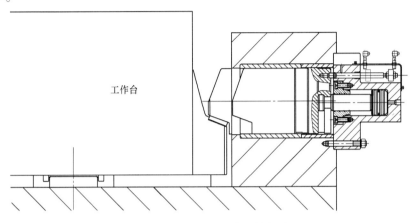

图 7-3　一种工作台楔块式锁紧装置

2. 压紧式锁紧装置

工作台压紧式锁紧装置是通过设置在工作台两侧的两组锁紧缸，将工作台压紧在工作位置实现的，其最大优点是可以通过调整锁紧缸的锁紧压力灵活地设定锁紧力的大小，因此工艺适应性更好。

图 7-4 所示为一种工作台压紧式锁紧装置，每侧锁紧装置设有 3 个活塞式液压缸，通过活塞腔施加锁紧力，通过活塞杆腔实现回程操作。

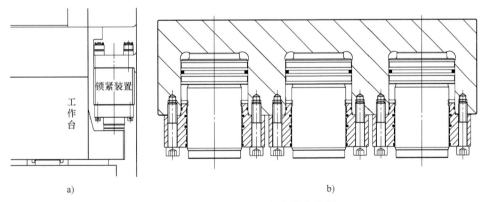

图 7-4　一种工作台压紧式锁紧装置

a）工作台锁紧装置安装位置　b）工作台锁紧装置内部结构

7.1.3　顶出器

为了将成形后的锻件从模具中取出，或者完成一些锻造工序需要的辅助操作，成形液压机通常会根据不同功能需求，设置必要的顶出器装置。

对于大型模锻液压机，由于锻件和成形工艺的多样性，为提高自动化水平，一般会设置多组满足不同功能的顶出器，主要有上部中心顶出器、上部侧顶出器、下部中心顶出器、下部侧顶出器、机前顶出器和机后顶出器。同时，为提高顶出器的自动化控制水平和使用维护性能，在现代顶出器的设计中，应尽量避免采用无缸体的嵌入式设计结构，而优先采用带位移传感器的有缸体的设计结构。

1. 上部顶出器

上部顶出器一般安装在活动横梁、活动横梁下垫板和上模座内部，主要用于将成形后的锻件从模具中取出。

图 7-5 所示为一种上部顶出器组，上部中心顶出器安装在活动横梁下垫板内部，上部侧顶出器安装在上模座内部。

顶出器液压缸采用带缸体结构，安装拆卸、使用维护方便。所有顶出器液压缸均设有位置检测传感器。顶出器液压缸的密封结构如图 7-6 所示，静密封采用矩形截面密封，活塞密封采用重载密封，密封可靠、使用寿命长；活塞杆密封为冗余结构，其中任何一道密封失效后都不影响正常使用，提高了液压缸安全性和使用维护性能。

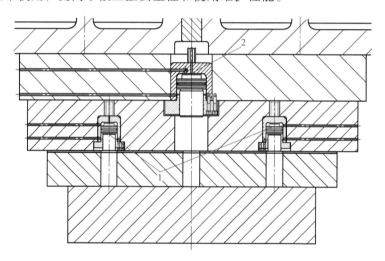

图 7-5　一种上部顶出器组
1—上部侧顶出器　2—上部中心顶出器

2. 下部顶出器

下部中心顶出器一般安装在下横梁垫板、下横梁内部或者吊挂安装在下横梁下部，用于将成形后的锻件从模具中取出，或者完成一些锻造工序需要的辅助操作。

下部侧顶出器一般安装在下横梁垫板、工作台和下模座内部，主要用于将成形后的锻件从模具中取出。

图 7-7 所示为一种下部中心顶出器，顶出器吊挂安装在下横梁下部。通常，不同的压力机对下部中心顶出器的功能需求差别很大，下部中心顶出器一般都是根据用途专门设计，因此在设计结构上会有很大差别。

图 7-8 所示为一种下部侧顶出器组，顶出器安装在工作台内部，顶出器液压缸的结构形式与上部顶出器基本相同。

超大型多功能液压机

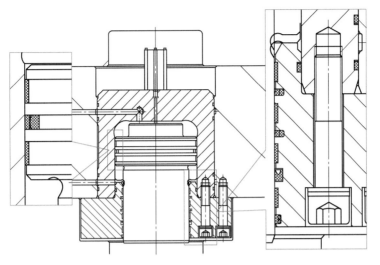

图 7-6　顶出器液压缸的密封结构

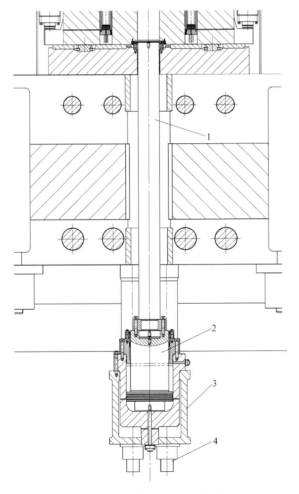

图 7-7　一种下部中心顶出器

1—顶杆　2—顶出器液压缸　3—顶出器横梁　4—顶出器吊杆

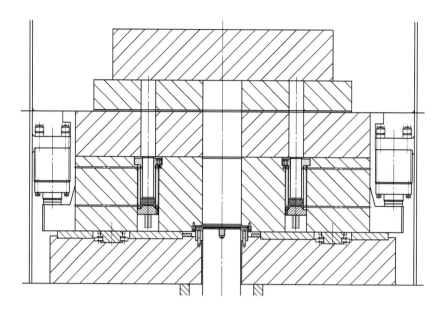

图 7-8　一种下部侧顶出器组

7.2　锻造操作机

7.2.1　概述

锻造操作机是现代化锻造液压机车间必须配备的最重要的配套设备（见图 7-9），其功能是夹持坯料配合液压机完成相应锻造工序的操作，也可用于夹持模具、工装等完成相应的辅助操作。锻造操作机可大大提升锻造生产的效率和自动化水平，降低工人的劳动强度。

锻造操作机按行走方式可分为有轨式和无轨式，选用何种方式要根据相应的锻造工艺需求和操作机的性能特点决定。有轨式锻造操作机的大车在轨道上运动，其活动范围是固定的，仅供一台压力机使用。无轨式锻造操作机可以像工程车辆一样在工作场地范围内任意行走，活动范围广泛，可为多台液压机提供服务，同时无轨式锻造操作机可兼作装取料机使用，实现坯料和锻件的取料、运料、堆放等操作。自由锻造液压机配套的通常是有轨式锻造操作机；模锻类液压机配套的操作机两种形式均有，但对于大型模锻类液压机，由于锻造工序相对简单，为避免配套的重型辅助设备过多，通常配套无轨式锻造操作机。

由于有轨式锻造操作机在轨道上运动，同时整体结构刚性较好，因此可制成大吨位的操作机，目前世界上已投产的大型有轨锻造操作机的最大载荷已达到 300t。由于无轨锻造操作机是靠实心的轮胎在车间地面上行驶，考虑到车间地面的承载能力及过大结构尺寸操作机的运动的影响等因素，大型无轨式锻造操作机的最大载荷能力受到一定限制，目前世界上已投产的大型无轨式锻造操作机的最大载荷是 150t。

锻造操作机作为锻造加工的重要辅助配套设备，经多年研究发展，国内、外已有众多供货厂家，如德国 DDS 公司、德国 SMS MEER 公司、德国 Wepuko Pahnke 公司、德国 GLAMA

公司、捷克 ZDAS 公司、俄罗斯 NKMZ 公司等，国内有青岛海德马克公司、山西晨辉公司、中国重型院、中国一重等。

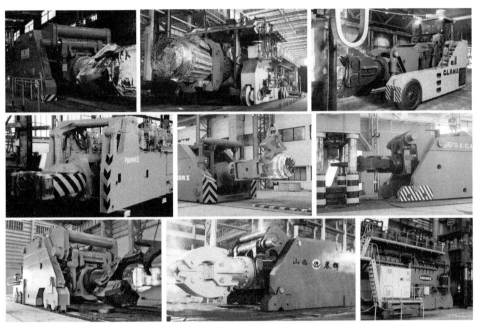

图 7-9　国内、外锻造操作机工作现场照片

7.2.2　重型锻造液压机配套操作机的选择

　　这里讲的重型锻造液压机是指吨位在 300MN 以上的锻造液压机。由于重型锻造液压机主要用于模锻和挤压类锻件的生产，锻造生产过程本身操作相对简单，因此功能灵活的无轨式锻造操作机成为首选。目前，国内、外大型无轨式锻造操作机的生产厂商主要是德国 DDS 公司。

　　德国 DDS 公司（DANGO & DIENENTHAL）成立于 1865 年，由 August Dango 和 Louis Dienenthal 创建，是一家有色金属铸造厂。在 20 世纪的前四十年里，DDS 公司的核心业务逐渐转向特殊机械的制造。如今，这家家族企业已进入第五代，由 Rainer Dango 和 Arno Dienenthal 管理。DDS 公司于 1933 年研制了首台装取料机，如图 7-10 所示；1936 年研制了首台无轨式锻造操作机，如图 7-11 所示；1956 年研制了首台有轨式锻造操作机，如图 7-12 所示；1999 年推出了

图 7-10　DDS 公司首台装取料机

承载能力超过 800kN 的无轨式锻造操作机；2001 年推出了承载能力超过 800kN 的有轨式锻造操作机；2007 年为中信重工 185MN 锻造液压机配套研制了当时全球最大的 2550kN 有轨式锻造操作机，如图 7-13 所示；2011 年研制了全球最大的 1500kN 无轨式锻造操作机，如图 7-14 所示。

图 7-11 DDS 公司首台无轨式锻造操作机

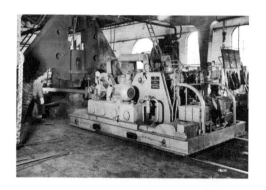

图 7-12 DDS 公司首台有轨式锻造操作机

图 7-13 中信重工 185MN 锻造液压机配
套的有轨式锻造操作机

图 7-14 全球最大的 1500kN 无轨式
锻造操作机（安装普通钳口）

目前，根据 DDS 公司网站的介绍，其有轨式锻造操作机（SSM 系列）产品的最大承载能力可达 3500kN，最大载荷力矩可达 10500kN·m；无轨式锻造操作机（MSM 系列）产品的最大承载能力可达 2500kN，最大载荷力矩可达 7500kN·m。

通过对 1600MN 超大型多功能液压机产品大纲的分析，综合考虑厂房布局、物料运输、设备投资、生产使用维护费用等因素，同时兼顾 DDS 大型无轨式锻造操作机的技术成熟度，确定了 1600MN 超大型多功能液压机配套操作机的最大承载能力为 1500kN。

1600MN 超大型多功能液压机产品大纲的多数锻件质量在 150t 以内，因此操作机 1500kN 的承载能力可满足压力机高效、高质量的生产需要。同时，为适应不同形状锻件的生产需要，为操作机配套两套钳口装置，即普通钳口（见图 7-14）和抱臂式钳口（见图 7-15）。抱臂式钳口可夹持最大外径为 5000mm 的锻件。

图 7-15 1500kN 无轨式锻造操作机
（安装抱臂式钳口）

7.3 锻坯除鳞机

7.3.1 必要性

中国一重在以往的胎模锻造实践中，由于对清除坯料入模前的氧化皮的手段有限，导致成品锻件表面质量较差。

图 7-16 所示为 CAP1400 压力容器一体化上封头胎模锻造过程，从图 7-16a 和图 7-16b 的预制坯可以看出，由于坯料镦粗前的氧化皮未做清理，使得镦粗过程中掉落的氧化皮被压入坯料的环带上；从图 7-16c～图 7-16f 可以看出，坯料表面未清理的氧化皮又一次被压入锻件内、外表面。

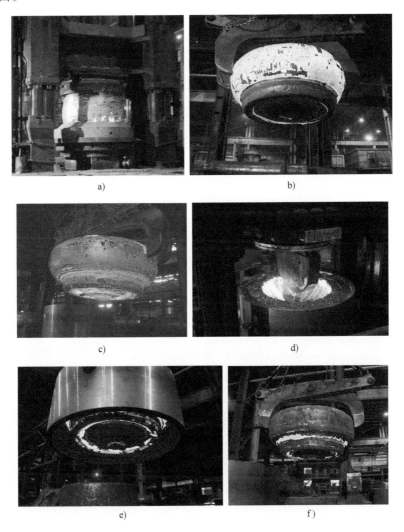

图 7-16　CAP1400 压力容器一体化上封头胎模锻造过程

a）坯料在下模上镦粗　b）镦粗后的状态　c）坯料入外模前的状态　d）条形锤头旋转锻造内腔

e）外模带着锻件一起与下模分离　f）胎模锻造后的锻件

图 7-17 所示为 CAP1400 蒸汽发生器整体下封头胎模锻造过程，由于图 7-17a 所示的坯料表面氧化皮未完全清理干净，使得图 7-17b 和图 7-17c 所示的锻件表面局部压入较多的氧化皮。

a)   b)

c)

图 7-17　CAP1400 蒸汽发生器整体下封头胎模锻造过程

a）坯料入模前的状态　b）锻件胎模锻造后的状态　c）锻件尺寸检测

图 7-18 所示为 AP1000 稳压器下封头胎模锻造过程，由于图 7-18a 所示的坯料镦粗前的氧化皮未完全清理干净，使得图 7-18b 所示的锻件下部压入了较多的氧化皮。这种现象也发

a)   b)

图 7-18　AP1000 稳压器下封头胎模锻造过程

a）坯料模内镦粗开始状态　b）锻件胎模锻造后的状态

生在 CAP1400 稳压器上封头胎模锻造的锻件上，如图 7-19 所示。

a)　　　　　　　　　　　　　　　b)

图 7-19　CAP1400 稳压器上封头胎模锻造的锻件

a）正视图　b）侧视图

图 7-20 所示为 CAP1400 蒸汽发生器管板锻件模锻过程，由于图 7-20a 所示的坯料表面氧化皮未做清理，导致图 7-20j 所示的分步成形的成品锻件表面压入的氧化皮较严重。

a)　　　　　　　　　　　　　　　b)

c)　　　　　　　　　　　　　　　d)

图 7-20　CAP1400 蒸汽发生器管板锻件模锻过程

a）坯料摆放在底座上　b）套上外模　c）模内整体镦粗开始　d）模内整体镦粗结束

e）
f）
g）
h）
i）
j）

图 7-20　CAP1400 蒸汽发生器管板锻件模锻过程（续）

e）条形锤头旋转镦粗　f）旋转镦粗后的状态　g）外模带着锻件一起与底座分离
h）脱模准备　i）脱模中　j）脱模后的锻件

　　超大型锻件的表面氧化皮是目前制约超大型锻件锻造精细化控制的重要因素，由于超大型锻件的形状多种多样，因此目前锻造过程中除鳞（清除氧化皮）设备的应用均具有局限性，而设计出适应并覆盖各种锻件形状、尺寸和各工序的锻造除鳞机对于减少锻件余量，以及后续液压机模锻成形前的氧化皮清除具有非常重要的意义，也是大型锻件制造过程亟待解决的重要问题。

7.3.2　工程实践

　　在大型锻件制造领域，锻件供应商根据坯料形状以及成形方法的不同，采用的除鳞方式也多种多样。

1. 差温除鳞

差温除鳞是通过坯料表面自然冷却，使氧化皮与坯料之间的膨胀系数发生变化，然后对坯料进行微变形以去除氧化皮的方法，如图 7-21 所示。这种除鳞方式还被扩展为坯料浸水除鳞，如图 7-22 所示。

图 7-21　大型坯料差温除鳞过程

a）坯料摆放在镦粗盘上　b）等待表面降温　c）轻压下　d）去除氧化皮

图 7-22　主泵接管坯料浸水除鳞过程

a）第一次出炉　b）机械除鳞

c) d)

图 7-22 主泵接管坯料浸水除鳞过程（续）

c）第二次出炉 d）水淬除鳞

核电小堆主泵接管坯料出炉后进行了多次除鳞，可以看出核电 16MND5 材质的除鳞过程较为困难，这主要取决于材料的化学成分。第一次为水淬除鳞，第二次出炉后又进行 2 次水淬，第三次进行了 4 次水淬，共计 7 次水淬将坯料氧化皮大部分清除。随后，入炉保温 1.5h 后进行模锻成形。

图 7-23 坯料锻造加热中间
出炉，人工清理氧化皮

2. 人工除鳞

对于形状异常复杂，不易简单地采用机械除鳞的坯料，可以采用人工清理，如图 7-23 所示。对于人工也无法清理掉氧化皮的部位，可以局部喷水使氧化皮"崩开"后再人工清理，如图 7-24 所示。

3. 自动除鳞

（1）链条抽打 某企业采用链条抽打自动清除氧化皮的装置如图 7-25 所示，其工程应用案例如图 7-26 所示。

a) b)

图 7-24 坯料表面局部喷水使氧化皮"崩开"后再人工清理

a）局部喷水 b）人工除鳞

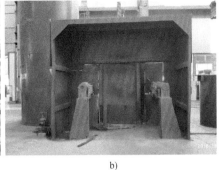

a)   b)

图 7-25   链条除鳞装置

a）清理外圆   b）清理端面

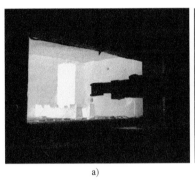

a)   b)   c)

图 7-26   Ni 基转子坯料镦挤前除鳞

a）坯料出炉   b）坯料外圆除鳞   c）坯料除鳞结束后的状态

（2）高压水除鳞　中国一重为国内某制造火车轮对的企业研制了一台高压水除鳞设备，该设备被安装在加热炉附近，坯料由一台机械手从加热炉中取出后放置在图 7-27c 所示的转台上，高压水对旋转坯料的圆柱面及上端面进行除鳞，然后再由另一个机械手夹起坯料，以

a)   b)

图 7-27   高压水除鳞设备及其应用

a）除鳞设备全貌   b）除鳞室本体

c) d)

图 7-27 高压水除鳞设备及其应用（续）

c）除鳞室内部 d）除鳞机应用现场

便高压水对坯料下端面除鳞。高压水除鳞设备及其应用如图 7-27 所示，其中图 7-27a 是车轮坯料自动化除鳞设备全貌；图 7-27b 是高压水除鳞室本体；图 7-27c 是高压水除鳞室内部；图 7-27d 是车轮坯料自动化除鳞现场。

7.3.3 除鳞方式及参数选择

根据表 7-1 所示的需要对坯料表面氧化皮进行清理的代表性产品及相关参数，拟选择研制两种自动化除鳞设备。

表 7-1 拟采用自动化除鳞设备的代表性产品及相关参数

序号	名称	型号	材料	坯料尺寸/mm	坯料质量/t	除鳞的目的及适用设备
1	支承辊	连轧机	YB-75	φ1400×4800	58.05	为镦挤成形做准备；链条除鳞
2	低压转子	600MW	CrNiMoV	φ1600×5800	91.54	
3	一体化顶盖			φ3950×1690	162.69	为模锻成形做准备；高压水除鳞
4	水室封头			φ4500×1300	162.43	
5	一体化接管段	国和一号	MnMoNi	φ4800×3600 φ5010/φ3800 ×6090	511.76 399.56	为冲孔做准备；高压水除鳞 / 为模内镦粗做准备；高压水除鳞
6	主管道热段 A		316LN	φ1160×8460	70.24	为镦挤成形做准备；链条除鳞
7	主管道热段	华龙一号	X22CrNiMo18.12	φ950×6620	36.86	
8	乏燃料罐	合金钢	CrNiMoV	φ4200×1600 φ2200×4500	174.14 134.38	为制坯做准备；高压水除鳞 / 为镦粗、冲孔做准备；链条除鳞
9		不锈钢	316LN	φ4200×1600 φ2250×4800	174.14 149.93	为制坯做准备；高压水除鳞 / 为镦粗、冲孔做准备；链条除鳞

超大型多功能液压机

192

序号	名称	型号	材料	坯料尺寸/mm	坯料质量/t	除鳞的目的及适用设备
10	冲击转轮	水斗式 C2	04Cr13Ni5Mo	φ4900×1920	285	为模锻成形做准备;高压水除鳞
11	风洞弯刀	CTW	022Cr12Ni-10MoTi	φ1800×3100	61.97	为挤压做准备;链条除鳞

1. 链条式除鳞设备

参照图 7-25 研制一套链条式除鳞设备。覆盖范围：φ2000mm×9000mm。

2. 高压水除鳞设备

参照图 7-27 研制一套高压水除鳞设备。覆盖范围：φ6000mm×4000mm。

7.4 锻坯锻前补温炉

7.4.1 必要性

随着我国经济的迅猛发展，工业生产对能源的需求急剧增加，环境污染问题日益严重。为解决能源短缺和降低二氧化碳排放，国家近两年鼓励采用新能源发电。但是，我国目前70%～80%的发电是由煤炭供应的，未来30年内很难改变这种能源结构。因此，大力发展先进超超临界燃煤发电技术对我国的电力供应具有重要意义。目前，中国一重正在开展国内电力市场急需的 620℃超超临界机组汽轮机用 FB2 转子锻件及将来 700℃超超临界示范机组汽轮机用镍基合金转子锻件的研制工作。

另外，随着经济的迅速增长，急需进行新技术及新产品的开发与推广应用。在此背景下，核电、火电及石化等行业对大型不锈钢锻件的需求日益增大。但是，目前国内主要生产核电、石化等领域大型锻件的重型机械厂家在大型不锈钢锻件方面的制造能力不足，缺乏材料技术基础的同时，设备急需进行必要的改造以满足生产条件。

与普通碳钢锻件不同，奥氏体不锈钢和镍基合金等耐热合金的热加工塑性低、变形抗力大、热加工温度范围窄，所以极易产生裂纹等缺陷，这对锻件的加热要求很高，且尺寸越大，锻件的锻造难度会成倍增加。锻造前钢锭的加热速度要适宜，尤其是对锭型尺寸大，对热裂敏感性大的合金，加热温度过高会引起晶粒粗大、低熔点相初熔等降低合金塑性；加热温度过低，终锻温度低，其结果会导致变形抗力大，使锻造成形困难，并且变形时易产生锻造裂纹和内部组织不均匀。因合金含量高的此类锻件的加工温度范围窄，必须经过几次加热后才能完成全部变形。此类锻件最大的难点在于锻件的晶粒细化及均匀性仅通过锻造过程的工艺控制实现，此类材料热处理过程无相变，不能通过热处理相变细化调整晶粒尺寸。这就需要精确地控制关键火次、锻造过程工艺参数，如始锻温度等，以实现锻件各部位晶粒尺寸均匀细小的目标。

锻造操作者和材料研究工作者都知道动态、亚动态和静态再结晶对变形材料结构控制的重要性。需要重点指出的是，只有所有材料的热加工工艺被正确运用于锻件的制造过程中，才能得到细小的再结晶晶粒，从而避免大小不均的混晶出现。虽然混晶组织或者粗晶组织并不会完全导致锻件性能不合格，但这样的组织结构却极大地影响了此类大型锻件的超声探伤穿透能力。其限制了超声探伤时检出小尺寸缺陷（如宏观夹杂物和微观裂纹）的能力，而这些缺陷只能使用高频率的探头才能实现。有时即使采用相场法的超声检测系统或者高阻尼检测元件也不能解决以上问题，因为检测缺陷的能力主要依赖于超声波的波长 λ（mm）。所以对奥氏体不锈钢特别是镍基合金而言，锻件的晶粒细小、避免混晶组织是非常重要的。因此，急需采取办法在关键火次提高可锻造的温度区间，防止或尽量减少锻件表面温降。

结合 150MN 水压机车间的现场工况，从打开炉门出炉、吊运、定位到开始锻造，整个过程至少需要 10~15min。在此期间，钢锭或锻坯的表面温度降低较快。从便携式红外测温仪记录的数据得出，直径为 450mm、质量为 3t 的碳钢锻件出炉时表面温度为 1225℃，仅3min 后表面温度就降至 1050℃。对于镍基合金而言，此温度已接近终锻温度，继续降温锻造会导致变形抗力急剧增加，锻件表面开裂严重。图 7-28 所示为 1t 级镍基钢锭锻造过程降温曲线，从图 7-28a 可以看出，坯料出炉后 5min，表面温度降低至 900℃，锻造出现鱼鳞纹；从图 7-28b 可以看出，坯料出炉 3min，表面温度降低至 980℃。

从国内某大学 2013 年申请的发明专利——镍基合金超塑性成形方法（等温锻造）中查阅到：在 1040~1120℃ 进行等温锻造（模具温度 1150℃），控制变形速率为 0.001~0.005s^{-1}，变形量大于 50%。另有某文章介绍：C276 合金当温度大于 1150℃，应变速率在 0.01~10s^{-1} 时，变形量达到 50%，动态再结晶基本完成。这些参考资料说明，若在低的变形速率下变形，必须有等温锻造作为保障，即所有与坯料接触的工具都在 1150℃，否则就得快锻，最小应变速率为 0.01s^{-1}。

1t 级钢锭从 ϕ370mm×850mm 镦粗到 ϕ540mm（理论直径）×400mm 时，实际用时为 8.5-6.1=2.4min=144s，镦粗力约 30MN，变形温度为 914~1150℃，平均压下速度（850-400）/144=3.125mm/s，说明在接近压力机负荷镦粗时，压力机运行速度很慢，与在 150MN 水压机镦粗时观察到的数显及实况一样，镦粗速度为 2~5mm/s。镍基材料的变形温度区间很窄，5t 级的与 1t 级的应该完全一样，所以变形抗力也一样，那么镦粗时成形力之比 = 镦粗后直径之比的平方。5t 级钢锭尺寸 ϕ660mm×1500mm，其变形量与 1t 级一样，为 50%，镦粗后直径为 933mm，镦粗成形力 =（933/539）×（933/539）×3000 = 89.88MN，即使在 100MN 液压机上也是难以完成的。

而中国一重 150MN 液压机接近负荷镦粗时压下速度一般只有 2~5mm/s，5t 级钢锭从 1500mm 镦粗到 750mm，用时为 150~375s，变形速率约为 0.001~0.0033s^{-1}，远小于 0.01s^{-1}。为了减少出炉、吊运等过程时间长导致的锻件表面温降，需要在 150MN 液压机前配置一台补温炉，用操作机钳子直接从炉中取料进行锻造。

7.4.2　可行性

中国一重与电炉制造商共同开发了移动式燃气局部加热炉（见图 7-29），移动式燃气局部加热炉的参数如下：

加热钢种：	各类黑色金属材料
最大装炉量：	20t
燃料接点压力：	≥4kPa

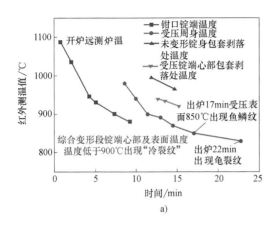
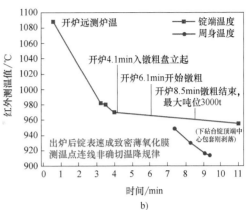

图 7-28　1t 级镍基钢锭锻造过程降温曲线

a）第一火次拔长　b）镦粗

燃料种类及发热量：	发生炉煤气 1350kCal/m³
瞬时最大燃料消耗量：	720m³/h
平均燃料消耗量：	430m³/h
平均空气消耗量：	700m³/h
燃料/空气预热温度：	室温
排烟方式：	自然排烟

图 7-29　移动式燃气局部加热炉

　　移动式燃气局部加热炉主要用于主管道热弯的局部加热，如图 7-30 和图 7-31 所示，图 7-30 是 AP1000 主管道试验件装炉位置示意图，图 7-31 是 CAP1400 主管道热段 A 装炉位置示意图。

　　图 7-32 所示 CAP1400 主管道热段 A 采用移动式燃气局部加热炉加热后弯制的生产过程。其中，图 7-32a 是吊走移动式燃气局部加热炉罩的主管道热段 A 坯料的状态；图 7-32b 是主管道热段 A 坯料弯制前的状态；图 7-32c 是主管道热段 A 坯料弯制结束的状态；

图 7-32d 是弯制后的主管道热段 A 锻件。采用移动式燃气局部加热炉加热 CAP1400 主管道热段 A 坯料，既可以使弯制部位处于高温状态，也可以保证弯制模具的施力点位于主管道热段 A 坯料的非加热部位，从而控制主管道的尺寸精度。

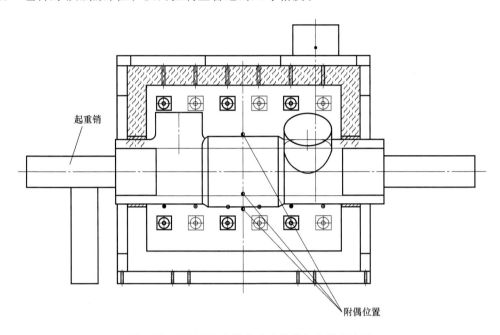

图 7-30　AP1000 主管道试验件装炉位置示意图

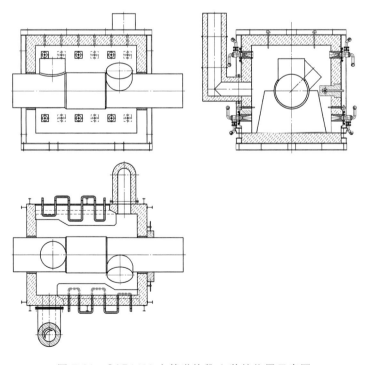

图 7-31　CAP1400 主管道热段 A 装炉位置示意图

超大型多功能液压机

a)　　　　　　　　　　　　　　　　b)

c)　　　　　　　　　　　　　　　　d)

图 7-32　CAP1400 主管道热段 A 局部加热后弯制的过程

a）局部加热后的主管道坯料　b）坯料弯制前　c）坯料弯制结束　d）弯制后的主管道锻件

图 7-33 所示为华龙一号主管道 50℃ 弯头采用移动式燃气局部加热炉加热及吊运的生产过程。其中，图 7-33a 和图 7-33b 是主管道坯料一端加热时的状态；图 7-33c 是吊走移动式燃气局部加热炉炉罩；图 7-33d 是主管道坯料吊运。

图 7-34 所示为华龙一号主管道 50℃ 弯头的弯制成形过程。

a)　　　　　　　　　　　　　　　　b)

图 7-33　华龙一号主管道 50℃ 弯头坯料局部加热及吊运

a）加热炉外貌（坯料加热端）　b）加热炉外貌（坯料非加热端）

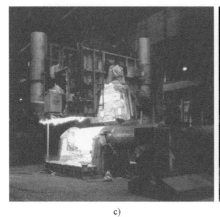

c)   d)

图 7-33 华龙一号主管道 50℃弯头坯料局部加热及吊运（续）

c）吊走炉罩 d）坯料吊运

a)   b)

c)   d)

图 7-34 华龙一号主管道 50℃弯头的弯制成形过程

a）局部加热后转运 b）锻件摆放在下摸上 c）弯制（正面） d）弯制（侧面）

由于移动式燃气局部加热炉的实用性非常强，除了用于主管道热弯的局部加热，还被用于工作辊、不锈钢/高温合金坯料的锻前补温（见图 7-35）。

a)   b)

图 7-35　工作辊坯料镦挤前补温

a）吊走炉盖　b）吊起坯料

7.4.3　参数选择

拟采用补温炉加热的代表性产品及相关参数见表 7-2，坯料以圆柱形为主，坯料质量从几十吨到几百吨，加热温度也有差别，这些差异给补温炉的参数选择带来了难度。

表 7-2　拟采用补温炉加热的代表性产品及相关参数

序号	名称	型号	材料	坯料尺寸/mm	坯料质量/t	补温后的工艺内容	加热温度/℃
1	支承辊	连轧机	YB-75	φ1400×4800	58.05	模具内闭式模锻到锻件高度为 6117mm	1250
2	低压转子	600MW	CrNiMoV	φ1600×5800	91.54	模具内镦挤出轮廓尺寸为 φ1800mm×6858 的锻件	1250
3	一体化顶盖	国和一号	MnMoNi	φ3950×1690	162.69	一火次两步模锻成形	1250
4	水室封头			φ4500×1300	162.43	一火次两步模锻成形	1250
5	一体化接管段			φ4800×3600 φ5010/φ3800 ×6090	511.76 399.56	模具内闭式冲孔预制坯为 φ5050/φ3750mm×6200mm 模锻成形	1250
6	主管道热段 A		316LN	φ1160×8460	70.24	闭式镦粗到 φ1200mm×7370mm→φ750mm 冲头冲盲孔	1050
7	主管道热段	华龙一号	X22CrNiMo 18.12	φ950×6620	36.86	闭式镦粗到 φ970mm×5880mm→φ720mm 冲头冲盲孔	1050
8	乏燃料罐	合金钢	CrNiMoV	φ4200×1600 φ2200×4500	174.14 134.38	挤压至 φ2250mm×5000mm 模内镦粗、冲孔成形	1250
9		不锈钢	316LN	φ4200×1600 φ2250×4800	174.14 149.93	挤压至 φ2250mm×5000mm 模内镦粗、冲孔成形	1250 1050

序号	名称	型号	材料	坯料尺寸 /mm	坯料质量 /t	补温后的 工艺内容	加热温度 /℃
10	冲击转轮	水斗式 C2	04Cr13Ni5Mo	φ4900×1920	285	模内镦粗	1200
11	风洞弯刀	CTW	022Cr12Ni10-MoTi	φ1800×3100	61.97	挤压出 1700mm×300mm×15000mm 的坯料	1200

　　为了能实现全覆盖，拟采用电加热方式，以保证设备的可移动性和温度均匀性，同时还可以减少补温过程中的氧化（相对于燃气炉而言）。补温炉的主要技术参数如下：

额定功率： 　　　　　　　　根据空炉升温时间确定（kW）

额定温度： 　　　　　　　　1300℃

控温（仪表）精度： 　　　　≤±1℃

有效加热区尺寸： 　　　　　10000mm×6000mm×7000mm（长×宽×高）

有效温度场均匀性： 　　　　≤±5℃

升温速率： 　　　　　　　　在 800℃ 以下控制加热速率为 ≤40℃/h

补温电炉的结构要求如下：

1）电炉采用罩式炉体。

2）炉衬需采用具有优良隔热保温性能的陶瓷耐火纤维，要求耐温达 1300℃ 以上。

3）考虑到经常移动炉体，加热部件优先采用电阻加热，如采用硅碳棒或硅钼棒，虽然加热温度高，但其比较脆、易碎，不适合。

4）根据高温电炉功率较大的特点，应在常用的压力机附近设计单独的配电柜（电源柜）给整个系统供电，该柜应设置抽屉式智能断路器、电压表、总电流表。确保系统工作的可靠性和便于操作。

第8章

超大型多功能液压机的应用展望

按照国家发改委下发的"国家发改委关于印发《制造业核心竞争力提升五年行动计划（2021—2025）》及重点领域关键技术产业化实施要点的通知"精神，提升为"自主创新工程"的超大型多功能液压机的目标是解决我国整体结构件零部件一体化整体成形制造难题，服务于核电机组、石化容器、大飞机、火箭运载、潜水器等领域。下面分别加以介绍。

8.1　核电机组

8.1.1　市场预测

8.1.1.1　国际市场

自 1954 年苏联建成了世界上第一座核电机组，人类就进入了和平利用核能的时代。从世界核电发展历程来看，至今大致可分为四个阶段：实验示范阶段、高速发展阶段、减缓发展阶段以及逐渐复苏阶段。

进入 21 世纪，随着世界经济的复苏，世界能源日趋紧张，温室气体减排压力增加，核电作为一种经济、稳定、可持续的清洁能源的优势又重新显现，随着核电技术的发展，其安全性、可靠性进一步提高，世界核电的发展开始进入复苏期，世界各国都制定了积极的核电发展规划。除传统核电大国外，出于对环保、生态和世界能源供应等方面的考虑，越来越多的国家正考虑或启动建造核电站计划。

根据中国电力科技网等相关资料，进入 2021 年，随着我国经济的快速发展和社会生产力的显著增强，我国能源领域发生了翻天覆地的变化。有序稳妥推进核电建设仍然是我国的基本战略，安全高效发展核电是全面进入清洁能源时代的必然选择。我国将在确保安全的前提下，继续发展核电。而核电审批的提速使行业发展迎来复苏，未来核电建设将加速完成，市场前景广阔。

目前，世界上已有 30 多个国家或地区建有核电站。根据国际原子能机构（IAEA）的统计，截至 2022 年 6 月底，全球在运机组 440 台，总装机容量约 3.94 亿 kW。装机规模居前 3 位的分别是美国、法国和中国，如图 8-1 所示。

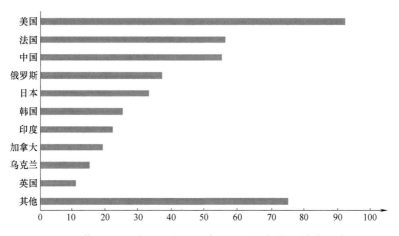

图 8-1　截至 2022 年世界各国核电机组运行数量（单位：台）

　　根据 IAEA 发布的 2021 年核能发电量占比数据显示，在世界各国电力结构中，核电占比超过 10% 的有 22 个国家，超过 25% 的有 13 个国家，超过 50% 的有 4 个国家。我国核电发电量占比不足 6%，位于第 9 位，仍有较大提升空间（见图 8-2）。

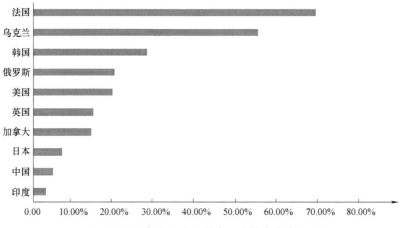

图 8-2　2021 年世界主要核电国家核电发电量占比

　　根据 IAEA 的统计，截至 2022 年 6 月底，全球在建核电机组共 53 台，总装机容量约 5437.7 万 kW。在建机组规模居前 3 位的分别是中国、印度、俄罗斯。

　　中核集团协同国内 17 家高校、科研机构，联合 58 家国有企业和 140 余家民营企业，共同突破了包括反应堆压力容器、蒸汽发生器、堆内构件等核心设备在内的 411 台设备的国产化，共获得 700 余件专利和 120 余项软件著作权，覆盖了设计技术、专用设计软件、燃料技术、运行维护技术等领域，满足核电"走出去"的要求。目前，华龙一号机型已进入批量化建设阶段，国内外均有项目在建，同时还有近 20 个国家表达了采用该技术的意向。

　　中核集团积极响应"一带一路"倡议，落实国家核电"走出去"战略，推动海外华龙一号项目落地，与巴基斯坦、沙特、阿根廷、巴西等 20 多个国家和地区形成核电项目合作意向。华龙一号海外示范工程——巴基斯坦卡拉奇核电 2 号机组已投入商运，3 号机组已发电。其中，2 号机组创造了全球三代核电海外建设的最短工期，荣获能源国际合作最佳实践案例；2022年，华龙一号阿根廷核电项目总包合同签订。

对于我国而言，积极发展核电可有效带动出口，助力经济稳增长。据预测，到2030年，仅"一带一路"沿线国家就将新建上百台核电机组，共计新增核电装机1.15亿kW。每出口1台核电机组需要6万余台套设备，有200余家企业参与制造和建设，可创造约15万个就业机会，单台机组投资约300亿元。华龙一号的建设可带动上下游产业链5300多家企业，为我国高端装备制造业带来了巨大的经济效益和转型升级机遇。我国核电出口项目汇总见表8-1。

表8-1 我国核电出口项目汇总

国家	项目	堆型	技术代际	出口企业
巴基斯坦	恰希玛核电站1~4号机组	CNP300	二代	中核集团
	卡拉奇核电站2号机组	华龙一号	三代	
	卡拉奇核电站3号机组			
	卡拉奇核电站4号机组			
罗马尼亚	切尔纳沃德核电站3、4号机组	Candu6	二代	中广核
阿根廷	阿图查核电站3号机组	Candu6	二代	中核集团
	阿图查核电站4号机组	华龙一号	三代	

8.1.1.2 国内市场

我国核电产业自20世纪80年代起，至今经历四个方面的转变：核电技术从二代到三代的转变；从引进消化吸收国外先进技术到自主创新的转变；以国内建设为主到统筹国内、外两个市场的转变；从核电大国到核电强国的转变。

经过近十年的系统攻关，我国三代核电国产化、自主化能力得到跨越式提升。在目前国际公认的三代核电技术中，我国自主研制的"华龙一号"满足国际原子能机构的安全要求。

目前，我国三代核电关键设备基本实现国产化，产业链基本形成，核电主辅设备成套供应能力优势突出，具备参与国际竞争的优势，目前"华龙一号"首堆示范工程项目，设备国产化率已达到86.42%。

《中国核能发展报告2021》蓝皮书显示，2020年，我国核能发电量为3662.43亿kW·h，较2019年增长5.02%，核电总装机容量占全国电力总装机容量的2.7%，发电量达到3662.43亿kW·h，同比增长了5%，约占全国累计发电量的4.94%。

"十三五"期间，我国核电自主创新能力显著增强，"华龙一号"自主三代核电技术完成研发，大型先进压水堆及高温气冷堆核电站重大专项取得重大进展，小型堆、第四代核能技术、聚变堆研发保持与国际同步水平。2020年，我国自主三代核电大型先进压水堆"国和一号"示范工程取得重要突破，核电站关键设备相继实现自主设计和制造。

"十三五"期间，我国核电机组保持安全稳定运行，新投入商运核电机组20台，新增装机容量2344.7万kW，新开工核电机组11台，装机容量1260.4万kW，其中自主三代核电"华龙一号"进入批量化建设阶段，"国和一号"示范工程开工建设，我国在建机组装机容量连续保持全球第一。截至2020年12月底，我国运行核电机组共49台（不含台湾地区核电信息），装机容量为5102.72万kW（额定装机），见表8-2；核准及在建核电机组共19台，装机容量为2098.5万kW，见表8-3。

第8章 超大型多功能液压机的应用展望

203

表 8-2　截至 2020 年我国运行核电机组统计

核电基地	在运机组	容量/万 kW	核电基地	在运机组	容量/万 kW
红沿河	1#~4#	4×111.9	宁德	1#~4#	4×108.9
海阳	1#、2#	2×125.3	福清	1#~4#	4×108.9
田湾	1#、2#	2×106		5#(并网)	115
	3#、4#	2×112.6	大亚湾	大亚湾 1#、2#	2×98.4
	5#	111.8		岭澳 1#、2#	2×99
秦山	秦山 1 期	33		岭澳 3#、4#	2×108.6
	方家山 1#、2#	2×108.9	台山	1#、2#	2×175
	秦山 2 期 1#、2#	2×65	阳江	1#~6#	6×108.6
	秦山 2 期 3#、4#	2×66	防城港	1#、2#	2×108.6
	秦山 3 期 1#、2#	2×72.8	昌江	1#、2#	2×65
三门	1#、2#	2×125.1			
合计	5102.8 万 kW				

表 8-3　截至 2020 年我国核电在建、核准的核电机组

核电站	在建机组	容量/万 kW	核准未开工	容量/万 kW	总计
红沿河	5#、6#	2×111.9			
石岛湾高温堆	1#	21.1			
石岛湾国和一号	1#、2#	2×153.4			
田湾	6#	111.8			
福清	6#	115			
漳州	1#、2#	2×121.2			
太平岭	1#、2#	2×120			
防城港	3#、4#	2×118			
三澳	1#	120.8			
			2#	120.8	
昌江			3#、4#	2×120	
霞浦快堆	1#、2#	2×60			
小计		1737.7		360.8	2098.5 万 kW

在碳达峰、碳中和的战略目标下，我国经济迎来了一场广泛而深刻的系统性变革，构建清洁、低碳、安全、高效的能源体系，成为推动能源革命的重要要求，也是我国经济转型发展的迫切需要。各地政府也加大了对核能的关注和投入，在广东、福建、海南、江苏、浙江、山东等省份 2022 年的《政府工作报告》中，核电均被列为年度工作重点，我国核能发展将迎来更大的空间。

根据中华人民共和国国民经济和社会发展第十四个五年规划和 2035 年远景目标纲要，到 2025 年，我国核电运行装机容量达到 7000 万 kW。此外，根据中国核能行业协会发布的《中国核能年度发展与展望（2020）》中的预测数据，到 2025 年，我国在运核电装机达

到 7000 万 kW，在建 3000 万 kW；到 2035 年，在运和在建核电装机容量合计将达到 2 亿 kW；核电建设有望按照每年 6 至 8 台机组稳步推进。

四代堆及小型堆方面，受 2011 年日本福岛核事故影响，近年来我国百万千瓦核电发展放缓，国内三大核电集团积极推动四代堆及多用途的小堆技术，经过多年的科研、攻关，将陆续开展高温气冷堆、低温供热堆及海上核动力浮动堆核岛主设备的采购工作。预计至 2025 年将有 2 台机组海上浮动堆、2 个厂址低温供热堆、2 台机组高温气冷堆主设备采购。

综合分析，考虑已建、在建项目及未核准但已提前采购主设备的情况，至 2025 年，核电市场预计每年有约 4 套百万千瓦核电机组设备采购，目前每套核岛主设备市场价格约 9 亿元，预计整体规模约 36 亿元/年，其中涉及的压力容器、蒸发器、稳压器、泵壳、主管道等核电锻件的市场规模约 12 亿元/年。

中国一重是我国核电装备核心部件的供应商之一，依靠其在大型铸锻件的制造优势，在核电压力容器、石化容器等方面的骄人业绩，在国内核电装备市场中具有很强的竞争力，核电锻件市场占有率达到 80%，按此计算，未来五年中国一重每年可获得 2 套百万千瓦级核电机组所需锻件的订单；预计 2020—2030 年，每年中国一重将获得 3 套百万千瓦级核电机组所需锻件的订单。

8.1.1.3 乏燃料处理及核废料罐

核废料泛指在核燃料生产、加工过程中产生的，以及核反应堆用过不再需要且具有放射性的废料，主要分为高、中、低水平放射性三类，其中高放废物占核废料的体积比为 3%，但放射性份额占比却高达 95%，见表 8-4。

表 8-4 核废料分类表

核废料分类	体积占比	放射性占比	产品种类	后处理方法
高放废物	3%	95%	主要包括乏燃料及其经处理后的含有大量裂变物和超铀核素的废物。乏燃料含有 95% 的铀、1% 的钚、4% 的其他核素，经济价值较高	分 3 种做法，开式燃料循环；闭式燃料循环；暂时贮存（约 50 年）
中、低放废物	97%	5%	主要来自核电站在发电过程中产生的具有放射性的废物	存放于核电站内部暂存库密闭金属桶不超过 5 年，运抵中、低放废物处理场，埋入 100~300m 地下

核废料主要包括高放废物、中放废物以及低放废物。其中，高放废物即乏燃料以及乏燃料后处理后产生的固体废物；中、低放废物则主要指受到放射污染的设备、废水等。一座百万千瓦级核电机组一年约产生乏燃料 20~25t，其中可再利用的铀 23.95t、钚 0.25t、中短寿命裂变产物 0.75t、次锕系元素 0.02t，长寿命核素 0.03t。经过后处理加工，乏燃料最后将分别产生约 $4m^3$、$20m^3$ 以及 $140m^3$ 的高、中、低放废物，同时还将伴随产生 $200m^3$ 非辐射性废料。根据世界核学会的研究数据，核废料中中、低放废物占比约为 97%，高放废物占比约为 3%。通常，刚卸下的核废料会被临时储存于核电站的硼水池中，从容量上看，站内存储的设计年限约为 5~10 年，之后将统一作堆外储存处置。

我国目前已拥有中、低放废物处置场 3 座，分别为西北处置场、北龙处置场以及飞凤山处置场，其规划容量分别为 $200000m^3$、$240000m^3$ 以及 $180000m^3$。根据计划，未来我国将继续建设 5 座中、低放废物处置场。

我国首座投入商运的大型核电机组为大亚湾核电站，其于 1994 年正式并网，运行至今其站内乏燃料水池已填满，部分乏燃料组件已转运至岭澳 4 号机组储存，充分反映出我国核电后处理市场建设与新投运机组之间的不匹配性。根据我们的测算，预计至 2025 年，我国累计核废料将达到 113980m³，其中年新增乏燃料超过 2000t。

中国一重在核电装备的制造方面创造了多项世界第一，全球首台"国和一号""华龙一号"反应堆压力容器如图 8-3 所示，实验快堆堆容器如图 8-4 所示。

 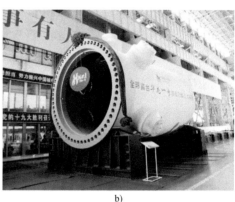

a)   b)

图 8-3　全球首台大型先进压水堆反应堆压力容器

a）国和一号　b）华龙一号

8.1.2　代表性锻件

中国一重是全球最大的核电锻件供应商之一，需要超大型多功能液压机 FGS 锻造成形的代表性锻件有各类一体化锻件、空心主管道、不锈钢锻造泵壳、乏燃料罐等。

1. 压力容器一体化上封头

选择 CAP1400 压力容器中的一体化上封头作为研究对象（见图 8-5），粗加工质量为 104.444t。

 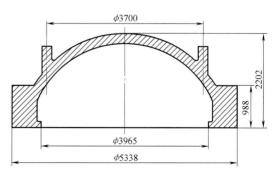

图 8-4　实验快堆堆容器　　　　　图 8-5　CAP1400 压力容器一体化上封头

模拟结果为：球形凸模镦粗力 1180MN，平整锤头成形力 1050MN，二步模锻成形力如图 8-6 所示。

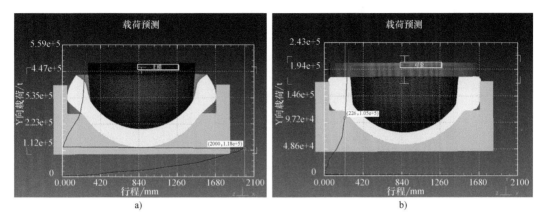

图 8-6　一体化上封头模锻成形力

a）球形凸模镦粗力　b）平整锤头成形力

2. 压力容器一体化接管段

研究对象是 CAP1400 一体化接管段，该一体化接管段的设计并非出自 RPV 设备设计单位，而是由锻件制造企业按照首台 CAP1400 压力容器接管段、进/出口接管以及安注接管的零件图堆砌而成，所以不代表未来一体化接管段的设计结构与尺寸。一体化接管段材质为 SA508Gr.3Cl.1。一体化接管段的形状与尺寸如图 8-7 所示，零件质量为 160.075t。

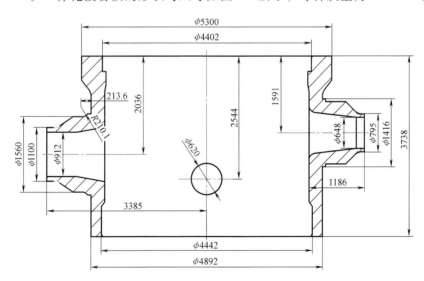

图 8-7　一体化接管段的形状与尺寸

一体化接管段模锻成形工艺方案示意如图 8-8 所示。模锻成形工艺方案设计行程为 1941mm，模拟时预定镦粗行程为 1960mm，实际模拟结果为：当凸模行程达到 1880mm（STEP113）时，成形力为 1580MN；当凸模行程达到 1900mm 时，成形力为 1670MN；当凸模行程达到 1910mm 时，成形力为 1880MN。

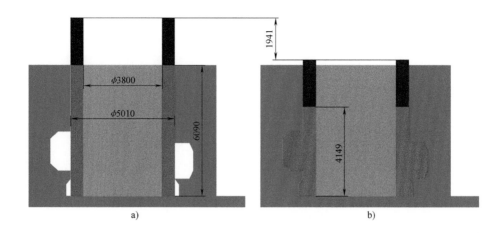

図 8-8 CAP1400 一体化接管段模鍛成形工艺方案示意

a) 成形开始位置 b) 成形结束位置

3. 压力容器一体化底封头

研究对象是 CAP1400 一体化底封头, 如图 8-9 所示。模鍛成形力如图 8-10 所示, 成形力高达 1500MN。

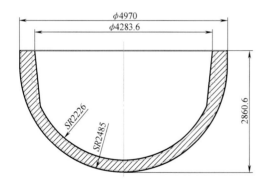

图 8-9 CAP1400 一体化底封头

图 8-10 CAP1400 一体化底封头模鍛成形力

4. 蒸汽发生器整体下封头

选择国和一号蒸发器中的整体下封头 (也称水室封头) 作为研究对象, 其粗加工取样图如图 8-11 所示, 粗加工质量为 108.112t。

5. 空心主管道

(1) 国和一号热段 A 图 8-12 所示为研究对象 (弯制前) 的管坯图, 锻件质量为 40.653t。

模拟结果为: 球形凸模镦粗力 1720MN, 平整锤头成形力 534MN, 二步模鍛成形力如图 8-13 所示。

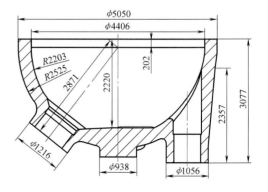

图 8-11 整体下封头粗加工取样图

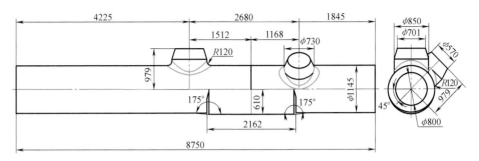

图 8-12 CAP1400 核电用主管道热段 A 弯制前管坯图

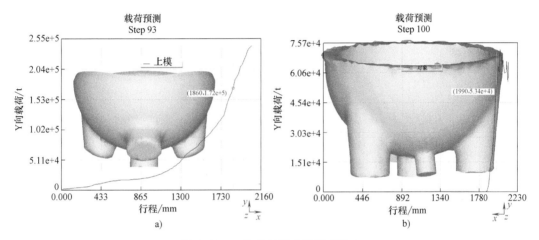

a)

b)

图 8-13 一体化下封头模锻成形力

a) 球形凸模镦粗力 b) 平整锤头成形力

半空心坯料模锻成形工艺方案示意如图 8-14 所示。通过数值模拟，管嘴充满时的镦粗最大成形力为 1360MN。

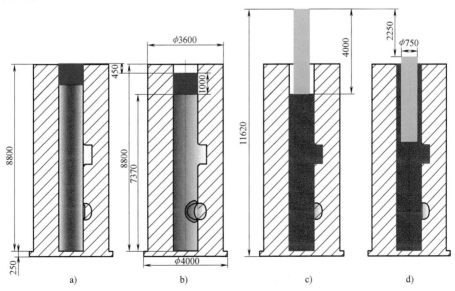

图 8-14 CAP1400 主管道热段 A 管坯半空心坯料模锻成形工艺方案示意

a) 闭式镦粗开始 b) 闭式镦粗结束 c) 冲盲孔开始 d) 冲盲孔结束

（2）华龙一号主管道热段 华龙一号某项目主管道热段管坯的形状与尺寸如图 8-15 所示，零件质量为 171.98t。

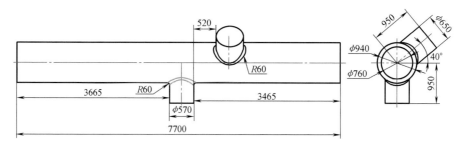

图 8-15 华龙一号某项目主管道热段管坯的形状与尺寸

半空心坯料模锻成形工艺方案示意如图 8-16 所示。通过数值模拟，管嘴充满时的镦粗最大成形力为 1360MN。

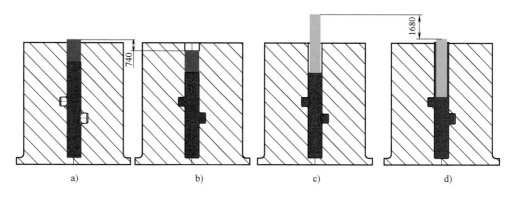

图 8-16 华龙一号某项目主管道热段管坯半空心坯料模锻成形工艺方案示意
a）闭式镦粗开始 b）闭式镦粗结束 c）冲盲孔开始 d）冲盲孔结束

6. 不锈钢锻造泵壳

不锈钢锻造泵壳外形如图 8-17 所示。

采用双工位设计可有效减小锻件成形载荷，将模锻成形所需的成形力分解到两次压下过程中；同时，也更有利于金属流动，实现金属充满形腔；更重要的是，可以实现 FGS 锻造。双工位辅具均提前装配完成，通过强度校核，将辅具局部位置进行了补强。模具装配如图 8-18 所示，上下均有滑道，上料后下模及坯料通过侧缸推至液压机中心，开始第一工位镦粗，随后上横梁滑动至第二工位，冲头与坯料对中进行第二工位冲盲孔（挤压）成形。

图 8-17 泵壳外形

7. 乏燃料罐

乏燃料罐的材料分为球墨铸铁、合金钢和不锈钢三类，其中不锈钢的制造难度最大，本文以某型号不锈钢乏燃料罐为例进行成形展望，不锈钢锻件尺寸如图 8-19 所示，该锻件外径为 2230mm，内径为 1500mm，精加工质量为 88t。

图 8-20 所示为不锈钢乏燃料罐模锻成形数值模拟结果，成形温度为 1050℃，上模压下

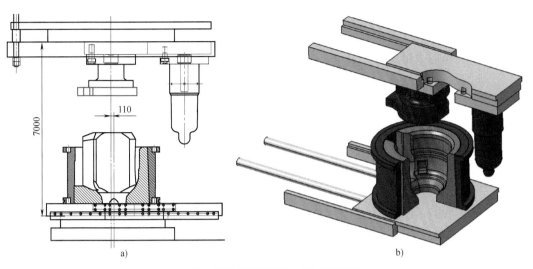

图 8-18 不锈钢锻造泵壳成形模具装配

a) 平面图 b) 立体图

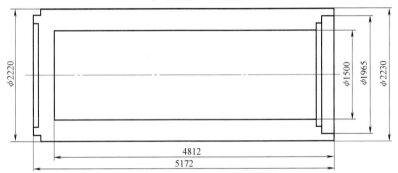

图 8-19 不锈钢锻造乏燃料罐精加工尺寸

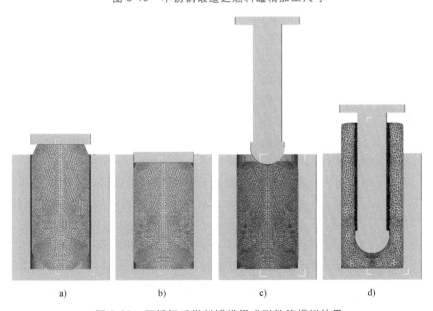

图 8-20 不锈钢乏燃料罐模锻成形数值模拟结果

a) 模内镦粗开始 b) 模内镦粗完成 c) 冲盲孔开始 d) 冲盲孔完成

速度为 20mm/s，摩擦选择剪切摩擦，摩擦系数为 0.3。图 8-21 所示为不锈钢乏燃料罐模锻成形载荷的计算结果，由于采用 1/4 模型进行计算，因此实际成形载荷为计算载荷的 4 倍，可以看出锻件模内镦粗成形力为 1000MN，冲盲孔成形力为 780MN。

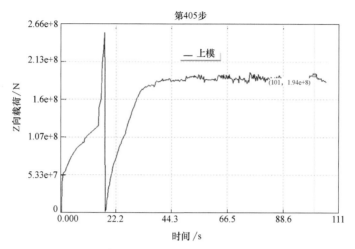

第405步

(101, 1.94e+8)
—— 上模

图 8-21　不锈钢乏燃料罐模锻成形载荷的计算结果

8.2　石化容器

8.2.1　市场预测

1. 世界炼油工业发展预测

据国际能源机构（IEA）发表的 2004—2030 年长期预测，至 2030 年，世界石油需求将增加至 11540 万桶/日。美国能源情报署（EIA）出版的"2030 年长期能源预测"摘要，预测世界石油需求 2030 年将达到 11780 万桶/日，中国石油需求年平均增长率为 3.2%，2030 年将达到 1493 万桶/日。

据国际能源机构预测，世界炼油能力 2030 年将提高至 11780 万桶/日。但是，若不注意扩增能力，各种炼油设备出现不足，将诱发原油价格和油品价格上涨。

炼油能力扩增大多集中在亚洲和中东的发展中国家。2030 年中国将增至 1500 万桶/日左右。而且，由于中国油品需求增长超过炼油能力增长，至 2030 年仍将继续进口油品。

2. 我国炼油工业发展预测

《中共中央关于制定国民经济和社会发展第十四个五年规划和二〇三五年远景目标的建议》为"十四五"石化行业的发展明确了大方向，提出石化行业要加快发展现代产业体系，提升产业链供应链现代化水平，发展战略性新兴产业，形成强大国内市场，构建新发展格局，促进国内国际双循环，拓展投资空间等。《"十四五"我国石化和化学工业发展思路》明确提出"十四五"我国石化行业进入高质量发展阶段，突出绿色发展、创新发展、开放发展、协调发展的内涵。到 2025 年，我国石化和化工产业的基础和竞争优势将居世界前茅。

2021 年，国内炼油行业取得双突破。其中，炼油能力突破 9 亿 t/年，原油加工量突破 7 亿 t/年大关，成品油出口恢复增长。根据按目前在建、已批准建设和规划的项目测算，我国

2025 年炼油能力将升至 10.2 亿 t/年。"十四五"期间，炼油能力的继续增长将推动我国成为世界第一大炼油国。根据《石化和化工行业"十四五"规划指南》，未来我国石化行业需求增速放缓，但结构性短缺依然存在。"十四五"将着力推动结构调整和转型升级，在加快推动炼油产业转型优化的同时，提升烯烃、芳烃产业的综合竞争力，重点引导下游产业实现高端化转变。

今后数年，我国炼油和石化工业仍将有迅速的发展和提升，但国产原油供应远远不能满足需要，出现了大量进口原油的严重局面。为满足市场对精炼油的需求，每年约有 50% 的原油需进行加氢处理，但目前我国加氢处理能力还不到需要处理原油量的 1/10。对现有炼油企业进行改造和技术升级，提高加氢精炼油的比例，是我国石化行业面临的重大课题。

"十四五"时期，国内多数石化产品将保持增长，但增速放缓，产业发展将以"调结构、补短板、促升级、保安全"为主线，呈现高端化、集约化、安全化、差别化、国际化等趋势。化工产业差别化发展，要解决部分产品产能过剩问题，淘汰低效产能，支持有需求的产品有序发展。乙烯下游产品增长空间较大，如聚乙烯和乙二醇等产品，将依托新技术及先进装备，不断提升产品综合竞争力。

我国目前仍是全球最主要的石化产品净进口国之一，贸易逆差巨大，但同时又是下游纺织、轻工等制品全球最大的出口国，国际贸易环境变化及不确定性将带来石化行业发展格局的深刻变化。化工产业参与全球竞争是必然趋势，"十四五"期间，国内炼化一体化、煤化一体化等产业的发展规模将进入平台期，化工产业将加快从国内市场转向国际、国内两个市场布局，石化产业强化全球竞争和布局的趋势愈加明显。

根据目前在建、已批准建设和规划的项目测算，2021 年到"十四五"末期，每年新建的炼油项目和升级改造项目在 3000 万 ~4000 万 t/年。总投资约 2600 亿元/年。根据一般炼化项目投资预算比例，其中设备占比约为 12%，据此计算，每年设备投资约 300 亿元。加氢反应器约占设备的比重为 20%，市场规模约 60 亿元/年，其中锻焊加氢反应器的市场规模约 30 亿元/年。

3. 石化行业对加氢裂化反应器的需求

石化行业是我国确定的 16 个重大技术装备关键领域之一，石油化工装备工业仍是我国国民经济的重点发展领域，其总体发展趋势是更加大型化、集约化和自动化。加氢反应器和压缩机是石化生产过程中最为关键的核心装备。为了提高油品品位，适应进口高硫原油的炼油需要，必须大力发展加氢装置（包括加氢裂化、加氢脱硫、加氢精制等）。

随着装置的大型化，加氢裂化和加氢精制规模将达到 300 万 ~350 万 t，大型加氢反应器的需求量还将继续增加，预计每年需要锻焊结构的厚壁重型容器 30 台左右，其中千吨级以上的加氢反应器占 1/3。

近年来，石化建设和改造任务比较集中，石化设备需求量大，制造企业生产任务饱满，设备供不应求，价格上升，交货期拖长，尤其是加氢反应器，由于国内有能力制造加氢设备的制造厂较少，供不应求的局面将会持续一段时间。

中石油正在积极准备向中东、南非等石油储量丰富的海外国家扩张，参与其石油的开采和石油精炼设备的出口，这也给我国的大型容器设备制造企业提供了利用其价格优势参与国际竞争的十分难得的机会。

石油精炼重型容器在国内市场供不应求的同时，国际上炼油产业发展较快，如亚太地区、中东地区、欧洲等地区均有许多炼油厂的项目在筹建，国际市场的前景较好。

随着全球经济增长形势的变化，原油消费、炼油、石油化工业务的全球布局发生了一定变化，亚太地区已迅速成为与北美、西欧三足鼎立的全球原油消费、炼油和石油化工业务中心，其中中东和亚洲石化工业的发展最为迅猛，中国一重在这个市场上会有不断发展。

全球石化项目火热的局面将维持一段时间，而全球石化设备中最主要的设备加氢反应器尤其是锻焊反应器制造企业有限，产能有限，受到制造周期的限制，因此将会有更多的国外公司寻求与中国一重的合作。

世界年需要锻焊加氢反应器类产品大约在 5 万 t 左右，中国一重目前的年产能力在 1 万 t 以上，凭借一重良好的制造技术和丰富的制造业绩以及很强的竞争实力，承接 1 万 t 容器制造份额完全可以实现，若此需加氢反应器封头约 100 件，则本项目新增一体化封头为 36 件，有充分的市场保证。

8.2.2 代表性锻件

中国一重从 20 世纪 80 年代开始研制锻焊结构热壁加氢反应器，最大的是全球首台 3000t 级浆态床锻焊加氢反应器（见图 8-22）。在生产的数百台锻焊结构加氢反应器中，由于受锻造设备能力的限制，反应器的过渡段和下封头一直是分体制造（见图 8-23），由于设

图 8-22　全球首台 3000t 级浆态床锻焊加氢反应器发运仪式

a)　　　　　　　　　　　　　　　　　　　　　　b)

图 8-23　加氢反应器过渡段和下封头

a）过渡段　b）下封头

备安装后过渡段与下封头之间的环焊缝被裙座遮挡，给设备的在役检测带来一定的难度。本项目拟采用超大型多功能液压机制造一体化底封头。

采用超大型多功能液压机，将使得制造加氢反应器一体化底封头成为可能。图 8-24 所示为某项目一体化底封头的设计图；图 8-25 所示为一体化底封头模锻成形过程中液压机的行程及成形力，由图 8-25 可以看出，液压机的行程为 1750mm，最大成形力为 1560MN。

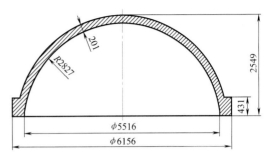

图 8-24　某项目加氢反应器一体化底封头

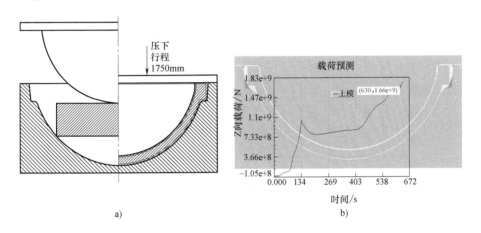

图 8-25　加氢反应器一体化底封头模锻成形

a）行程　b）成形力

 **8.3　大飞机**

8.3.1　市场预测

国产大飞机 C919 已获得民用航空器适航证，并正式迈入商用阶段。国产大飞机的制造不仅能带动上下游产业链的发展，形成"大飞机效应"，也为我国工业制造能力的全面提升注入了一剂强心针。国产大飞机 C919 交付在即，将打开万亿市场空间。

近年来，我国大飞机行业受到各级政府的高度重视和国家产业政策的重点支持。国家陆续出台了多项政策，鼓励大飞机行业发展与创新，《计量发展规划（2021—2035 年）》《中共中央 国务院关于完整准确全面贯彻新发展理念做好碳达峰碳中和工作的意见》《专业技术人才知识更新工程实施方案》等产业政策为大飞机行业的发展提供了明确、广阔的市场前景，为企业提供了良好的生产经营环境。

飞机作为民用航空运输实现运营的唯一载体，能够反映我国民用航空运输的空运能力。近 10 年来，我国民航飞机保有量总体保持快速增长态势。截至 2021 年底，民航全行业运输飞机期末在册架数 4054 架，比 2020 年底增加 151 架。预计 2022 年将增长至 4210 架。

民用大飞机的价值分布如图 8-26 所示。

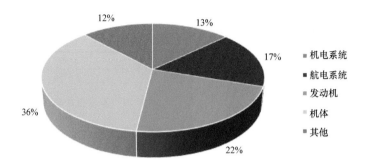

图 8-26　民用大飞机的价值分布

大飞机产业链覆盖原材料、零部件、分系统、整机总装和后市场（维修、检测、拆解、租赁等）环节。国内民航大飞机整机总装由中国商飞、中航工业旗下中航飞机完成，原材料、零部件制造、子系统分包则由众多国企、民企参与，市场化程度较高。大飞机产业链见表 8-5。

表 8-5　大飞机产业链

主要环节	描述
原材料	金属材料主要是钛合金、镁铝合金、高强钢,用于机体结构件、发动机结构件、刹车副等;非金属材料为复合材料,用于机身材料、机翼材料
零部件	机械零部件包括机体结构件、发动机结构件、旋翼、起落架、玻璃、轴承、轮胎等;电子元器件包括连接器、传感器、特种线缆
分系统	包括动力、航电、机电、雷达、大型机身构件等系统
整机总装	中国商飞和中航飞机是 C919 项目的总装商。中航飞机是中航工业旗下唯一的飞机总装单位;天保基建则是通过与空客公司合资进入民航大飞机的总装领域

此外，预计未来 10 年我国各种型号军用飞机需求量每年都会有数百架的增长。

8.3.2　代表性锻件

大飞机的代表性锻件是指目前因成形力的限制而分体制造的承力框，分述如下。

1. 军用飞机

某型号运输机的加强框如图 8-27 所示，其整体成形力为 1040MN；材料为 BT20，规格为 1680mm×1450mm×100mm 的某型号歼击机的承力框（见图 8-28）目前分为 6 个锻件组焊在一起；如果整体锻造，成形力需要 1500MN。

2. 民用飞机

宽体客机承力框整体成形数值模拟如图 8-29 所示，成形力大于 1200MN。

机身部位 STA663.75 隔框接头属于飞机的主要承力件，同时又属于机翼机身传力部件，波音收到的报告数据为全球检查了 905 架次飞机，发现裂纹的飞机有 45 架次，而 30000 飞行循环以上的飞机发现裂纹的概率为 7.2%。采用超大型多功能液压机可以实现整体制造。

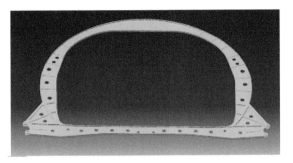

图 8-27　某型号运输机的加强框

图 8-28　某型号歼击机的承力框

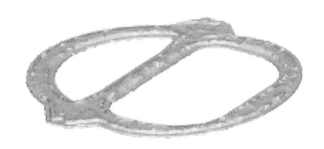

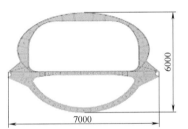

a）

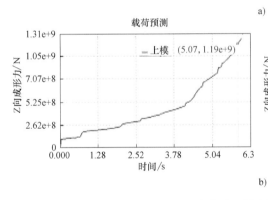

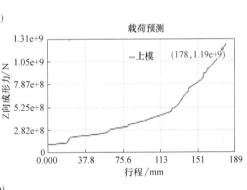

b）

图 8-29　宽体客机承力框整体成形数值模拟

a）模型　b）成形力

8.4　运载火箭

　　火箭是依靠火箭发动机喷射工质（工作介质）产生的反作用力向前推进的飞行器，按照用途分类，主要有运载火箭和探空火箭两种。在航天产业中得到较多应用的是运载火箭，运载火箭是能够将人造卫星、载人飞船、空间站或空间探测器等有效载荷送入预定轨道的航天运输工具，由单级或多级火箭组成。运载火箭与导弹尽管在任务目标、气动布局、结构与规模上存在一定区别，但二者主要的组成部件类似，具体包括箭体结构、推进系统、控制系统、飞行测量及安全系统、附加系统等。其中，运载火箭是运载火箭系统的核心组成。

近 10 年来，全球及我国的火箭发射次数整体保持上升趋势，2020 年全球发射次数合计为 114 次。市场规模方面，卫星发射一直是航天火箭发射的主要下游应用领域。根据美国卫星工业协会（SIA）发布的统计数据，全球当前卫星发射市场在每年 45 亿~65 亿美元之间波动，仅占卫星产业总市场的 2% 左右，主要原因为尽管当前卫星市场受到组网、星座化的影响而快速增长，部分卫星星座甚至拥有上万颗卫星的高密度部署计划，但随着微小卫星或小卫星占比的提高，运载火箭也同时在向"一箭多星、星多箭少"的趋势发展。综合分析，预计未来全球航天发射的年度总次数在中短期仍将保持在 100~160 次，火箭发射在航天产业市场中的占比或将维持在 2% 左右。

近年来，新一代运载火箭长征五号、长征六号、长征七号、长征十一号成功首飞，大幅提升了我国进入空间的能力。在航天发射次数方面，2018 年我国卫星部署频繁，包括北斗三号系统、鸿雁及虹云工程的验证星发射等，导致 2018 年我国卫星发射次数达 39 次，较 2017 年增长了 1 倍以上，在世界各国航天发射次数中居首位；2019 年，由于 2017 年我国长征五号遥二火箭发射失利导致多个航天重大工程的发射进度延迟，以及我国一箭多星发射技术逐渐成熟，我国航天发射次数有所下滑；2020 年，实现卫星发射任务 39 次，其中长征火箭执行 34 次发射任务。基于《欧洲咨询报告》中对 2012—2020 年各类卫星实现"一箭多星"时的卫星发射数量及卫星发射次数的比例，预计中国 2020—2025 年的运载火箭发射次数需求将超过 180 次，市场合计 760 亿~780 亿元，平均每年约 126 亿~130 亿元。参考国外运载火箭的发射成本，其主要由火箭硬件成本、直接操作成本和间接操作成本组成。火箭硬件成本占发射成本的 75%，发射操作、推进剂等直接操作成本约占 15%，行政管理、发射场工程支持与维护等间接操作成本占 10%。按照测算，2020—2025 年每年火箭硬件市场规模约为 95 亿~98 亿元。

根据中国运载火箭技术研究院发布的《2017—2045 年航天运输系统发展路线图》，到 2020 年，长征系列主流运载火箭达到国际一流水平，同时面向全球提供多样化的商业发射服务。其中，低成本中型运载火箭长征八号实现首飞，在役火箭实施智能化改造，商业固体运载火箭与液体运载火箭可为用户提供"太空顺风车""太空班车"及"VIP 专车"等商业发射服务。2025 年前后，可重复使用的亚轨道运载器将研制成功，亚轨道太空旅游或成为现实。同时，空射运载火箭可将快速发射能力提升到小时级，智能化低温上面级也将投入使用，运载火箭将有力地支撑空间重大基础设施建设、空间站运营维护、无人月球科考站建设，商业航天建成集地面体验、商业发射、太空旅游、轨道服务为一体的系统体系。从近年来我国运载火箭整机的研制发展方向上看，运载火箭当前的发展趋势主要为无毒、无污染、低成本、高可靠、大推力、适应性强、安全性好等。除此之外，未来伴随航天发射任务多样化的需求，运载火箭发射快响应也将成为重要的技术发展趋势。

目前，普通高性能金属材料仍是航天结构材料的重要组成部分，但其应用已基本接近技术的极限，随着航天飞行器迫切的减重需求，具有优异力学性能的轻质结构材料，尤其是以铝合金、镁合金、钛合金及复合材料等为代表的轻质结构材料成为航空航天研究的热点。轻质合金结构材料方面，涉及的技术发展重点包括超高强铝合金，因力学性能大幅提升造成相应的塑性降低、淬透性差、淬火残余应力大、机加工难度大等一系列问题；耐高温高强镁合金中，工业化变形镁合金总体强度水平不高、塑性较差，大尺寸结构件抗拉强度和延伸率有待提高，高强耐热变形镁合金大尺寸铸锭的熔铸技术和加工成形技术有待提高；大多耐高温高强钛合金工程化应用水平不成熟。轻质复合材料方面，发展趋势为提高结构复合材料的耐高温性能、力学性能，掌握耐高温树脂基结构成形技术，降低制造成本，形成具有自主知识产权的结构复合材料体系。

综合分析，在当前"一箭多星"发射技术日益成熟的背景下，预计我国未来运载火箭产业的市场规模约128亿元/年，其中火箭硬件市场规模约为96亿元，将为火箭发射筒等部件产品带来较为稳定的市场需求。

 8.5 潜水器

8.5.1 市场预测

潜水器从最初设计到今天经历了数百年的发展，已经从简单的水下观光器发展成为一种具有战略威慑力量的水下舰艇。隐蔽性好是专项产品最显著的优点之一。专项产品下潜深度的增大是增强专项产品隐蔽性的主要措施之一。由于现代专项产品的下潜深度一般为300~400m，而世界海洋的深度多为1000~6000m，因此增大下潜深度将会有更加广阔的空间，对敌方能具有更大的威慑。目前，采用高强度材料做耐压船体的俄罗斯"台风"级专项产品的最大下潜深度已达600m，俄罗斯阿尔法级专项产品的极限下潜深度已达900m，而未来超大潜深专项产品的工作下潜深度将达到1000m。

超大潜深专项产品的耐压船体承受到巨大的深水静压力，为了保证其中人员、武器装备及其他设备的正常工作，必须保证耐压船体具有良好的可靠性、安全性，并体现出优越的经济性。目前，对于专项产品实现大潜深技术主要考虑三方面内容：一是专项产品耐压壳体材料；二是专项产品耐压壳体结构形式设计；三是大深度下专项产品相关系统的设计。目前，现代专项产品耐压壳体材料一般采用高强度钢，如合金钢、钛合金等，其屈服极限已达到1000MPa。专项产品其他方面相关系统设计技术也已经取得很大进步，相关技术已经非常成熟并得到广泛应用。考虑到经济性及推广性，专项产品耐压壳结构形式应该得到更多的关注及研究。

圆柱形耐压壳是专项产品耐压壳的常用结构形式，其端部耐压舱壁主要有平面舱壁和球面舱壁两种形式。平面舱壁结构笨重，应力集中现象明显，并且空间利用率不高，只应用在特定的结构形式中；与平面舱壁结构不同，球面舱壁无论从受力情况还是结构形式考虑，都具有较好的可应用性。

目前，我国对于专项产品端部球面舱壁进行结构设计时通常采用三心球面舱壁，即主要由球面壳、过渡短环壳和锥壳三部分组成。当专项产品结构尺寸较小时，球面壳主要通过冲压工艺建造，但随着现代大潜深专项产品的发展，专项产品结构尺寸越来越大，这就给球面壳的制造造成了一定困难，因此越来越多的端部舱壁通过焊接制造。在生产大尺寸耐压壳时，局部偏差和初始缺陷将不可避免。这种初始缺陷将会对结构强度和稳定性造成影响。为增加圆柱耐压壳的强度，通常可以采用周向加强筋、纵向加强筋及混合加筋等加强，但也造成了球面舱壁的结构复杂，并且由于通过焊接拼接制造，专项产品的下潜能力、持久性受到了限制。因此，专项产品球面舱壁实现一次成形制造，减少纵向焊缝，将对我国专项产品的设计、制造技术水平起到划时代的作用，国内现有装备能力不能满足制造要求，需要成形力1600MN 等级的超大型多功能液压机来保证产品一次成形。

8.5.2　一体化锻件

图 8-30 所示为某型号核潜艇艇身分体锻件，如果整体制造，需要超大型多功能液压机提供足够的压力成形。

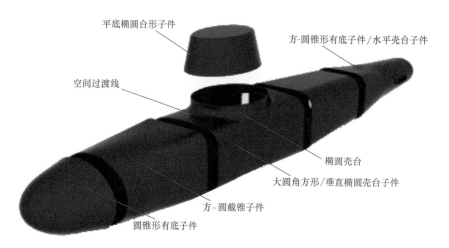

图 8-30　某型号核潜艇艇身分体锻件

图 8-31 所示为潜艇高压舱壁，直径为 $\phi6000 \sim \phi10000\text{mm}$，这种潜艇的核心部件要求尽可能一体化成形，其成形数值模拟如图 8-32 所示。

图 8-31　潜艇高压舱壁

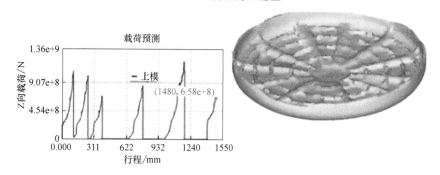

图 8-32　潜艇高压舱壁一体化成形数值模拟

8.6 **其他领域**

8.6.1 钢铁冶金

钢铁工业的发展重在提高质量和调整品种规格，在此期间，将大幅提高冷轧板带的比例，我国冷轧薄板的生产能力将大幅提高，热轧到冷轧薄板的转化率将从现在的10%以上上升到51%以上，大力发展连铸连轧和能产出优质产品的大规格中厚板轧机。冶金设备用大型支承辊是消耗性备件，需定期更换，因此需要大量的优质大直径轧辊，而目前我国仍然有相当部分的优质大直径轧辊需要从国外进口，因此大型支承辊、高性能轧辊及有色金属用冷热轧工作辊及大型复合轧辊等具有一定的市场潜力。

"十三五"期间，冶金装备行业所服务的产业总体形势是，国内外钢铁和有色金属冶金市场产能过剩、供大于求的状况依然没有改变。目前，我国钢铁产业已由"数量扩张"为主线的规模增长转向以"高质量"为主线的创新发展，产业发展呈现了新的变局，禁止新增产能，实施产能置换，强化调整存量。

从国内看，随着钢铁行业产能置换、绿色发展、布局调整、重组兼并、经营方式的转变以及国际化进程的不断深入，大型冶炼装备市场增量明显，大型轧制装备有少量潜在新增市场。随着钢铁行业装备大型化、绿色化、智能化的发展，在役设备的更新改造、维护成为需求中的重要部分。从国际上看，欧美发达国家冶金装备市场基本已经饱和，再难有明显的数量增长，以存量提升类的设备需求为主；发展中国家的基础建设和工业等行业有较大的发展空间，钢铁工业发展潜力较大，钢铁技术、装备和服务市场广阔。

2021年，全球经济恢复性增长，我国经济进入新的发展阶段，稳步构建新发展格局，以深化供给侧结构性改革为主线，以高质量发展为"十四五"开好局，为我国冶金行业健康发展提供良好的宏观环境。从需求侧来看，地产投资保持韧性，基建投资继续回暖，制造业加快升级步伐，带动需求保持良好局面，国内钢铁市场将呈现宽幅震荡格局，钢材均价将有所上升，行业利润增加，促进了钢铁企业投资，增加了冶金装备市场需求。

在2030年"碳达峰"和2060年"碳中和"的目标约束下，未来钢铁行业将是降低碳排放的重点行业，减少资源能源消耗、研究低碳路径、破解低碳发展难点势在必行。随着国家去产能、环保政策的不断加码，钢铁企业面临超低排放改造、低碳发展的繁重任务，冶金装备细分行业短期迎来设备改造升级的发展机遇。

8.6.1.1 支承辊市场

轧辊产品主要供轧钢行业作生产备件用，也是重要消耗零件，总体需求受钢铁行业发展影响。自2013年我国钢材产量超过10亿t以来，近年一直保持在10亿t以上，2020年增加至13.25亿t，创历年来最高水平。中国一重生产的支承辊主要用于生产板带材，根据中国钢铁工业协会和国家统计局的数据，"十三五"期间，板带材产量基本保持在5亿t以上，在钢材总产量中的占比为45%~46%。综合分析，预计"十四五"期间我国板带材产量仍可保持在5亿t左右，所占钢材比例约45%，整体相对稳定。支承辊市场需求的主要来源为现有设备的日常消耗备件，而钢铁产量总体将保持在平稳阶段，因此预测"十四五"期间支承辊的市场需求也将保持相对稳定。

1. 2800mm 以下支承辊

通过调研、统计，全国现有宽度 1250~2800mm 黑色、有色、不锈钢冷热轧宽带钢生产线约 400 条，在线支承辊数量约 2500 支，总重 8 万~9 万 t。通过调研各大钢铁企业分析，钢铁轧线支承辊的平均寿命约为两年，有色轧线支承辊的平均寿命约为 8 年。综合分析，每年支承辊的市场需求约 1200~1300 支，市场规模约 8 亿元/年。

2. 2800mm 及以上支承辊

根据调研、统计，目前全国 2800mm 及以上中厚板轧线约 70 条，在线支承辊数量约 170 支，总质量 2 万 t 以上。中厚板轧线支承辊的平均寿命约为 5~6 年，有的甚至可达 8~10 年。综合分析，全国 2800mm 及以上中厚板支承辊的市场需求约 50 支/年，市场规模约 2 亿元/年。

支承辊按制造方法可分为锻钢辊和铸钢辊两种，国际上日本、俄罗斯以锻钢辊为主，欧美国家以铸钢辊为主。目前，冶金企业使用的支承辊，国内锻钢辊由中国一重、中国二重提供，铸钢辊主要由邢台轧辊生产。

由于中国一重在国内率先开发出 Cr5 型锻钢支承辊，并以其优异的性能赢得了用户的青睐，因此国内锻钢支承辊主要由中国一重提供，市场份额约占 80%，按照市场体量预测，中国一重每年能有 1000 支左右的支承辊订单。

8.6.1.2 代表性产品

本文中的研究对象是 2050mm 热连轧 F1-F7 精轧支承辊，材质为 YB-75（中国一重支承辊牌号）。

1. 零件图

2050mm 热连轧支承辊的形状与尺寸如图 8-33 所示，零件质量为 52.617t。

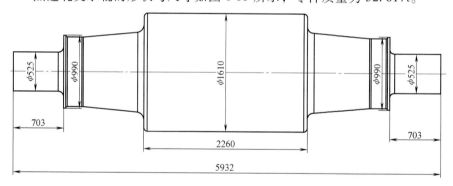

图 8-33 2050mm 热连轧支承辊的形状与尺寸

2. 成形工艺方案

支承辊镦挤成形工艺方案示意如图 8-34 所示。

当行程为 2500mm，成形力为 1740MN 时，可以满足制造要求。因此，需要成形力 1600MN 等级的超大型多功能压力机来保证支承辊一火次镦挤成形。

3. 高强特厚板坯

航母的建造需要高强度钢板，其中指挥塔需要 330mm 的防弹钢板。这种高强特厚钢板无法用连铸板坯直接轧制成形，如果采用扩散连接的方式多层轧制，则难以满足性能要求。为此，可以采用图 8-35 所示的方式用双超圆坯挤压出锻坯，然后用锻坯轧制出满足要求的

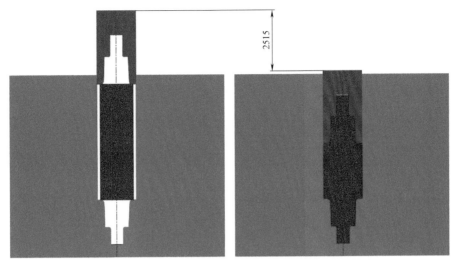

图 8-34 2050mm 热连轧支承辊镦挤成形工艺方案示意

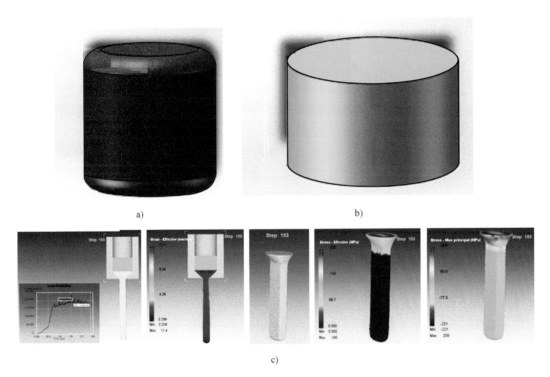

图 8-35 用双超圆坯挤压出锻坯的主要过程及数值模拟

a) 双超圆坯 b) 挤压前的锻坯 c) 挤压成形的数值模拟

钢板，如图 8-36 所示。

8.6.2 水电

1. 水电市场分析

我国水能资源蕴藏量和可开发的水能资源，在世界各国中均居第一位。我国川、滇、藏

图 8-36　锻坯加热及轧制出的高强特厚钢板

a）锻坯加热　b）轧制出的钢板

三省（自治区）水能资源极为丰富，大陆水力资源理论蕴藏量在 1 万 kW 及以上的河流共 3886 条，理论蕴藏装机容量 11.21 亿 W，理论蕴藏发电量 9.82 万亿 W·h；拥有 8.75 亿 kW 技术可开发水能资源（经济可开发装机容量约为 6.5 亿 kW）。目前开发程度不超过 40%，相比发达国家如法国、瑞士、意大利已达到 80% 的总体开发程度，德国、日本、美国的水电开发程度也在 67% 以上，而我国的水电开发程度仅为 37%，稍高于全球平均水平，但与发达国家相比仍有较大差距。我国水电发展仍有较大市场空间。

根据国家能源局统计的数据，2020 年水电新增装机 1323 万 kW，全口径水电装机容量达到 37016 万 kW（含抽水蓄能 3149 万 kW），同比增长 3.4%，占全部装机容量的 16.82%。目前，水电建设进度稍滞后于电力"十三五"的规划目标 3.8 亿 kW。

水电水利规划设计总院预测，"十四五"水电主要发展方向是以川、滇、藏等开发区域为重点，深化推进大型水电基地建造，稳步推进藏东南水电开发，加快调理性能好的控制性水库电站建造。大型水电项目开发将围绕大渡河水电基地建设、雅砻江流域开发，重点加快建成双江口、金川电站，开工建设巴底电站。

中华人民共和国国民经济和社会发展第十四个五年规划和 2035 年远景目标纲要提出了实施雅鲁藏布江下游的水电开发。雅鲁藏布江流域水能资源丰富，其下游的大拐弯地区为"世界水能富集之最"，汇集了近 7000 万 kW 的技术可开发资源，规模相当于 3 个多三峡电站（装机容量 2250 万 kW）。

2021 年上半年，水电机组生产完成 1101.64 万 kW，同比增长 9.2%。国内已有 39 个总装机 4770 万 kW 抽水蓄能电站获得了签约、核准、开工等重要进展。国家发改委印发的《关于进一步完善抽水蓄能价格形成机制的意见》明确了抽水蓄能在新型电力系统中的功能定位，将抽水蓄能电价纳入输配电价监管，更加完善了公平合理的电力价格体系。国家能源局公布的《抽水蓄能中长期发展规划（2021—2035 年）》明确了抽水蓄能发展目标，要求到 2035 年，抽水蓄能电站投产总规模达到 3 亿 kW。其中，"十四五"期间开工 1.8 亿 kW，2025 年投产总规模 6200 万 kW；"十五五"期间开工 8000 万 kW，2030 年投产总规模 2 亿 kW；"十六五"期间开工 4000 万 kW，2035 年投产总规模 3 亿 kW。并给出了各省份具体的重点实施项目。经初步测算，其中"十四五""十五五""十六五"期间分别约为 9000 亿元、6000 亿元、3000 亿元。除此之外，本次中长期规划提出抽水蓄能储备项目布局 550 余个，总装机规模约 6.8 亿 kW。

综合分析，为实现"碳中和、碳达峰"目标，国家未来将大力发展水电机组，积极推进抽水蓄能电站的建设，促进消纳调节风、光等新能源的应用。水电机组方面，未来高水头大容量机组、超高水头冲击式水轮发电机组、大型可变速抽水蓄能机组、海水抽水蓄能机组等是重点发展方向。

根据电力规划设计总院预计，"十四五"常规水电、抽水蓄能分别新增约 4100 万 kW、3100 万 kW，2025 年分别达到约 3.8 亿 kW、6200 万 kW。据此预计，"十四五"期间，平均每年水电装机容量约为 1440 万 kW，大约相当于每年新增 20 台 70 万 kW 水轮机组。

2. 代表性锻件

（1）冲击转轮　十四五期间将建设西藏扎拉水电项目，其机组是冲击式水电机型，2×50 万 kW 机组。西藏扎拉水电项目将是国家未来超级宏大水电项目——雅鲁藏布江下游水电项目（简称"雅江水电"）的示范版，雅江水电项目的整个建设和投产周期将跨越 15~20 年，全部建成后项目装机规模近 6000 万 kW，相当于再造近 3 个三峡。冲击式转轮（见图 8-37）是冲击式水电机组中的重要零部件，其制造水平决定着冲击式水电机组的寿命。

a)　　　　　　　　　　　　　　　　　　b)

图 8-37　冲击式转轮

a）工作时的状态　b）精加工后的状态

为了能涵盖未来冲击式机组所需的冲击转轮，选择梯级 C2 中规格最大的冲击转轮（节圆直径 6.35m，最大外径 8.1m，水斗外宽 1.95m）为研究对象。外径为 6300mm 马氏体不锈钢（04Cr13Ni5Mo）冲击转轮的零件图如图 8-38 所示，零件质量为 240t。由于其模锻成形力非常大，故分步成形，如图 8-39 所示。

从图 8-40 所示的数值模拟可以看出，第一火模拟成形力为 1450MN；第二火模拟成形力为 1660MN。

（2）上冠　上冠用于水力发电机，每套机组有 1 件上冠，其中 750MW 机组中每件上冠的质量约为 100t，单价为 5 万元/t，每套机组上冠的价格约为 500 万元。"十三五"期间，常规水电装机容量年均增长约 800 万 kW、抽水蓄能机组约 350 万 kW，水力发电合计年平均增长总量 1150 万 kW。按"十四五"期间水电市场较"十三五"期间呈现的稳定发展趋势预测，按照每年新增 20 台 700MW 机组计算，预计每年的市场规模约为 1 亿元。

上冠模锻成形的数值模拟及对比如图 8-41 所示。其中，图 8-41a 是数值模拟模型；图 8-41b 是模锻成形结果；图 8-41c 是模锻成形锻件；图 8-41d 是锻件与零件图对比。

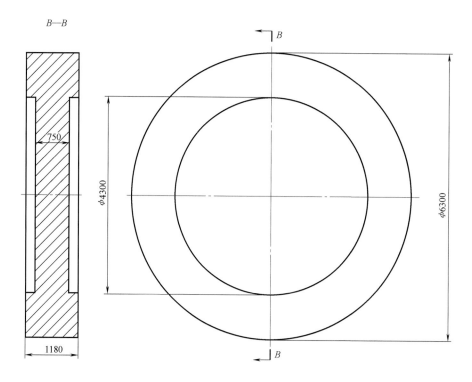

图 8-38 φ6300mm 冲击转轮零件图

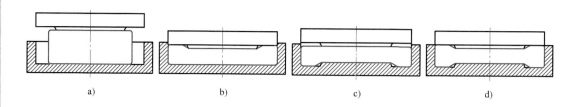

图 8-39 分步模锻的成形过程

a）第一火次开始　b）第一火次结束　c）第二火次开始　d）第二火次结束

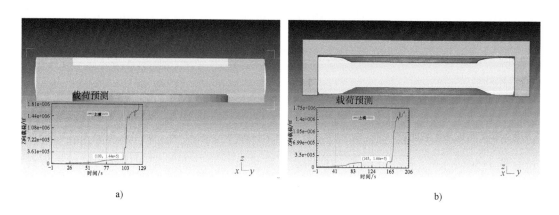

图 8-40 冲击转轮模锻成形力

a）第一火次　b）第二火次

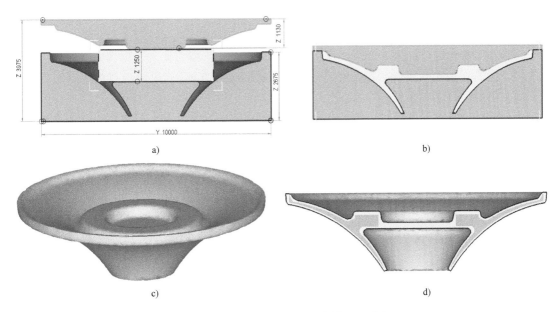

图 8-41 上冠模锻成形的数值模拟及对比

a）数值模拟模型 b）模锻成形结果 c）模锻成形锻件 d）锻件与零件图对比

8.6.3 风电（2MW 以上）

8.6.3.1 市场预测

受各方因素影响，2022 年我国风电装机量略不及预期。受疫情和供应链因素影响，全国风电装机量放缓，据国家能源局统计，2022 年 1—10 月风电新增装机容量 21.14GW，同比增加 1.94GW。这是由于 2022 年上半年疫情因素造成齿轮箱、轴承等关键零部件缺货比较严重，对风机的排产和交付产生了比较严重的影响。而且，2022 年作为补贴结束后的第一年，还不能完整展示风电行业的景气，还需重点关注 2023 年风电行业的整体变化，预计 2023 年行业景气周期开启。风电行业作为政策明确引导规划的行业，2022 年装机量虽然略不及预期，但许多项目将结转下一年并网，预计 2023 年风电高光回归。目前，风电招标量超出预期，未来海上风电增长是亮点。据金风科技统计，2022 年 Q1—Q3 季度公开招标量达 76.5GW，相比 2021 年全年招标量增加 41.39%。截至 2022 年 10 月，国内风机招标量已达到 91.72GW，同比增长 90.09%，全年预计能突破 100GW。而且，由于招标量通常会以年内与下年 3∶7 的装机比例统计，再叠加下年的增量，2022 年实际装机新增可能超过 70GW，迎来装机热潮。海上风电未来的高增长也会进一步支撑招标量的提升。从国内来看，十省份出台海上风电"十四五"装机规划，总装机量超过 200GW。国际上同样也有清晰规划，2022 年 5 月，丹麦、德国、比利时与荷兰四国共同签署文件，四国共同承诺，到 2050 年将四国的海上风电装机增加近 10 倍，从 16GW 提高至 150GW，其中在 2030 年，海上风电装机总量将达到 65GW。同时，美国预计在 2030 年前新增至少 30GW 海上风电，英国也将 2030 年海上风电装机目标从 40GW 调增到 50GW。

"十四五"风电总装机量新增 278.79GW，风电确定性强。各省市"十四五"风电装机相关规划均已发布，其中大部分省（市）风电新增装机量占风电总装机量的 50% 以上。

2022 年是海上风电去补贴的第一年，辽宁、山东、广东、广西、江苏、浙江、海南等沿海省份均明确了海上风电装机规划，总规划量高达 202.67GW。同时，部分省份相继出台新的省级补贴政策进行接力，为海上风电需求提供强力的支撑。此外，据国家发改委、国家能源局印发的《关于促进新时代新能源高质量发展的实施方案》，风电项目由核准制调整为备案制，风电项目落地速度将加快。

此外，陆上风电平价项目经济性凸显，整机价格有望触底企稳。风电行业从周期性走向高成长性，内部收益率（IRR）持续保持较高水平。过去，风电行业受政策补贴影响呈现周期性特性；但随着风机大型化、轻量化的快速推进，当前陆上风电、海上风电均已退补的情况下，部分地区如广西、福建、云南等 IRR 仍保持在较高水平，目前全国共计 18 个省份的风电 IRR 超过 7%。受益于政策段规划支持及大型化高速发展，海上风机报价已经从 2020 年的 7000 元/kW 降至 2022 年 11 月的 3830 元/kW 左右，降幅接近 50%。部分省（市）的 IRR 超过 7%，其中福建因为有效利用小时数较高，IRR 达到了 14.5%。综合发电收入端和成本端，未来风电 IRR 将保持较高水平。据西勘院规划研究中心的调研，绝大多数内陆省份陆上风电项目的实际造价均低于甚至远低于实现 7% IRR 的理论造价，其中内蒙古、河北、吉林等省份价差达 2000 元/kW 以上，可行性强，盈利能力良好。而搭配储能 10% 2h 后，虽然可行性有所下降，但大多数内陆省份风电投资的实际造价仍低于实现 7% IRR 的理论造价，仍满足运营商的投资收益率要求。据金风科技统计，风机价格自 2020 年初开始不断走低，2022 年 9 月，风机公开投标均价已下探到 1808 元/kW，相比 2021 年同期的 2368 元/kW 下降了 23.65%。目前，陆上风电招标主力机型集中在 6MW 左右，受制于陆上风电风速及运输半径的限制，陆上风电大型化已经进入阶段性瓶颈期；目前陆上风电风机月度招标均价降速放缓，陆上风电竞争格局逐步改善。

全球海上风电景气度高，中国风电装机量稳居第一。2021 年是国家补贴海上风电项目并网的最后一年，当年海上风电装机量高达 16.9GW，同比增长 322.5%，占 2021 年全球海上风电装机量的 75%。随着海上风电大型化进程的不断推进，以及各家主机厂纷纷推出低价主机产品，多个海上风电项目已经成功实现了平价。所以预计未来海上风电装机大量增长，占风电装机总增量将逐年提高。全球海上风电装机近两年保持高景气度发展，2021 年全球海上风电装机量达 22.5GW，同比增长 240.9%。据 IRENA 预计，2030 年全球海上风电将实现装机 213GW，当前距离目标还有 157GW 装机余量，预计平均每年实现约 22GW 海上风电装机。海上风电在国内外均有巨大需求，整体装机量将会呈上升趋势。

大型化降本增效推动风机成本下探。以国内风机龙头金风科技为例，2018 年该公司销售产品中的 2S 系列销售容量占比 87.1%，至 2022 年该比例下降至 14.07%；而截至 2022 年 9 月份，该公司销售的 3S/4S 机组占比从 5.84% 增至 41.48%。大容量风机引领出货，大型化降本增效推动了风机价格的不断下探，据各风机制造公司披露，当前主流 3.XMW、4.XMW、5.XMW 风机成本已分别降至 2300 元/kW、2000 元/kW、1600 元/kW 左右。

量升价稳，风电产值有望突破新阶段。一方面，受益于风机招标价格的快速下降，政策方面确定性高，全球需求量高，风机招标量可预见地增长。因为风机交付周期约为一年，所以上年的招标规模可作为先行指标预测下年的新增装机规模，再加上 2022 年很多项目将结转到下一年装机并网。预计 2023 年装机量将会有显著提升。另一方面，陆上风电已实现平价，海上风电平价在即，大功率风机成为行业趋势，风电项目经济性进一步提高，进而可支撑需求增长，风电产值空间将进一步打开。

2020 年，全球陆上风电新增装机容量为 86.9GW，排在前十名的国家分别为中国（48940MW）、美国（16913MW）、巴西（2297MW）、挪威（1532MW）、德国（1431MW）、西班牙（1400MW）、法国（1317MW）、土耳其（1224MW）、印度（1119MW）和澳大利亚（1097MW）；全球海上风电市场前五名分别为中国（3060MW 并网）、荷兰（1493MW）、比利时（706MW）、英国（483MW）和德国（237MW）。

根据全球风能委员会（GWEC）的预测，今后 5 年全球陆上及海上风电市场分区域展望分别见表 8-6 和表 8-7。

表 8-6　全球陆上风电市场分区域展望

区域	2021 年	2022 年	2023 年	2024 年	2025 年
亚太地区	38.5GW	43.7GW	47.7GW	50.3GW	53.5GW
欧洲	15.9GW	14.1GW	15.6GW	14.9GW	16GW
非洲及中东	2GW	2.7GW	3.2GW	3.9GW	4.3GW
北美	14.7GW	8.3GW	6.5GW	10.5GW	10.6GW
拉美地区	5.3GW	4.6GW	4.4GW	4GW	4GW
总计	76.3GW	73.4GW	77.4GW	83.7GW	88.3GW

表 8-7　全球海上风电市场分区域展望

区域	2021 年	2022 年	2023 年	2024 年	2025 年
亚太地区	8.3GW	4.5GW	5.5GW	7GW	10.1GW
欧洲	2.9GW	3.2GW	6.5GW	3.9GW	10.3GW
北美	0GW	0GW	1.1GW	3.5GW	3.6GW
总计	11.2GW	7.7GW	13.1GW	14.3GW	23.9GW

8.6.3.2　代表性锻件

风电的代表性锻件有风机轴和塔筒连接法兰，本文主要介绍风机轴的模锻成形。本文以某大型风机主轴为研究对象，产品尺寸如图 8-42 所示，精加工长度为 4195mm，法兰直径为 2600mm，法兰一侧内孔孔径为 1510mm；另一端端口外径为 1380mm，内孔直径为 1020mm。锻件质量为 25.483t，材质为 42CrMo/34CrNiMo6。

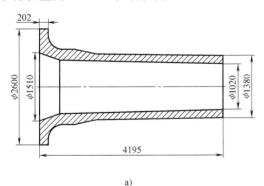

a)　　　　　　　　　　　　　　　　　b)

图 8-42　某大型风机主轴

a）尺寸图　b）立体图

成形方案所采用的坯料为台阶坯料，将风机轴法兰放置于模具上部，采用正冲方案，首先预制台阶坯料，具体的数值模拟过程如图 8-43 所示。冲盲孔最终成形力为 80MN，局部镦粗扩口成形力为 350MN，如图 8-44 所示。

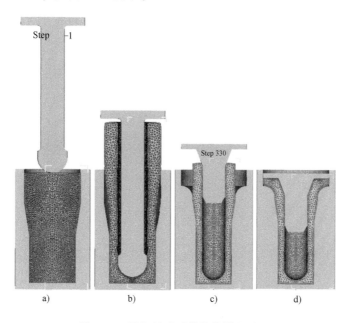

图 8-43　风机轴成形的数值模拟过程

a）冲孔开始　b）冲孔结束　c）压法兰开始　d）压法兰结束

8.6.4　重型燃气轮机涡轮盘及燃机轮盘

未来我国燃气轮机重点应用市场在分布式发电、热电联供、天然气管道运输、船舶推进和机械驱动等方面。随着我国能源需求的迅猛增长以及天然气资源进入大规模开发利用阶段，燃气轮机正在形成一个"爆发性增长"的市场。

"十三五"时期，全国气电发电装机容量达到 9802 万 kW，同比增长

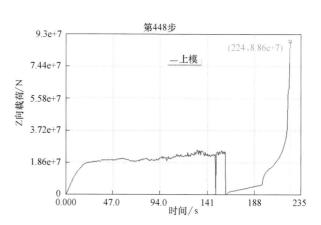

图 8-44　风机轴模锻成形计算载荷情况

8.6%，占全部装机容量的 4.45%。根据我国"碳达峰、碳中和"目标，以及构建以新能源为主体的新型电力系统的要求，气电功能定位将向调峰电源不断倾斜。当前及一段时期内主要方向是实现燃机装备的完全国产化、自主化。燃气机组启停快、运行灵活，可为清洁能源与负荷波动提供灵活性条件。根据全球能源互联网发展合作组织预测，立足国情和资源禀赋，综合考虑气源条件、发电成本和碳减排约束，预计 2025 年气电装机总量达将到 1.5 亿 kW，2050 年我国气电装机总量将达到 3.3 亿 kW。

超大型多功能液压机

气电发展带动燃机轮机市场需求，燃气轮机带动我国高温合金需求。根据电力规划设计总院预测，2025 年全国燃气发电装机容量规模将达到 1.5 亿 kW，"十四五"期间需要新增 5000 万 kW，至少需要布局 1600 台 30MW 级重型燃气轮机。以每台价值 6500 万元进行计算，未来 5 年发电用重型燃气轮机的市场规模将达到 1000 亿元以上。考虑 30MW 级燃气轮机的质量，每台燃机约消耗 30t 高温合金，预计未来 5 年发电燃机高温合金市场需求达 5 万 t，平均每年需求量约 1 万 t，市场规模约为 10 亿元/年。

图 8-45　重型燃气轮机最大的轮盘锻件

重型燃气轮机最大的轮盘锻件如图 8-45 所示。材料为 GH4169（IN718），预制细晶棒料规格为 $\phi1055mm \times 2200mm$，锻件尺寸为 $\phi2304mm \times 408mm$，质量为 11t。模锻成形过程见图 8-46。1000℃ 时的成形力为 1200MN，如图 8-47 所示。

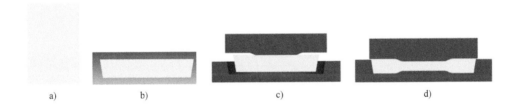

图 8-46　重型燃气轮机最大轮盘锻件的模锻成形过程
a）预制棒料　b）镦粗出饼形锻件　c）模内整体成形　d）模锻出成品

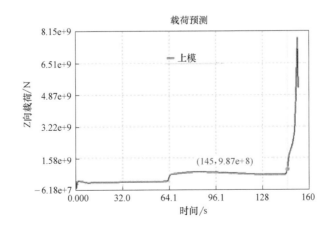

图 8-47　重型燃气轮机最大的轮盘锻件模锻成形力

8.6.5 船用锻件

1. 总体情况分析

近年来，国内造船行业总体不太景气，但全球造船行业需求已由欧美向中、日、韩三国转移，中、日、韩三国造船完工量约占全球的 90%。2020 年，全球造船完工量为 8831 万载重吨，新承接船舶订单量 5523 万载重吨，手持船舶订单量 15994 万载重吨。其中，中国造船完工量为 3853 万载重吨，新承接船舶订单量为 2893 万载重吨，手持船舶订单量为 7111 万载重吨。2020 年，我国造船三大指标国际市场份额以载重吨计和修正总吨计都保持世界领先，造船完工量、新接订单量、手持订单量以载重吨计分别占世界总量的 43.1%、48.8%和 44.7%。分别有 5 家、6 家和 6 家企业进入世界造船完工量、新接订单量和手持订单量前十强。我国造船行业的规模继续排名世界第一。2020 年全球造船三大指标变化情况见表 8-8。

表 8-8 2020 年全球造船三大指标变化情况

指标/国家		世界	韩国	日本	中国
造船完工量	万载重吨	8944	2440	2258	3853
	占比	100%	27.3%	25.2%	43.1%
	万修正总吨	2993	883	631	1082
	占比	100%	29.5%	21.1%	36.2%
新接订单量	万载重吨	5933	2454	416	2893
	占比	100%	41.4%	7.0%	48.8%
	万修正总吨	2210	854	145	969
	占比	100%	38.6%	6.6%	43.9%
手持订单量	万载重吨	15891	5393	2744	7111
	占比	100%	33.9%	17.3%	44.7%
	万修正总吨	6993	2228	831	2502
	占比	100%	31.9%	11.9%	35.8%

2021 年上半年，世界船舶工业迎来多年难见的复苏行情，我国船舶工业企业抓住市场机遇，积极承接订单，造船三大指标持续增长，产能利用率保持高位，重点企业手持订单排产已到 2024 年。2021 年 1—7 月，全国造船完工 2418 万载重吨，同比增长 20.7%；承接新船订单 4522 万载重吨，同比增长 223.2%；7 月底，手持船舶订单 8967 万载重吨，同比增长 18.6%，比 2020 年底手持订单增长 26.1%。分别占世界市场份额的 46.1%、52.0%和 46.0%。此前有关机构预计，2021 年全球经济复苏将带动海运贸易回暖，全年海运贸易增速将超过 4%，未来两年也将持续保持在 3%左右；而根据手持订单测算，未来两年船队平均增速在 2.5%左右。从历史经验看，海运需求增速超过船队增速时有助于推动新造船市场回暖，总体向理性回归方向发展。综合分析，"十四五"期间，我国造船产量约 4000 万载重吨/年。

2. 船用锻件市场

船用锻件主要分为柴油机锻件和船体锻件两大类产品，柴油机锻件主要包含曲柄、连杆、齿轮等；船体锻件主要包括螺旋桨轴、中间轴、艉轴、舵杆、舵销等。中国一重主要以船用曲柄以及船体轴锻件为主要生产目标。

船用曲柄市场方面，目前50~90型为主要大型船用曲轴类型，其中以70型最为典型；70型曲柄的单重16t，且以6缸柴油机居多，每套曲轴包括6件曲柄，每套70型曲柄总重约96t，预计每年大型船用曲柄需求量约200套，市场规模约3亿元/年。

船体锻件方面，根据目前市场行情，10万~20万吨级船体铸锻件总金额约305万元/船套，30万~40万吨级船体铸锻件总金额约480万元/船套，预计船体铸锻件整体市场需求约8亿元/年。其中，船体锻件约占50%，预计市场规模为4亿元/年。

8.6.6 潜在市场分析

1. 电站用新型 G115 无缝钢管

G115钢管是迄今研制的具有最高持久性能和抗蒸汽腐蚀性能匹配的可用于650℃的大口径锅炉管。2017年，由宝钢特钢有限公司牵头制订的 T/CISA《电站用新型马氏体耐热钢08Cr9W3Co3VNbCuBN（G115）无缝钢管》团体标准获得通过。G115钢是中国第一个原创型、具有完全自主知识产权的电站用钢。630℃超超临界燃煤发电技术是目前世界上最先进的发电技术，新型马氏体耐热钢G115则是其设计建设的关键。此次G115团体标准获得审定通过，使我国建设世界首台630℃示范电站的国家战略成为可能。G115可替代目前用于600~630℃温度区间使用的现有P92钢管，锅炉管的壁厚可大幅度减薄，大幅度降低焊接难度。可应用于目前国家原核准神华广东清远电厂（广东电力设计院设计，哈锅为其配套锅炉）、大唐郓城电厂（山东电力咨询院设计，东锅为其配套锅炉）两个国家示范项目，2017年1月国家能源局针对11省下发《关于衔接"十三五"煤电投产规模的函》中，要求停建缓建的项目中包含上述两个示范项目。大唐郓城630℃国家电力示范项目于2019年开始开工建设。G115材料在每个项目中管道管件用量约在1000t，采购单价大约在3万~4万元/t左右，预计订单总量约6000万~8000万元。

根据市场调研，目前产品处于推广阶段，得到市场认可还需一定时间，G115钢管即将取得市场应用，如果替代效果良好，后续电厂将陆续使用。但由于国家政策是优化发电装机结构，鼓励清洁能源的发展，并对煤电的发展进行规范和限制，因此目前火电项目市场正逐年萎缩，预计未来几年G115钢管市场需求不会有较大增长，但对于本项目利用锻挤复合一体化近净成形具有成本优势，可作为潜在的市场产品。

2. 铰链梁

人造金刚石是用超高压高温或其他人工方法，使石墨等非金刚石结构的碳发生相变转化而成的金刚石。与天然金刚石相比，人造金刚石具有生产成本低、应用效果更好的优点。由于非金属材料和其他硬脆材料，如大理石、花岗石、耐火材料、玻璃、陶瓷、混凝土等加工工业的发展，对锯片、钻头用金刚石质量的要求越来越高，需求量越来越大，目前世界上工业用金刚石85%以上已由人造金刚石代替。

人工合成金刚石的方法主要有高温高压法及化学气相沉积法两种。进入21世纪后，我国六面顶液压机技术发展迅速，随着压力机大型化、硬质合金顶锤质量的提升以及粉状工艺的工业化应用，六面顶液压机技术的优势逐步显现出来，国外几家大型超硬材料生产企业也开始陆续采购六面顶液压机用于生产。

我国控制全球 90% 的人造金刚石产能，河南占全国产能的 80% 以上，主要由中南钻石有限公司、河南黄河旋风股份有限公司、郑州华晶金刚石股份有限公司三家公司控制。但目前金刚石的制造装备主要为传统小腔体铸造压力机，产品质量、单位产率都已严重落后，急需进行替换升级，未来新换大规格锻造压力机是发展趋势。

目前，国内在用 400~850mm 不同规格金刚石压力机数量约 1 万台，而 850mm 以下的部分小规格落后机型正在淘汰，预计未来平均每年淘汰替换数量占比约 10%。

随着装备制造业水平的提升，六面顶液压机呈现技术要求提高、规格增大、寿命延长、精度提高的趋势，采用铸造铰链梁已经不能满足大吨位、高品质压力机的设计要求以及市场需求，锻造铰链梁以较高的性能品质应运而生，而一台金刚石设备需要六件铰链梁锻件。综合分析，预计未来国内平均每年替换升级金刚石压力机数量约 1000 台，需要的铰链梁数量约 6000 件，市场规模约 8 亿元/年。

3. 军民融合军工类产品

2015 年 3 月 12 日，中国十二届全国人大第三次会议解放军代表团全体会议上提出："把军民融合发展上升为国家战略"。把国防和军队现代化建设深深融入经济社会发展体系之中，全面推进经济、科技、教育、人才等各个领域的军民融合，在更广范围、更高层次、更深程度上把国防和军队现代化建设与经济社会发展结合起来。中国一重一直致力于服务国防事业，为国防建设提供优质的锻件。

鱼雷及导弹发射装置——身管类产品，是本项目的一个产品生产方向。该市场领域多为涉密信息，透明度不高。此类产品的主要消费方式为新装备列装、备件更换以及对外军售，目前从国外直接进口的整套装备系统如 S-400 防空导弹系统，其发射筒部分与弹体配套，若更换发射筒及相关部件需从海外进口（红旗-15 研制方向为仿 S-300）。我国现阶段自行研制的鱼雷导弹以及配套的发射装置已完成国产化，主要供货商为央企及部分民营企业。

在潜艇使用方面，我国初期引进的俄罗斯技术多采用 533mm 口径，推算共 414 具，正逐步进行改造升级，其中平衡式发射装置为现阶段主要采用的发射装置，管体由前管、前中管、滑套阀和后管组成。中国一重参与了中船重工 713 所模拟发射井的投标，最终由山西北方机械制造有限责任公司（247 厂）低价中标，该模拟井为实验型，尺寸为 8990mm×ϕ765mm，材质为 Q345/30CrMnSi，此次采购为首次实验，采购规模较小。

防空导弹发射装置：主要调研型号为红旗系列导弹发射装置，红旗系列产品主要由中国航天科工集团第二研究院研制，承制单位为 206 所，其中发射筒部分属于外协产品，目前主要由中国航天科技集团公司第九研究院 825 厂进行生产。206 所也在拓展新的合作单位，主要关注企业有无军品生产资质、生产经验，以及低成本和加工能力。目前，发射筒部分各类尺寸直径为 ϕ300~ϕ1400mm，长度为 7~14m（根据型号不同区分）的材质主要有 2 种，第一种为复合材料（碳纤维/玻璃纤维，该材质也为以后的发展方向），第二种为不锈钢材质。据了解，目前发射筒整体价格逐年下降，为整套发射装置中商业附加值较低的产品，发射装置中特殊结构件的附加值较高。每年某几种型号的采购成本为 5000 万~8000 万元（含其他金属结构件）。

从目前情况来看，军品发射装置受限于国家政策、技术水平等因素，市场规模较小，但后续随着军工、太空、深海等领域的不断探索，先进装备需求增加，市场规模随之增长，如未来大火箭等相关项目，13米级钛合金（耐压）壳，军用大型发射装置，特殊型号船只等。上述产品均可覆盖在本项目的生产范围内，但未列入本项目的生产纲领中，为潜在市场份额。

4. 航空航天用大型风洞锻件

先进大型风洞，是支撑飞行器自主研发，促进航空航天、地面交通等装备制造升级，引领空气动力学及其相关学科创新发展的战略性、基础性设施。世界各航空航天大国均将风洞视为国家战略资源，将相关技术作为国家核心竞争力进行优先发展。为尽快实现我国在航空航天风洞实验领域从"跟跑"向"并跑""领跑"跨越发展，"十三五"期间国内启动建设2.4m低温高雷诺数连续式跨声速风洞等世界顶尖的大型风洞设备。

弯刀是2.4m低温高雷诺数连续式跨声速风洞项目中支撑模型的关键件，须具有良好的刚度和尺寸稳定性以确保试验模型姿态正确，还须具备较高的强度和低温冲击韧性，进而能在常温和低温交替服役工况下承受气动载荷。经初步估算，弯刀锻件毛坯质量达到100t，而百吨级S03钢锻件在热加工温度控制及变形控制、再结晶及热处理工艺、整体成形锻造工艺技术及设备开发等方面还存在诸多的技术瓶颈。

5. 细晶棒料

国内航空发动机涡轮盘和压气机盘使用最多的材质为GH4169合金，其原材料——细晶棒料的质量，会直接影响产品质量。目前，细晶棒料80%~90%从美国进口，进口价格约200多万元/t，国产供货价为300万~400万元/t。据测算，GH4169合金材质的细晶棒料市场需求约1500t/年。国内抚顺特殊钢股份有限公司、中航上大高温合金材料股份有限公司、攀钢集团四川长城特殊钢有限责任公司等单位能够实现铸锭生产，报价18万~25万元/t不等。另据了解，国内粉末涡轮盘的细晶棒料须赴法国进行挤压开坯，单根棒料费用约50万欧元/根。

参 考 文 献

［1］ 王宝忠. 超大型核电锻件绿色制造技术与实践 ［M］. 北京：中国电力出版社，2017.

［2］ WANG B Z, LIU K, LIU Y, et al. Development of Mono-block Forging for CAP1400 Reactor Pressure Vessel ［C］//. 19th international forgemasters Meeting, 2014，391-396.

［3］ 王宝忠. 大型锻件制造缺陷与对策 ［M］. 北京：机械工业出版社，2019.

［4］ 林峰，颜永年，吴任东，等. 重型模锻液压机承载结构的发展 ［J］. CMET 锻压装备与制造技术，2007（5）：27-31.

［5］ 王宝忠，刘颖. 超大型核电锻件绿色制造技术 ［M］. 北京：机械工业出版社，2017.